重庆市建筑绿色化发展年度报告 2017

重庆市绿色建筑专业委员会
重庆大学绿色建筑与人居环境营造教育部国际合作联合实验室　主编
重庆大学国家级低碳绿色建筑国际联合研究中心

科学出版社
北京

内 容 简 介

本书详细总结了2017年重庆市绿色建筑发展情况，分析了该市绿色建筑实施现状、绿色建筑项目咨询能力和项目技术增量，整理了该市典型绿色建筑案例，梳理了绿色建筑推荐技术路线、绿色生态城区建设技术体系、公共建筑节能改造实施现状与主要技术途径，并针对居住建筑供暖问题进行了负荷特征与能源应用特性的分析。

本书是对重庆市建筑绿色化发展的阶段性总结，可供城乡建设领域及从事绿色建筑技术研究、设计、施工、咨询等领域的相关人员参考。

审图号：渝 S(2015)022 号

图书在版编目(CIP)数据

重庆市建筑绿色化发展年度报告. 2017 / 重庆市绿色建筑专业委员会，重庆大学绿色建筑与人居环境营造教育部国际合作联合实验室，重庆大学国家级低碳绿色建筑国际联合研究中心主编. —北京：科学出版社，2018.3

ISBN 978-7-03-056647-8

Ⅰ.①重… Ⅱ.①重… ②重… ③重… Ⅲ.①生态建筑-研究报告-重庆-2017 Ⅳ. ①TU-023

中国版本图书馆 CIP 数据核字（2018）第 039899 号

责任编辑：华宗琪 / 责任校对：张 星

责任印制：罗 科 / 封面设计：陈 敬

科学出版社 出版

北京东黄城根北街16号

邮政编码：100717

http://www.sciencep.com

四川煤田地质制图印刷厂印刷

科学出版社发行 各地新华书店经销

*

2018年3月第 一 版 开本：787×1092 1/16

2018年3月第一次印刷 印张：13 1/4

字数：310 千字

定价：79.00 元

（如有印装质量问题，我社负责调换）

本书编委会

主编单位　重庆市绿色建筑专业委员会

重庆大学绿色建筑与人居环境营造教育部国际合作联合实验室

重庆大学国家级低碳绿色建筑国际联合研究中心

参编单位　重庆市建设技术发展中心

重庆市建筑节能协会

主　　编　丁　勇

编委会主任　董　勇

副 主 任　李百战　江　鸿

编委会成员　李克玉　曹　勇　赵　辉　张京街　谢自强

谭　平　张红川　王永超　石小波　丁小猷

周铁军　何　丹　赵本坤　李　丹　郑和平

叶　强　廖袖锋　杨修明

编写组成员　刘　红　喻　伟　翁庙成　高亚峰　王　晗

罗　迪　胡　熠　谢源源　高浩然　唐　浩

刘　学　李雪华　王　雨　吴　佐　张永红

郭玲珑　沈小娟　张仕永　杨元华　曾小花

前 言

重庆市绿色建筑专业委员会在2017年首度编写出版了《重庆市建筑绿色化发展年度报告2016》，将重庆市绿色建筑专业委员会相关成员单位、重庆大学等2016年一年以来开展的研究成果进行编辑汇总，并在年度总结会上发布，得到了社会各界的一致好评。2017年出版发行的年度报告主要围绕重庆市城乡建设领域在建筑节能、绿色建筑方面所开展的相关工作，分别就2016年重庆市绿色建筑实施现状、绿色建筑技术推荐列表、绿色建筑推荐材料和制品、公共建筑节能改造实施现状、空气源热泵供热技术应用现状、超低能耗建筑应用途径等内容进行了总结，也适时地凝练了工作成果。

转眼间，一年过去了，2017年重庆市城乡建设领域围绕建筑绿色化发展，尤其在绿色建筑推动、既有建筑改造、绿色建材推广等方面开展了大量卓有成效的工作，梳理形成了绿色建筑、绿色生态城区、既有建筑改造、住宅供暖等技术体系，为重庆市建筑行业的绿色化、性能化发展提供了扎实有效的引领。

为了更好地总结工作、凝练成果、强化推广，重庆市绿色建筑专业委员会再次组织行业内相关单位，共同编制完成了《重庆市建筑绿色化发展年度报告2017》，使其逐步形成具有一定地域影响、行业扩散、参考价值的系列报告著作。

由于年度报告时间紧、内容多的编撰特性，参与单位和编写人员付出了大量艰辛的劳作，至此收稿之际，一并向参与编写工作的各位工作人员表示衷心的感谢！同时对重庆市城乡建设委员会建筑节能处对年度报告出版工作的大力支持表示由衷的感谢！

重庆市绿色建筑专业委员会

2018年1月

前　言

目　录

总结篇

技术篇

总 结 篇

第 1 章　重庆市绿色建筑专业委员会 2017 年度工作总结

2017 年，重庆市绿色建筑行业建设以“强化绿色建筑发展质量，促进建筑绿色化全面推进”为发展理念，主要围绕机构建设与发展、绿色建筑评价标识、绿色建筑标准法规建设、科研创新发展、国际合作交流、推动区域绿色建筑发展等方面开展了卓有成效的工作，进一步促进了重庆市绿色建筑行业的积极蓬勃发展，为中国建筑业绿色化发展提供了坚定的技术支撑和行业服务。

1.1　机构建设和发展情况

1.1.1　重庆市绿色建筑专业委员会建设与发展

重庆市绿色建筑专业委员会自 2010 年 12 月成立至今，一直秉承贯彻落实科学发展观，坚持政府引导、市场运作、因地制宜、技术支撑的原则，为大力发展绿色建筑，探索一条适合重庆实际的绿色建筑与评价道路，提升重庆建设品质、建设宜居重庆提供支撑而努力。2017 年，重庆市绿色建筑专业委员会已拥有重庆大学、中煤科工集团重庆设计研究院有限公司、中机中联工程有限公司、重庆市设计院、中冶赛迪工程技术股份有限公司、重庆市建筑科学研究院、重庆市绿色建筑技术促进中心、重庆德易安科技发展有限公司、重庆开元环境监测有限公司、重庆市风景园林科学研究院、重庆海润节能研究院、重庆迈尚环保科技有限公司、重庆市全城建筑设计有限公司、重庆筑巢建筑材料有限公司、重庆星能建筑节能技术发展有限公司、重庆汇贤优策科技股份有限公司、重庆利迪现代水技术设备有限公司、重庆绿能和建筑节能技术有限公司、重庆顾地塑胶电器有限公司、重庆升源兴建筑科技有限公司、格兰富水泵(重庆)有限公司、中国建筑科学研究院西南分院、重庆源道建筑规划设计有限公司和重庆科恒建材集团有限公司 24 家团体会员，逐渐形成了汇聚一方行业领军企业、引领一方绿色建筑发展的态势。

根据重庆市绿色建筑专业委员会的发展需要，为进一步加强行业学会联系，更全面地整合资源，促进全民大力推进绿色建筑的局面，2017 年重庆市绿色建筑专业委员会组织人员进行了改换届。通过此次改换届，确定了以重庆市城乡建设委员会党组成员、副主任吴波为组长，重庆市城乡建设委员会党组成员、总工程师董勇为副组长，成员包括重庆市城乡建设委员会建筑节能处处长江鸿、重庆市城乡建设委员会勘察设计处处长董孟能、重庆市城乡建设委员会科技教育处处长邵雄文、重庆市城乡建设委员会建筑节能处副处长李克玉、重庆市城乡建设委员会科技教育处副处长张军、重庆大学城市建设与环境工程学院教授刘宪英、中国建筑科学研究院副院长王清勤、中国建筑股份有限公司总工程师毛志兵等的顾问组。确定了以重庆大学城市建设与环境工程学院院长、教授李百战为主任委员，副主任委员包括曹勇、张京街、谢自强、谭平、王永超、张红川、石小波、丁小猷、周铁军、丁勇的新一届重庆市绿色建筑专业委员会组织成员，并确定了以曹勇兼任秘书长，丁勇兼任常务副秘书长，刘浩、刘猛担任副秘书长的秘书组。此次成功的改换届，进一步补充完善了重庆市绿色建筑专业委员会的发展实力，同时进一步整合了行业、学会的力量，为重庆市绿色建筑的大踏步发展奠定了坚实的基础。

2017 年，重庆市绿色建筑专业委员会组织建设了重庆市绿色建筑专业委员会微信公众号，全年共推送 39 次信息，及时将行业信息和动态通过微信平台向行业传播，推送重庆市绿色建筑发展的最新资讯和重要通知，并提供咨询服务。

重庆市绿色建筑专业委员会为进一步提升重庆市绿色建筑与建筑节能监管水平和实施能力，进行人才培养和能力建设，组织开展了一系列培训研讨活动，加强团体会员之间的学习、经验交流；组织梳理典型示范工程、示范技术、推荐性产品，逐步建设完成覆盖各专业领域的重庆市绿色建筑推荐产品技术数据库，为重庆市绿色建筑提供强有力的技术支撑；结合绿色建筑行业信息化建设工作的推进，研发完成了重庆市绿色建筑在线展示与评价平台，为实现重庆市绿色建筑项目的在线查询和绿色建筑标识评价的网络评审而努力；参编了中国绿色建筑与节能委员会主编的《中国绿色建筑 2018》中的交流篇一；发布了重庆市绿色建筑专业委员会 2018 年工作计划，深化绿色建筑交流，着力绿色建筑质量，构建绿色建筑平台。

1.1.2 西南地区绿色建筑基地建设与发展

为更好地促进地区绿色建筑的发展，西南地区绿色建筑基地已拥有完善的组织构架。西南地区绿色建筑基地为推动适宜绿色建筑技术的应用，结合地区绿色建筑项目，广泛征集、筛选、整理了具有代表性的绿色建筑示范项目，完成了西南地区绿色建筑示范工程分布图，成为地区性绿色建筑示范中心；对西南基地覆盖区域内绿色建筑技术和产品进行分类筛选，初步建立了本地区适用技术、产品推荐目录；筹备建立绿色建筑技术产品数据库，颁布了绿色技术产品列表，成为地区性绿色建筑技术产品展示中心；组织绿色建筑关键方法和技术研究开发，成为地区性绿色建筑研发中心；组织各种专题研讨、培训活动，成为地区性绿色建筑教育培训中心；利用各种渠道组织开展国际交流和合作活动，形成地区性开展国际交流和合作的场所中心。

1.2 人才培养和能力建设情况

1.2.1 培训研讨会

为进一步提升重庆市绿色建筑与建筑节能监管水平和实施能力，切实推动绿色建筑与建筑节能相关强制性标准的执行，重庆市组织开展了一系列培训研讨活动。具体如下：

2017年6月12日，重庆市组织召开了中欧企业既有建筑节能改造技术培训与交流会，全市节能服务公司共计七十余人参加了培训。培训结束后，组织了中欧企业既有建筑节能改造技术交流会，并参观了重庆市节能改造示范项目——重庆解放碑威斯汀酒店，来自德国的十余家节能改造相关企业和专家代表与重庆市十余家节能服务公司就改造技术和经验进行了深入交流。

2017年8月17日，由西南地区绿色建筑基地、重庆市绿色建筑专业委员会组织的绿色建筑设计与施工管理BIM技术应用交流会隆重召开。来自四川、贵州、重庆等地的从事绿色建筑相关领域的勘察、设计、施工、建设、咨询服务等的42家单位，共计百余名代表参加了培训会(图1.1)。

图1.1　绿色建筑设计与施工管理BIM技术应用交流会现场

1.2.2　交流宣传

为进一步促进绿色建筑的技术推广，扩大重庆市绿色建筑的发展影响，重庆市先后组织参与了一系列宣传推广和学术论坛活动，共同探讨现状、分享实施案例、开展技术交流。具体如下：

2017年3月29日，重庆市/西南地区建筑绿色化发展研讨会暨“强化绿色建筑发展质量，促进建筑绿色化全面推进”主题论坛隆重召开。重庆市从事绿色建筑建设、设计、咨询等工作的二百余名人员参加了会议(图1.2)。

图1.2　重庆市/西南地区建筑绿色化发展研讨会暨“强化绿色建筑发展质量，促进建筑绿色化全面推进”主题论坛现场

2017 年 1 月 12 日，重庆市建筑节能协会建筑节能门窗行业座谈会隆重召开。全市建筑节能门窗行业 50 家骨干企业共 80 余人参加了此次会议，大家就提升产品质量，加快技术升级，保证重庆市建筑节能门窗行业健康持续发展开展了座谈交流，会后，协会组织参会代表参观了重庆天旗实业有限公司的车间、研发室、展厅。

2017 年 5 月 20～21 日，重庆市建筑节能协会作为全市建筑节能科普基地，参加了由市科委组织的全市科技活动周活动，在观音桥步行街参与了未来生活梦幻体验展和科普嘉年华重大科普示范活动。

2017 年 7 月 31 日，重庆大学、中冶赛迪工程技术股份有限公司、重庆科技学院、重庆钢结构产业有限公司、中冶建工集团有限公司等 12 家单位共同发起成立了装配式建筑围护系统校企协同创新中心，以开展技术交流与合作，旨在通过行业协作，推动标准应用，树立工程示范，最终推动装配式建筑产业发展。

1.2.3 国际绿色建筑合作交流情况

为进一步推动我国绿色建筑国际化合作的深层次发展，2017 年，重庆市进一步大力开展绿色建筑国际交流中心建设，并进行了多次国际合作与会议交流。

2017 年 2 月 22 日，由新加坡建设局建筑研究创新院助理总裁、可持续环境发展署副高级署长吴贵生带队，新加坡建设局可持续环境发展署绿色标志(新发展项目)执行经理蔡汝伟等 11 人到访重庆市绿色建筑专业委员会、西南地区绿色建筑基地，双方就中新两国绿色建筑的发展进行了学术交流座谈(图 1.3)。

图 1.3 学术交流现场

2017 年 6 月 24～28 日，由中国绿色建筑与节能委员会副主任、西南地区绿色建筑基地主任、重庆市绿色建筑专业委员会主任、重庆大学城市建设与环境工程学院院长李百战教授领队的代表团，参加了在美国加利福尼亚州长滩召开的 ASHRAE(American Society of Heating Refrigerating and Air-Conditioning Engineers)年会，并对美国劳伦斯伯克利国家实验室进行了访问交流(图 1.4)。

图 1.4　访问交流现场

2017 年 11 月 5 日，第八届建筑与环境可持续发展国际会议和第八届室内环境与健康分会学术年会在重庆沙坪坝正式拉开帷幕。第八届建筑与环境可持续发展国际会议由重庆大学主办，西南地区建筑绿色基地协办，来自英国、美国、爱尔兰、瑞典、丹麦、巴西、日本、中国等 15 个国家和地区的 300 余名专家学者参加了本次会议，其中境外专家 30 名。本次会议为期 4 天，主要围绕室内环境与健康、长江流域建筑供暖空调系统、绿色建筑与低碳生态城市、绿色建筑标准体系等主题展开研讨(图 1.5)。

图 1.5　会议现场及与会人员合影

1.3　发展绿色建筑的政策法规情况

为了规范行业发展，牢固树立创新、协调、绿色、开放、共享的发展理念，加快城乡建设领域生态文明建设，全面实施绿色建筑行动，促进重庆市建筑节能与绿色建筑工作深入开展，重庆市城乡建设委员会在绿色建筑与建筑领域主要颁布了如下文件要求，不断完善体系，促进绿色建筑科学发展。

(1)《2017年建筑节能与绿色建筑工作要点》。

(2)《关于完善重庆市绿色建筑项目资金补助有关事项的通知》。

(3)《关于完善公共建筑节能改造项目资金补助政策的通知》。

(4)《重庆市建筑能效(绿色建筑)测评与标识管理办法》。

(5)《重庆市可再生能源建筑应用示范项目和资金管理办法》。

1.4 绿色建筑标准科研情况

1.4.1 绿色建筑标准

为进一步推动绿色建筑相关技术标准体系完善，加强绿色建筑发展的规范性建设，根据工作部署，重庆市组织编写完成了多部绿色建筑相关标准。具体如下：

1. 行业协会标准

(1)《民用建筑绿色性能计算标准》。

(2)《绿色港口客运站建筑评价标准》。

2. 重庆市相关标准

(1)重庆市《机关办公建筑能耗限额标准》。

(2)重庆市《公共建筑能耗限额标准》。

(3)重庆市《绿色保障性住房技术导则》。

(4)重庆市《建筑能效(绿色建筑)测评与标识技术导则》。

(5)重庆市《既有公共建筑绿色改造技术导则》。

(6)重庆市《公共建筑节能改造节能量认定标准》。

(7)《建筑能效(绿色建筑)测评与标识技术导则》(修订)。

(8)重庆市《空气源热泵应用技术标准》。

1.4.2 课题研究

2017年以来，重庆市针对西南地区特有的气候、资源、经济和社会发展的不同特点，广泛开展绿色建筑关键方法和技术研究开发。

1. 国家级科研项目

(1)“十三五”国家重点研发计划项目“长江流域建筑供暖空调解决方案和相应系统”(项目编号：2016YFC0700300)，项目总经费12 500.00万元，其中专项经费4 500.00万元。

（2）“十三五”国家重点研发计划课题“基于能耗限额的建筑室内热环境定量需求及节能技术路径”（课题编号：2016YFC0700301），课题总经费 1 880.00 万元，其中专项经费 780.00 万元。

（3）“十三五”国家重点研发计划课题“建筑室内空气质量运维共性关键技术研究”（课题编号：2017YFC0702704），课题总经费 450.00 万元，其中专项经费 250.00 万元。

（4）“十三五”国家重点研发计划课题“既有公共建筑室内物理环境改善关键技术研究与示范”（课题编号：2016YFC0700705），课题总经费 1 142.00 万元，其中专项经费 420.00 万元。

（5）“十三五”国家重点研发计划子课题“舒适高效供暖空调统一末端关键技术研究”（子课题编号：2016YFC0700303－2），子课题总经费 220.00 万元，其中专项经费 220.00 万元。

（6）“十三五”国家重点研发计划子课题“建筑热环境营造技术集成方法研究”（子课题编号：2016YFC0700306－3），子课题总经费 170.00 万元，其中专项经费 170.00 万元。

（7）“十三五”国家重点研发计划“基于实际运行效果的绿色建筑性能后评估方法研究及应用项目”子课题“绿色建筑立体绿化和地道风技术适应性研究”（子课题编号：2016YFC0700103－05），子课题总经费 10.00 万元，其中专项经费 10.00 万元。

（8）“十三五”国家重点研发计划子课题“建筑室内空气质量与能耗的耦合关系研究”（子课题编号：2017YFC0702703－05），子课题总经费 20.00 万元，其中专项经费 20.00 万元。

2. 承担地方级科研项目

重庆市绿色建筑与建筑节能工作配套能力建设项目包括：

（1）“绿色建筑实施质量与发展政策研究”。

（2）“重庆市绿色保障性住房技术导则”。

（3）“重庆市空气源热泵应用技术标准”。

（4）“重庆市机关办公建筑能耗限额标准”。

（5）“重庆市公共建筑能耗限额标准”。

（6）“重庆市公共建筑节能改造重点城市示范项目效果评估研究”。

（7）“重庆地区超低能耗建筑技术(被动式房屋节能技术)适宜性及路线研究”。

（8）“近零能耗建筑技术体系研究”。

（9）“绿色建筑室内物理环境健康特性研究”。

1.5　工作亮点及创新

2017 年，重庆市绿色建筑专业委员会在坚持自身稳定快速发展的同时，积极寻求自我突破与创新：

（1）紧密结合地方建设行政主管部门与建设行业的需求，切实发挥管理、技术各个层面的支撑作用，实现了行业社会团体作用的有的放矢，服务地方行业产业发展。

(2)紧密结合国家科技发展部署，积极参与国家科技研发计划，切实将科研成果予以转化，实现了产学研一体化发展。

(3)积极开展国际交流，引进资源扩大合作，实现了绿色建筑发展理念的国际融合。

(4)结合绿色建筑行业信息化建设工作的推进，研发重庆市绿色建筑在线展示与评价平台，实现重庆市绿色建筑项目的在线查询和绿色建筑标识评价的网络评审。

(5)组织梳理典型示范工程、示范技术、推荐性产品，逐步建设完成覆盖各专业领域的重庆市绿色建筑推荐产品技术数据库。

1.6 2018年工作计划

2017年，是绿色建筑全力发展的一年，是重庆市绿色建筑发展壮大的一年，也是部署未来的一年。过去的成绩将助力未来的发展，2018年，重庆市绿色建筑专业委员会将一如既往地做好以下工作：

1. 发布绿色建筑评价技术指南

配合国家及地方系列绿色建筑标准的实施，出版发布《重庆市绿色建筑评价应用指南》，规范绿色建筑技术实施、技术分析与评价指标，进一步完善重庆市绿色建筑实施质量。

2. 建设完成绿色建筑在线展示与评价系统

结合绿色建筑行业信息化建设工作的推进，实施推进重庆市绿色建筑标识在线评价。

3. 组织编制绿色工业建筑评价细则，组织开展绿色工业建筑评价

针对重庆市工业园区建设发展的需求，组织编制《重庆市绿色工业建筑评价实施细则》，针对工业建筑的特点，组织开展重庆市绿色工业建筑标识评价评审工作。

4. 开展咨询机构绿色建筑实施能力专项系列培训

开展重庆市绿色建筑评价应用指南、绿色建筑系列标准的宣传与培训，针对重庆市绿色建筑咨询机构的实施能力与从业技术需求，开展咨询机构绿色建筑实施能力专项系列培训。

5. 针对区县、设计单位开展不同等级绿色建筑实施技术路线专项研讨

结合前期对重庆市绿色建筑实施质量的分析，针对各区县发展绿色建筑的要求和各设计单位开展绿色建筑设计的要求，梳理不同等级要求的绿色建筑实施技术路线，开展针对性的专项研讨交流活动。

6. 组织开展绿色建筑区域化推进活动

为促进全面推进绿色建筑行动，根据中国绿色建筑与节能委员会工作部署，在重庆市针对不同层次的绿色校园，分小学、中学、大学的不同阶段，开展绿色校园宣传活动，推进重庆市绿色校园建设；结合国家绿色生态城区评价标准的实施，开展绿色生态城区建设技术培训与交流，推进绿色生态城区建设。

7. 进一步组织梳理典型示范工程、示范技术、推荐性产品

在 2016 年初步征集拟定的第一批绿色建筑推荐技术产品的基础上，进一步征集完善产品数据信息库，逐步建设完成覆盖各专业领域的重庆市绿色建筑推荐产品技术数据库。开展重庆市典型绿色建筑设计方案示范、典型绿色建筑项目技术应用示范，逐步构建完善的典型绿色建筑示范项目。

8. 组织开展绿色建筑实施质量与管理现状普查

继续深入开展重庆市绿色建筑实施质量与管理现状普查，逐步建立重庆市绿色建筑实施效果监管体系，完善重庆市绿色建筑实施的闭环管理。

9. 探索既有建筑绿色化改造的评价

配合重庆市城乡建设委员会对建筑节能改造的深化，开展重庆市既有建筑绿色化改造的实施途径探索，开展既有建筑绿色化改造的质量效果评价。

10. 开展国内外同行机构互访与交流

与中国城市科学研究会绿色建筑与节能专业委员会（简称中国绿色建筑委）、重庆大学低碳绿色建筑国际联合中心等国内外专业机构合作，加强绿色建筑国际化交流，组织国际研讨会、国际互访、国际专家讲座等多种国际活动；积极开展国内外合作，积极参加国内外各类学术研讨会，引进吸收国际国内绿色建筑发展先进经验，吸引国际先进企业加入重庆市绿色建筑推动。

作者：重庆市绿色建筑专业委员会　李百战，丁勇，喻伟，王晗，张永红

第2章　重庆市绿色建筑2017年度发展报告

2.1　重庆市绿色建筑发展总体情况

2017年，重庆市城乡建设委员会认真贯彻“创新、绿色”发展理念，充分发挥城乡建设领域绿色发展在生态文明建设中的突出作用，紧紧围绕“量质提升”和“行业发展”两大核心，着力构建涵盖建筑全寿命周期、全过程追溯的绿色发展体系，坚持监管与服务并重，各项工作取得显著成绩。全市新增绿色建筑5 706万m^2，新建城镇建筑执行绿色建筑标准的比例达到67.16%，提前3年超额完成国家要求的到2020年底执行比例达到50%的考核目标，实现从全面推行节能建筑到全面推行以“节能、节地、节水、节材和环境保护”为一体的绿色建筑的跨越，提前3年超额完成国务院确定的绿色建筑发展目标。

绿色转型进一步加快。构建了单体建筑、住宅小区、生态城区三大绿色发展体系，坚持强制推广与激励引导相结合的工作机制，推动全市城镇新建公共建筑和主城区居住建筑强制执行了绿色建筑标准，大力推行绿色建筑星级评价，着力发展具有重庆特色的绿色生态住宅小区，指导两江新区推进悦来生态城建设取得成效。

绿色水平进一步提升。发布《关于完善重庆市绿色建筑项目资金补助有关事项的通知》，优化激励政策，促进更高星级绿色建筑发展。制定了《绿色建筑现场勘查技术要点》《绿色生态住宅小区服务手册》，强化评审专家队伍和咨询机构服务质量建设，建立实施建设单位自查、区县建委定期检查、市城乡建设委员会随机抽查的绿色建筑动态管理机制，组织开展了全市绿色建筑标识项目动态检查，对4个未按评价标准实施建设或运行管理的星级绿色建筑项目进行了通报处理，进一步提升绿色建筑的发展质量和水平。全年新增二星级及以上绿色建筑项目361万m^2，同比增长84%；两江新区、巴南、渝北、南岸、沙坪坝、永川等区县着力发展高星级绿色建筑和绿色生态住宅小区，开州、梁平、巫山等区县实现高星级绿色建筑零的突破；重点打造的悦来展示中心近零能耗、近零碳和超级绿色建筑示范项目，实现设计阶段总体节能率、碳减排率和绿色建筑评价得分3个90分以上的目标。

2017年，绿色建筑工作成效明显，但各区县仍存在工作进展情况不均衡、质量水准有差异等问题，渝东南片区在推动绿色建筑发展方面还有待进一步加强。

2018年是贯彻十九大精神的开局之年，是实施“十三五”规划承上启下的关键一年，在推动建筑绿色化工作中，以提升建设水平、打造高星级绿色建筑、扩大强制范围、推动绿色建材和装配式建筑深度融合为主要方向，促进绿色建筑全方位、全过程、全覆盖的发展，推进重庆市城乡建设领域生态环境不断改善，绿色发展水平不断提高。

2.1.1　绿色建筑相关政策标准法规建设

近年来，国家和重庆市发布了一系列政策法规、技术标准，为绿色建筑的迅速发展提供了有力支撑和坚强保障。自 2013 年 1 月 1 日国家《绿色建筑行动方案》发布以来，重庆市制定发布的相关政策文件、标准法规如表 2.1 和表 2.2 所示。

表 2.1　重庆市绿色建筑相关政策汇总

年份	政策	印发单位
2013 年	关于做好 2013 年全市建筑节能与绿色建筑工作的实施意见	重庆市城乡建设委员会
	关于印发《重庆市绿色建筑与建筑节能产业化示范基地管理办法》的通知	重庆市城乡建设委员会
	重庆市绿色建筑行动实施方案(2013－2020 年)	重庆市人民政府办公厅
2014 年	关于做好 2014 年全市建筑节能与绿色建筑工作的实施意见	重庆市城乡建设委员会
	关于进一步明确重庆市可再生能源建筑应用城市示范项目示范面积和补助资金核定有关事项的通知	重庆市城乡建设委员会 重庆市财政局
2015 年	关于做好 2015 年全市建筑节能与绿色建筑工作的实施意见	重庆市城乡建设委员会
	关于印发《重庆市公共建筑节能改造示范项目和资金管理办法》的通知	重庆市城乡建设委员会 重庆市财政局
	关于印发《重庆市建筑能效(绿色建筑)测评与标识管理办法》的通知	重庆市城乡建设委员会
2016 年	关于印发《重庆市建筑节能与绿色建筑“十三五”规划》的通知	重庆市城乡建设委员会
	关于印发《2016 年建筑节能与绿色建筑工作要点》的通知	重庆市城乡建设委员会
	关于印发《重庆市绿色建材评价标识管理办法》的通知	重庆市城乡建设委员会 重庆市经济和信息化委员会
	关于加强绿色建筑评价标识管理有关事项的通知	重庆市城乡建设委员会
	关于执行《公共建筑节能(绿色建筑)设计标准》(DBJ 50—052—2016)有关事项的通知	重庆市城乡建设委员会
	关于执行《居住建筑节能 65%(绿色建筑)设计标准》(DBJ 50—071—2016)有关事项的通知	重庆市城乡建设委员会
	关于授予强制执行绿色建筑标准项目绿色建筑评价标识有关事项的通知	重庆市城乡建设委员会
2017 年	关于发布《重庆市建筑能效(绿色建筑)测评与标识管理办法》的通知	重庆市城乡建设委员会
	关于发布《重庆市绿色建材分类评价技术导则——建筑砌块(砖)》和《重庆市绿色建材分类评价技术细则——建筑砌块(砖)》的通知	重庆市城乡建设委员会
	关于印发《重庆市可再生能源建筑应用示范项目和资金管理办法》的通知	重庆市城乡建设委员会
	关于印发《2017 年建筑节能与绿色建筑工作要点》的通知	重庆市城乡建设委员会

表 2.2　重庆市绿色建筑相关标准法规汇总

标准/法规名称	主编单位(排名第一)
《复合硬泡聚氨酯板建筑外保温系统应用技术规程》(DBJ50/T－158－2013)	中煤科工集团重庆设计研究院
《岩棉保温装饰复合板外墙外保温系统应用技术规程》(DBJ50/T－162－2013)	重庆市勘察设计协会

续表

标准/法规名称	主编单位(排名第一)
《可再生能源建筑应用项目系统能效检测标准》(DBJ50/T-183-2014)	重庆大学
《区域供冷(热)系统能效检测与评价技术导则》(2014)	重庆大学
《绿色工业建筑技术与评价导则》(2014)	中冶赛迪工程技术股份有限公司
《绿色低碳生态城区评价标准》(DBJ50/T-203-2014)	重庆大学
《绿色建筑评价标准》(DBJ50/T-066-2014)	重庆市建筑节能协会绿色建筑专业委员会
《绿色建筑检测标准》(DBJ50/T-211-2014)	重庆市建筑科学研究院
《建设工程绿色施工规程》(DBJ50/T-228-2015)	重庆建工集团股份有限公司
《绿色医院建筑评价标准》(DBJ50/T-231-2015)	重庆海润节能研究院
《绿色生态住宅(绿色建筑)小区建设技术规程》(DBJ50/T-039-2015)	重庆市建设技术发展中心
《公共建筑节能(绿色建筑)工程施工质量验收规范》(J13144-2015)	重庆市建设技术发展中心
《公共建筑节能(绿色建筑)设计标准》(DBJ50-052-2016)	重庆市建设技术发展中心
《居住建筑节能65%(绿色建筑)设计标准》(DBJ50-071-2016)	重庆市建筑节能协会绿色建筑专业委员会

2.1.2　强制性绿色建筑标准项目情况

从2016年7月起，重庆市各区县城市规划区内的新建公共建筑，开始强制执行银级绿色建筑标准，同年11月起，主城区新建的居住建筑，也开始强制执行银级绿色建筑标准。

2017年重庆市范围内强制执行银级项目，总数量达到959个，总面积(总面积=居住建筑面积+公共建筑面积)达到4 980.89万m^2。其中市管项目有86个，总面积984.51万m^2；居住建筑356个，总面积2 985.9万m^2，公共建筑517个，总面积1 010.48万m^2。各地区项目数量见表2.3，项目区域分布如图2.1所示。

表2.3　强制性绿色建筑标准项目情况统计表

区域	强制执行绿色建筑项目		详细信息			
	项目数	项目面积/万m^2	居住建筑		公共建筑	
			数量	面积/万m^2	数量	面积/万m^2
市管项目	86	984.51	—	—	—	—
渝北区	216	228	100	166	116	62
两江新区	117	1 211.41	79	942.2	38	179.21
巴南区	66	609.63	49	532.12	17	77.51
沙坪坝区	48	295.76	32	233.58	16	62.18
北碚区	37	321	23	288.1	14	32.9
高新区	28	68.18	9	50.72	19	17.46
南岸区	26	304.5	18	291	8	13.5

续表

区域	强制执行绿色建筑项目		详细信息			
	项目数	项目面积/万 m^2	居住建筑		公共建筑	
			数量	面积/万 m^2	数量	面积/万 m^2
九龙坡区	25	49.76	13	40.4	12	9.36
大渡口区	23	303.09	17	290.81	6	12.28
江北区	20	117.1	12	98.3	8	18.8
经开区	6	43	2	39	4	4
渝中区	6	6.63	—	—	6	6.63
涪陵区	29	42	—	—	29	42
永川区	21	44.8	—	—	21	44.8
大足区	15	43.18	—	—	15	43.18
江津区	12	20.73	—	—	12	20.73
合川区	11	32	—	—	11	32
铜梁区	10	36	—	—	10	36
潼南区	8	11.75	—	—	8	11.75
荣昌区	8	6.3	—	—	8	6.3
璧山区	8	26.03	1	12.84	7	13.19
万盛区	7	4.44	—	—	7	4.44
长寿区	7	11.48	—	—	7	11.48
綦江区	6	7.14	—	—	6	7.14
南川区	4	3.12	1	0.83	3	2.29
梁平区	15	24	—	—	15	24
垫江县	15	8.78	—	—	15	8.78
万州区	13	48.8	—	—	13	48.8
丰都县	9	12.51	—	—	9	12.51
奉节县	9	21.9	—	—	9	21.9
忠县	6	50.28	—	—	6	50.28
城口县	4	2.8	—	—	4	2.8
开州区	1	0.42	—	—	1	0.42
巫山县	1	4.06	—	—	1	4.06
黔江区	12	26.93	—	—	12	26.93
秀山县	7	7.53	—	—	7	7.53
酉阳县	7	10.94	—	—	7	10.94
石柱县	5	10.2	—	—	5	10.2

续表

区域	强制执行绿色建筑项目		详细信息			
			居住建筑		公共建筑	
	项目数	项目面积/万 m^2	数量	面积/万 m^2	数量	面积/万 m^2
彭水县	3	2.1	—	—	3	2.1
武隆区	2	8.1	—	—	2	8.1
合计	959	4 980.89	356	2 985.9	517	1 010.48

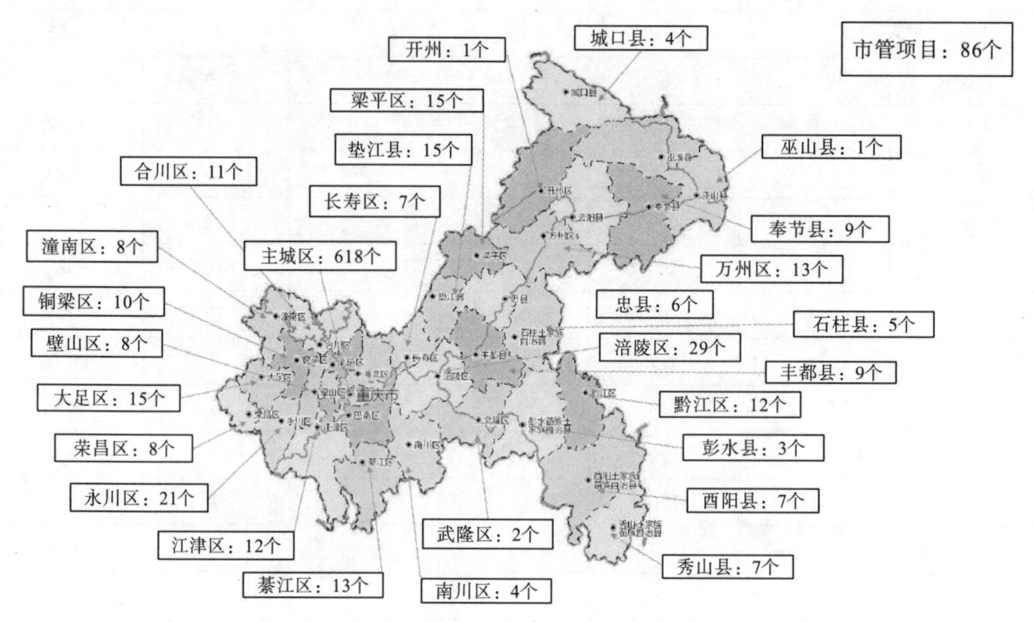

图 2.1 绿色建筑强制性标准项目分布图

审图号：渝 S(2015)022 号

2.1.3 绿色建筑标识项目情况

重庆市绿色建筑评价标识工作自 2011 年开始，其中 2009 年版重庆《绿色建筑评价标准》[1] 自 2011 年 12 月执行到 2015 年 4 月，共完成 64 个项目，其中按照地方标准组织实施绿色建筑项目 58 个，按照国家标准组织实施绿色建筑项目 6 个，总面积 990.94 万 m^2。2014 年版重庆《绿色建筑评价标准》[2] 自 2015 年 5 月执行至今，共完成 86 个项目，其中按照地方标准组织实施绿色建筑项目 81 个，按照国家标准组织实施绿色建筑项目 5 个，总面积 1 660.36 万 m^2。截至目前，重庆市绿色建筑标识评价项目共 150 个，项目总面积 2 651.3 万 m^2。

2017 年，通过重庆市绿色建筑专业委员会组织评价的项目共计 29 个，总建筑面积 557.04 万 m^2。按建筑类型计，其中公共建筑 8 个，总建筑面积 76.13 万 m^2；居住建筑 21 个，总建筑面积 480.91 万 m^2。按项目等级计，其中铂金级 2 个，总建筑面积 5.68 万 m^2；

金级 20 个，总建筑面积 394.11 万 m²；银级 7 个，总建筑面积 157.25 万 m²，各地区项目数量见表 2.4，项目区域分布如图 2.2 所示。

表 2.4 2017 年度已完成评审的绿色建筑评价标识项目统计

编号	项目类型	项目名称	评价等级	标识类型	建筑面积/万 m²
1	居住建筑	润庆·景秀江山(二期居住建筑部分)	金级	设计标识	12.59
2	公共建筑	中机建筑科技大厦	铂金级	设计标识	4.68
3	居住建筑	南川区金科世界城一期(居住建筑)	金级	设计标识	35.42
4	居住建筑	金科天元道(一期)[023－5、023－10、035－4 地块(居住建筑]	金级	设计标识	33.56
5	公共建筑	华宇·天宫花城 F 组团	金级	设计标识	13.44
6	居住建筑	巫山·金科城一期 1～5 号、17～21 号(居住建筑)	金级	设计标识	13.97
7	居住建筑	金科西永二期项目(L32－1 地块、L48－5 地块)(居住建筑)	金级	设计标识	24.96
8	居住建筑	鲁能领秀城 4 号地块南区（A40－1/04 地块）(居住建筑)	银级	设计标识	16.11
9	居住建筑	鲁能 062－7/02 地块(居住建筑)	银级	设计标识	16.62
10	居住建筑	鲁能泰山 7 号项目 F138－1、F138－2、F139－2 地块(居住建筑)	银级	设计标识	16.49
11	居住建筑	鲁能泰山 7 号 F119－4、F123－1 地块(居住建筑)	银级	设计标识	16.16
12	居住建筑	中交·锦悦一期(居住建筑部分)	金级	设计标识	16.14
13	居住建筑	中交·锦悦(暂定名)Q08－2/04 地块(居住建筑)	金级	设计标识	16.09
14	居住建筑	景瑞·西联社(居住建筑部分)	银级	设计标识	2.79
15	公共建筑	锦嘉国际大厦	金级	竣工标识	9.82
16	居住建筑	千年重庆·茅莱山居(住宅)项目 1～7 号、18～28 号、59 号及地下车库	金级	设计标识	5.79
17	居住建筑	金科观澜一期(居住建筑)	金级	设计标识	37.49
18	公共建筑	梁平区体育馆游泳馆建设项目	金级	设计标识	2.92
19	公共建筑	悦来新城会展公园(配套服务用房)	铂金级	设计标识	1
20	居住建筑	金科维拉庄园(居住建筑部分)	金级	设计标识	25.4
21	居住建筑	上东汇小区(F71－1 号地块)	金级	设计标识	7.89
22	居住建筑	蓝光·美渝森林(一期、二期、三期居住建筑部分)	金级	设计标识	42.31
23	居住建筑	海棠国际一期二组团(居住建筑部分)	金级	设计标识	15.53
24	居住建筑	九鼎花园房地产开发项目(居住建筑部分)	金级	设计标识	27.09
25	公共建筑	力帆中心—LFC	金级	运行标识	22.32
26	居住建筑	中国核建·紫金一品一期项目 1－2 号～1－6 号、2－1 号～2－3 号楼及地下车库	金级	设计标识	22.43
27	居住建筑	万达城 C、D、E 地块(居住建筑部分)	银级	设计标识	76.08
28	公共建筑	重庆市朝阳中学新城校区	金级	设计标识	8.95
29	公共建筑	重庆永川万达广场商业中心	银级	运行标识	13
总计	8 公共建筑 21 居住建筑	—	2 铂金级 20 金级 7 银级	26 设计 1 竣工 2 运行	557.04

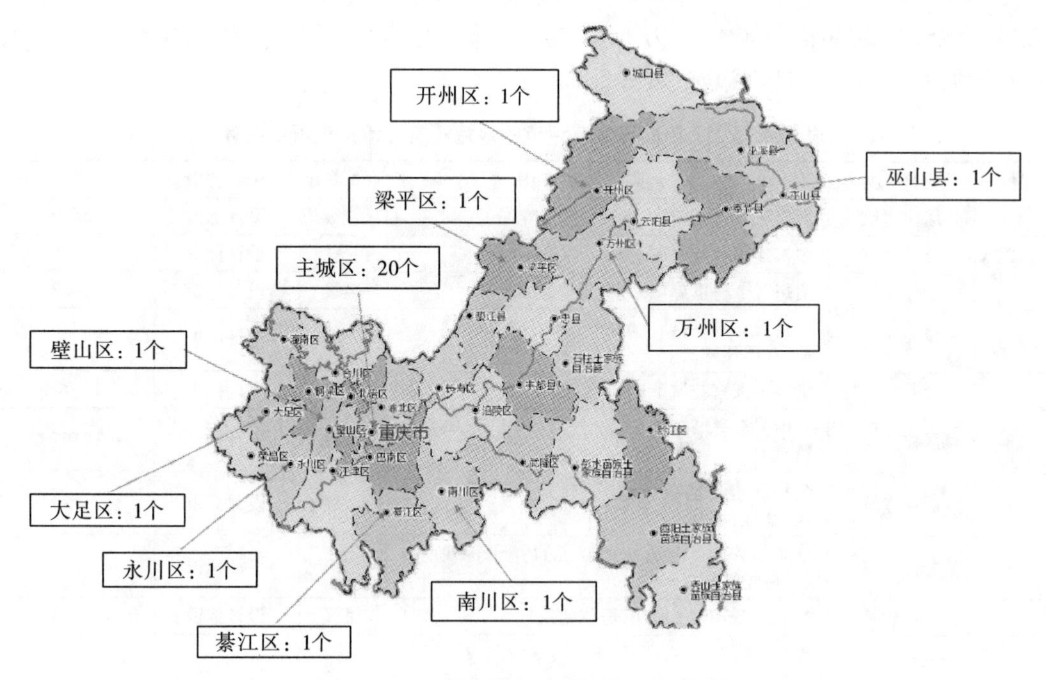

图 2.2 2017 年度绿色建筑评审项目分布图
审图号：渝 S(2015)022 号

重庆市绿色建筑评价标识工作自 2011 年开始，重庆市绿色建筑专业委员会共组织完成 129 个项目，按评价阶段分为 111 个设计阶段项目、14 个竣工阶段项目、4 个运行阶段项目，重庆市绿色建筑评价标识阶段比例如图 2.3 所示。

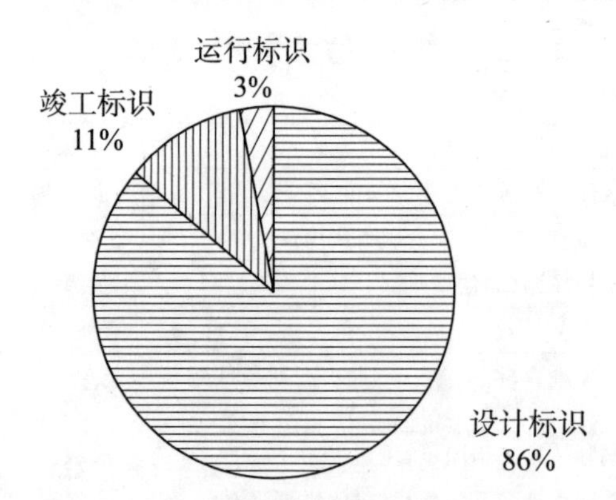

图 2.3 重庆市绿色建筑评价标识阶段比例

2.1.4 绿色生态小区标识项目情况

单体建筑、住宅小区、生态城区三大绿色发展体系建设成效已经凸显。通过修订、完善标准，绿色生态住宅小区项目已经成为重庆市绿色建筑项目的重要组成部分。绿色生态小区是指在规划、设计、施工和运行各环节，充分体现节约资源与能源，减少环境负荷，创造健康舒适的居住环境，与周围生态环境协调的住宅小区。

2017 年，经重庆市建设技术发展中心组织评审，通过重庆市绿色生态小区评价的项目总共 52 个，总面积 1 024.89 万 m^2，其中设计项目 49 个，总面积 9 725 470.39 m^2；竣工项目 3 个，总面积 523 396.59m^2。各地区项目数量见表 2.5，项目区域分布如图 2.4 所示。

表 2.5　绿色生态小区标识项目统计情况

项目区域	总数	设计/竣工	总面积/m^2
两江新区	17	17 设计	3 560 478.94
沙坪坝	6	4 设计/2 竣工	1 133 365.19
南岸区	5	4 设计/1 竣工	707 362.69
巴南区	4	4 设计	814 825.92
永川区	4	4 设计	845 560.83
北碚区	2	2 设计	555 396.39
大足区	2	2 设计	366 329.1
开州区	2	2 设计	415 471.53
南川区	2	2 设计	432 034.09
巫山县	2	2 设计	313 399.01
大渡口区	1	1 设计	170 575.11
丰都县	1	1 设计	165 992.01
涪陵区	1	1 设计	375 648.67
江北区	1	1 设计	145 086.6
金开区	1	1 设计	122 961.07
綦江区	1	1 设计	124 379.83
合计	52	49 设计/3 竣工	10 248 866.98

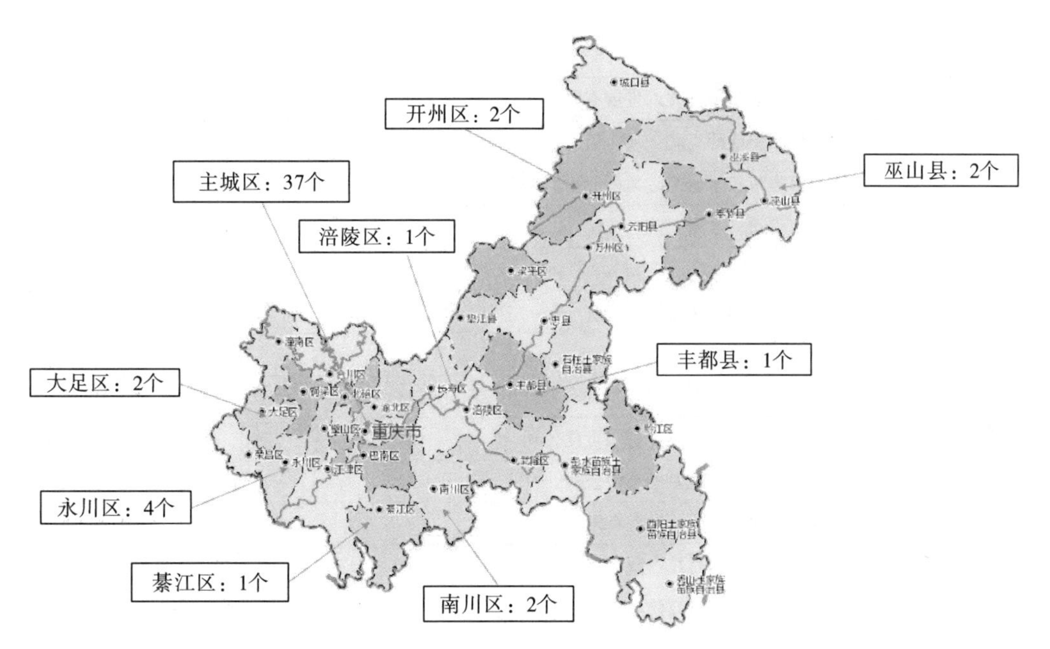

图 2.4　2017 年度生态小区评审项目分布图

审图号：渝 S(2015)022 号

2.2 重庆市绿色建筑项目咨询能力建设分析

2.2.1 咨询单位情况简表

截至2017年12月1日，经重庆市绿色建筑专业委员会统计整理，目前登记备案的在重庆市开展绿色建筑项目咨询的单位共计49个，其中已完成登记备案更新的单位33个，未更新备案信息的16个，其中有26个单位已进行过项目咨询工作，名单见表2.6。

表2.6 重庆市咨询机构备案更新时间表

序号	咨询机构名称	备案更新时间
1	中冶赛迪工程技术股份有限公司	2017年1月3日
2	重庆市建筑节能协会	2017年1月3日
3	中国建筑科学研究院西南分院	2017年1月3日
4	广东省建筑科学研究院集团股份有限公司	2017年1月3日
5	中国建筑技术集团有限公司重庆分公司	2017年1月3日
6	重庆市勘察设计协会	2017年1月4日
7	重庆开元环境监测有限公司	2017年1月4日
8	君凯环境管理咨询(上海)有限公司	2017年1月4日
9	重庆市斯励博工程咨询有限公司	2017年1月4日
10	重庆升源兴建筑科技有限公司	2017年1月4日
11	重庆市建标工程技术有限公司	2017年1月4日
12	中机中联工程有限公司	2017年1月5日
13	重庆星能建筑节能技术发展有限公司	2017年1月6日
14	重庆海润节能研究院	2017年1月9日
15	厦门市建筑科学研究院集团股份有限公司	2017年1月9日
16	重庆市建筑科学研究院	2017年1月10日
17	重庆市设计院	2017年1月10日
18	中煤科工集团重庆设计研究院	2017年1月10日
19	上海市建筑科学研究院	2017年1月10日
20	重庆市盛绘建筑节能科技发展有限公司	2017年1月10日
21	重庆同乘工程咨询设计有限责任公司	2017年1月10日
22	重庆佰路建筑科技发展有限公司	2017年1月10日
23	中国建筑西南设计研究院有限公司	2017年1月10日
24	重庆九格智建筑科技有限公司	2017年1月10日
25	深圳市建筑科学研究院有限公司	2017年1月11日
26	重庆康穆建筑设计顾问有限公司	2017年1月13日
27	重庆博诺圣科技发展有限公司	2017年1月13日

续表

序号	咨询机构名称	备案更新时间
28	重庆市绿色建筑技术促进中心	2017年1月13日
29	中国建筑科学研究院上海分院	2017年1月18日
30	重庆伟扬建筑节能技术咨询有限公司	2017年1月19日
31	重庆灿辉科技发展有限公司	2017年6月8日
32	重庆绿航建筑科技有限公司	2017年9月5日
33	北京清华同衡规划设计研究院有限公司	2017年11月12日
34	重庆市建设技术发展中心	—
35	重庆大学	—
36	中国中科建筑工程质量检测有限公司	—
37	重庆市戈韵建筑设计咨询有限公司	—
38	重庆圣境缘科技有限公司	—
39	重庆大德建筑设计有限公司	—
40	艾奕康咨询(深圳)有限公司北京分公司	—
41	福建成信绿集成有限公司	—
42	华东建筑设计研究院有限公司技术中心	—
43	重庆市同方科技发展有限公司	—
44	后勤工程学院建筑设计研究院	—
45	重庆市渝北区建筑工程质量监督站检测所	—
46	低碳绿色建筑国际联合中心	—
47	重庆市涪陵区建设工程质量监督检测中心	—
48	中国建筑设计研究院	—
49	同方泰德(重庆)科技有限公司	—

2.2.2　绿色建筑评价项目汇总统计

重庆市绿色建筑评价标识工作自2011年开始，截至2017年12月1日，重庆市绿色建筑标识申报项目数共150个，其中重庆市绿色建筑专业委员会组织完成129个项目。上述项目按评价等级，可分为5个铂金级项目、83个金级项目、41个银级项目；按评价阶段，可分为111个设计阶段项目、14个竣工阶段项目、4个运行阶段项目；按建筑类型，可分为54个公共建筑、74个居住建筑、1个混合建筑。详细信息见表2.7。

表2.7　各咨询单位已申报129个项目汇总

序号	咨询单位	总项目数量	评价等级			评价阶段		
			铂金级	金级	银级	设计	竣工	运行
1	中机中联工程有限公司	39	1	26	12	35	4	—
2	重庆博诺圣科技发展有限公司	18	—	15	3	15	2	1

续表

序号	咨询单位	总项目数量	评价等级			评价阶段		
			铂金级	金级	银级	设计	竣工	运行
3	重庆市建设技术发展中心	8	—	3	5	6	1	1
4	重庆星能建筑节能技术发展有限公司	8	—	7	1	6	2	—
5	中冶赛迪工程技术股份有限公司	6	1	5	—	3	1	2
6	重庆市斯励博工程咨询有限公司	6	—	4	2	6	—	—
7	重庆大学	5	1	3	1	3	2	—
8	重庆市绿色建筑技术促进中心	5	—	—	5	5	—	—
9	重庆市设计院	4	2	2	—	4	—	—
10	中国建筑技术集团有限公司重庆分公司	4	—	—	4	4	—	—
11	重庆市盛绘建筑节能科技发展有限公司	3	—	1	2	3	—	—
12	重庆市建筑节能协会	3	—	3	—	2	1	—
13	重庆绿能和建筑节能技术有限公司	3	—	2	1	3	—	—
14	重庆海润节能研究院	2	—	2	—	2	—	—
15	君凯环境管理咨询(上海)有限公司	2	—	1	1	2	—	—
16	重庆市建筑科学研究院	2	—	2	—	1	1	—
17	重庆佰路建筑科技发展有限公司	2	—	1	1	2	—	—
18	深圳市建筑科学研究院股份有限公司	2	—	—	2	2	—	—
19	华东建筑设计研究院有限公司技术中心	1	—	1	—	1	—	—
20	重庆康穆建筑设计顾问有限公司	1	—	1	—	1	—	—
21	重庆市勘察设计协会	1	—	1	—	1	—	—
22	重庆升源兴建筑科技有限公司	1	—	1	—	1	—	—
23	重庆绿航建筑科技有限公司	1	—	1	—	1	—	—
24	重庆伟扬建筑节能技术咨询有限公司	1	—	—	1	1	—	—
25	重庆灿辉科技发展有限公司	1	—	1	—	1	—	—
合计		129	5	83	41	111	14	4

2.2.3 绿色生态小区评价项目汇总统计

2017 年全年度共有 52 个建设项目通过重庆市绿色生态住宅小区评价，主要由中煤科工集团重庆设计研究院有限公司、中机中联工程有限公司等 13 家咨询机构提供项目咨询，详细信息见表 2.8。

表 2.8　绿色生态小区标识项目详细情况

序号	咨询单位	总项目数量	评价阶段		
			设计	竣工	运行
1	中煤科工集团重庆设计研究院有限公司	10	10	—	—
2	中机中联工程有限公司	9	9	—	—
3	重庆绿能和建筑节能技术有限公司	8	7	1	—
4	重庆市斯励博工程咨询有限公司	7	6	1	—
5	重庆博诺圣科技发展有限公司	4	4	—	—
6	重庆佰路建筑科技发展有限公司	3	3	—	—
7	重庆佳良建筑设计咨询有限公司	2	2	—	—
8	重庆星能建筑节能技术发展有限公司	2	2	—	—
9	重庆升源兴建筑科技有限公司	2	1	1	—
10	重庆市建标工程技术有限公司	2	2	—	—
11	重庆绿航建筑科技有限公司	1	1	—	—
12	重庆市绿创建筑技术咨询有限公司	1	1	—	—
13	重庆市盛绘建筑节能科技发展有限公司	1	1	—	—
合计		52	49	3	—

2.2.4　咨询单位执行情况统计

根据对2017年1月1日~2017年12月31日申报重庆市绿色建筑评价标识项目的统计，共有16个咨询单位完成了30个绿色建筑项目的咨询工作，其中1个公共建筑申报金级标识未通过绿色建筑标识评审，实际有29个项目为有效绿色建筑评审。其中按评价类型，可分为8个公共建筑、21个居住建筑；按评价等级，可分为2个铂金级项目、20个金级项目、7个银级项目；按评价阶段，可分为26个设计阶段项目、1个竣工阶段项目、2个运行阶段项目。详细情况见表2.9和表2.10。

表 2.9　2017年各咨询单位标识项目数量统计情况

序号	咨询单位	项目数量	评价等级			评价阶段		
			铂金级	金级	银级	设计	竣工	运行
1	中机中联工程有限公司	6	1	5	—	6	—	—
2	重庆绿能和建筑节能技术有限公司	3	—	2	1	3	—	—
3	重庆市斯励博工程咨询有限公司	3	—	3	—	3	—	—
4	重庆市设计院	2	1	1	—	2	—	—
5	中国建筑技术集团有限公司重庆分公司	2	—	—	2	2	—	—
6	重庆星能建筑节能技术发展有限公司	2	—	2	—	2	—	—
7	重庆博诺圣科技发展有限公司	2	—	2	—	1	1	—
8	重庆市盛绘建筑节能科技发展有限公司	2	—	1	1	2	—	—

续表

序号	咨询单位	项目数量	评价等级			评价阶段		
			铂金级	金级	银级	设计	竣工	运行
9	中冶赛迪工程技术股份有限公司	1	—	1	—	—	—	1
10	重庆灿辉科技发展有限公司	1	—	1	—	1	—	—
11	重庆市绿色建筑技术促进中心	1	—	—	1	1	—	—
12	广东省建筑设计研究院	1	—	1	—	1	—	—
13	重庆绿航建筑科技有限公司	1	—	1	—	1	—	—
14	重庆伟扬建筑节能技术咨询有限公司	1	—	—	1	1	—	—
15	北京清华同衡规划设计研究院有限公司	1	—	—	1	—	—	1
合计		29	2	20	7	26	1	2

表 2.10　2017 年各咨询单位咨询质量分析

序号	咨询单位	评价阶段	评价类型	评审等级	资料规范	资料完备	资料质量	汇报情况	技术水平	资料补充	综合得分	平均综合得分
1	CQSY	设计	公共建筑	铂金级	4.85	4.85	4.67	4.67	4.8	4	27.84	27.23
2		设计	居住建筑	金级	4.42	4.71	4.42	4.85	4.42	3.8	26.62	
3	CQJZJT	设计	居住建筑	银级	4.6	4.67	4.33	4.33	4.33	3.5	25.76	25.47
4		设计	居住建筑	银级	4.57	4.33	4.29	4.29	4.29	3.4	25.17	
5	ZJZL	设计	公共建筑	铂金级	4.6	4.6	4.8	4.2	4.67	4	26.87	25.20
6		设计	居住建筑	金级	4.5	4.83	4.29	4.5	4.5	3.67	26.29	
7		设计	居住建筑	金级	4.6	4.6	4.8	4.2	4.67	4	26.87	
8		设计	居住建筑	金级	4.29	4	3.86	4.57	4.14	3.8	24.66	
9		设计	居住建筑	金级	4.57	4	4.43	3.86	3.14	3.67	23.67	
10		设计	公共建筑	金级	4	3.83	3.85	3.85	4	3.33	22.86	
11	BLS	设计	公共建筑	金级	4.00	4.20	4.20	3.50	4.00	5.00	24.90	25.09
12		竣工	居住建筑	金级	4.40	4.00	4.40	4.40	4.40	3.67	25.27	
13	ZYSD	运行	公共建筑	金级	4.33	4.33	4.33	4.33	4	3.67	24.99	24.99
14	CHKJ	设计	居住建筑	银级	4.33	4	3.83	4.17	4	4	24.33	24.33
15	LNHJZ	设计	居住建筑	银级	4	4.5	3.83	4.14	4.5	3.5	24.47	24.12
16		设计	居住建筑	金级	4	3.8	4	3.8	4.5	3	23.1	
17		设计	居住建筑	金级	4.2	4	4	4.4	4.2	4	24.8	
18	LCZX	设计	居住建筑	银级	4.28	4.28	4	3.85	3.71	3.67	23.79	23.79
19	SLB	设计	居住建筑	金级	4	3.86	4.29	4.14	4	2.5	22.79	23.03
20		设计	居住建筑	金级	4	4	4	4	4	3.5	23.5	
21		设计	居住建筑	金级	4.2	3.8	3.8	4.2	3.8	3	22.8	
22	GJY	设计	居住建筑	金级	4	3.8	3.8	4	3.8	3	22.4	22.40

续表

序号	咨询单位	评价阶段	评价类型	评审等级	资料规范	资料完备	资料质量	汇报情况	技术水平	资料补充	综合得分	平均综合得分
23	LHJZ	设计	居住建筑	金级	4	3.8	3.6	3.8	3.6	3.4	22.2	22.20
24	SH	设计	居住建筑	银级	3.8	3.8	3.8	3.6	3.6	3.4	22	22.17
25		设计	居住建筑	金级	3.83	3.5	3.67	3.67	3.67	4	22.34	
26	XNJZ	设计	居住建筑	金级	4	3.67	3.67	3.33	3.33	3.5	21.5	20.75
27		设计	居住建筑	金级	3.5	3.25	3.25	3.25	3.25	3.5	20	
28	WYJZ	设计	居住建筑	银级	3.25	3.2	2.6	2.8	3.2	3.5	18.55	18.55
29	BLJZ	设计	居住建筑	银级	2.17	2.33	1.83	2.67	2.17	3.4	14.57	14.57
平均					4.11	4.02	3.95	3.98	3.95	3.62	23.62	22.98

注：绿色建筑技术咨询单位综合得分来源于重庆市绿色建筑标识评审咨询机构评价表，在表中七位评审专家针对资料规范、资料完备、资料质量、汇报情况、技术水平五个方面分别进行评价，每个方面分为优、良、中、合格、差五个等级，分别对应 5、4、3、2、1 分，对评审会后资料补充难易程度分为容易、可以实现、难三个等级，分别对应 5、3、1 分。数据经加和后得到综合得分，综合得分最高为 30 分。各咨询单位采用拼音缩写代表。

根据上述统计，2017 年重庆市从事绿色建筑咨询的各单位，执行质量综合得分率基本维持在较高水平，其中得分率超过 90%的有 1 家单位，80%～90%的有 6 家单位，70%～80%的有 5 家单位，低于 70%的有 3 家单位，总体咨询质量处于中等水平。其中资料补充的难易得分较低，其次是资料质量和技术水平得分偏低，该三项均反映了咨询单位技术实力的问题。

综合分析，对于咨询机构，下一步应针对性地开展绿色建筑咨询工作所必需的技术实力的培训工作，提升咨询单位对项目整体情况的把握能力；同时还应针对咨询机构的特点，针对性地开展咨询资料准备的专项培训。

2.3　重庆市绿色建筑项目技术增量分析

2.3.1　绿色建筑评价标识项目主要技术增量统计

本次主要对各项目涉及的技术增量表现、评审项目技术投资增量数据进行统计和数据分析。数据信息来源于项目的自评估报告。根据统计梳理，其主要涉及的技术增量见表 2.11。

表 2.11　项目主要技术应用频次统计

技术类型	技术名称	应用频次	建筑类型	2017 年完成	2016 年完成	2015 年完成	对应等级
专项费用	绿色建筑专项设计与咨询	3	3 公共建筑	1 金级	2 金级	—	3 金级
	模拟分析	2	2 居住建筑	1 金级	—	1 金级	2 金级
	碳排放计算	1	公共建筑	1 铂金级	—	—	1 铂金级
	BIM 设计	2	公共建筑	2 铂金级	—	—	2 铂金级

续表

技术类型	技术名称	应用频次	建筑类型	2017 年完成	2016 年完成	2015 年完成	对应等级
节水与水资源	绿化滴管节水技术	1	公共建筑	—	—	1 金级	1 金级
	雨水收集利用系统	42	12 公共建筑 30 居住建筑	1 铂金级 15 金级 2 银级	9 金级 1 银级	10 金级 4 银级	1 铂金级 34 金级 7 银级
	灌溉系统	42	8 公共建筑 34 居住建筑	2 铂金级 15 金级 4 银级	7 金级 2 银级	9 金级 2 银级	2 铂金级 31 金级 8 银级
	循环洗车台	2	公共建筑	—	1 银级	1 金级	1 金级 1 银级
	同层排水	1	居住建筑	—	—	1 金级	1 金级
	用水计量水表	2	2 公共建筑	1 金级	—	1 金级	2 金级
	雨水中水利用	1	公共建筑	1 金级	—	—	1 金级
	节水器具	21	11 公共建筑 10 居住建筑	2 铂金级 6 金级 2 银级	3 金级 2 银级	6 金级	2 铂金级 15 金级 4 银级
	车库隔油池	3	3 居住建筑	2 金级 1 银级	—	—	2 金级 1 银级
电气	节能照明	19	3 公共建筑 16 居住建筑	1 铂金级 7 金级 1 银级	5 金级 1 银级	2 金级 2 银级	1 铂金级 14 金级 4 银级
	电扶梯节能控制措施	9	2 公共建筑 7 居住建筑	3 金级 1 银级	3 金级 1 银级	1 金级	7 金级 2 银级
	分项计量配电系统	2	公共建筑	—	—	2 金级	2 金级
	高效节能灯具	22	8 公共建筑 14 居住建筑	1 铂金级 5 金级 1 银级	5 金级 2 银级	4 金级 4 银级	1 铂金级 14 金级 7 银级
	智能化系统	10	9 公共建筑 1 居住建筑	2 金级 1 银级	4 金级 1 银级	2 金级	8 金级 2 银级
	照明目标值设计	7	2 公共建筑 5 居住建筑	2 金级	1 金级	4 金级	7 金级
	选用节能设备	32	7 公共建筑 25 居住建筑	1 铂金级 10 金级 2 银级	5 金级 4 银级	4 金级 6 银级	1 铂金级 19 金级 12 银级
	能源管理平台	1	公共建筑	1 铂金级	—	—	1 铂金级
	太阳光伏发电	1	公共建筑	1 铂金级	—	—	1 铂金级
	建筑设备监控系统	1	公共建筑	1 铂金级	—	—	1 铂金级
	建筑能效监控系统	1	公共建筑	1 铂金级	—	—	1 铂金级
	信息发布平台	2	2 居住建筑	2 金级	—	—	2 金级
	设备视频车位探测器	2	2 公共建筑	1 铂金级 1 金级	—	—	1 铂金级 1 金级
	反向寻车找车机	1	公共建筑	1 金级	—	—	1 金级
	家居安防系统	2	2 居住建筑	2 金级	—	—	2 金级
暖通空调	空调新风全热交换技术	7	4 公共建筑 3 居住建筑	2 金级	3 金级	2 金级	7 金级
	太阳能热水系统	1	公共建筑	—	—	1 金级	1 金级
	窗/墙式通风器	25	1 公共建筑 24 居住建筑	6 金级 6 银级	7 金级 1 银级	4 金级 1 银级	17 金级 8 银级
	排风热回收	3	3 公共建筑	2 金级	—	1 金级	3 金级

续表

技术类型	技术名称	应用频次	建筑类型	2017 年完成	2016 年完成	2015 年完成	对应等级
暖通空调	水蓄冷系统	1	公共建筑	—	1 金级	—	1 金级
	江水源热泵系统	2	2 公共建筑	1 金级	1 金级	—	2 金级
	高能效冷热源输配系统	3	3 公共建筑	1 铂金级	1 金级 1 银级	—	1 铂金级 1 金级 1 银级
	地源热泵系统	2	公共建筑	2 铂金级	—	—	2 铂金级
	户式新风系统	5	5 居住建筑	5 金级	—	—	5 金级
	风机盘管	1	公共建筑	1 金级	—	—	1 金级
景观绿化	绿化遮阴	10	10 居住建筑	5 金级 1 银级	1 银级	1 金级 2 银级	6 金级 4 银级
	活动外遮阳	4	3 公共建筑 1 居住建筑	1 金级	1 金级 1 银级	1 金级	3 金级 1 银级
	景观布置	1	居住建筑	—	—	1 金级	1 金级
	屋顶绿化	11	6 公共建筑 5 居住建筑	3 金级	3 金级	3 金级 2 银级	9 金级 2 银级
	室外透水铺装	28	5 公共建筑 23 居住建筑	6 金级 3 银级	5 金级 1 银级	9 金级 4 银级	20 金级 8 银级
建筑规划	外窗开启面积	8	8 居住建筑	4 金级	1 银级	1 金级 2 银级	5 金级 3 银级
	幕墙保温隔热	4	3 公共建筑 1 居住建筑	1 铂金级 2 金级	—	1 金级	1 铂金级 3 金级
	三层幕墙	2	2 公共建筑	1 金级	—	1 金级	2 金级
	高反射内遮阳	1	公共建筑	1 铂金级	—	—	1 铂金级
	三银玻璃	1	公共建筑	1 铂金级	—	—	1 铂金级
结构	高耐久混凝土	13	4 公共建筑 9 居住建筑	1 铂金级 6 金级	2 金级	2 金级 2 银级	1 铂金级 10 金级 2 银级
	采用预拌砂浆	2	2 居住建筑	1 金级	—	1 银级	1 金级 1 银级
声光环境	楼板 PE 隔声垫	1	居住建筑	—	1 银级	—	1 银级
	新型降噪管	2	居住建筑	—	1 金级	1 金级	2 金级
	光导管采光技术	8	8 公共建筑 1 居住建筑	2 铂金级 1 金级	3 金级	2 金级	2 铂金级 6 金级
	绿色照明	1	公共建筑	—	—	1 金级	1 金级
空气质量	一氧化碳装置	36	11 公共建筑 25 居住建筑	2 铂金级 13 金级 4 银级	8 金级 2 银级	7 金级	2 铂金级 28 金级 6 银级
	室内 CO_2 监测系统	7	4 公共建筑 3 居住建筑	1 铂金级 1 金级	2 金级 2 银级	1 金级	1 铂金级 4 金级 2 银级
	空气质量监控系统	3	3 公共建筑	1 金级	—	2 金级	3 金级
	氡浓度检测	1	公共建筑	—	1 金级	—	1 金级

2.3.2　项目主要技术增量统计

根据申报项目自评报告中的技术投资增量数据，统计得表 2.12。

表 2.12 技术投资增量数据

专业	实现绿色建筑采取的措施	增量总额/万元	单位增量总额/(万元/m²)	对应等级
专项费用	绿色建筑专项设计与咨询	45.00	237.15	金级
	专项模拟分析	80.00	3.65	金级
	碳排放计算	3.00	3.00	铂金级
	BIM 设计	60.00	18.23	铂金级/金级
节水与水资源	雨水收集利用系统	1 171.90	597.65	铂金级/金级
	灌溉系统	674.09	18.50	铂金级/金级/银级
	用水计量水表	0.59	0.03	金级
	雨水中水利用	100.00	34.25	金级
	车库隔油池	21.50	1.86	金级/银级
	节水器具	101.96	3.50	铂金级/金级/银级
电气	节能照明	624.62	3.84	铂金级/金级/银级
	电扶梯节能控制措施	1 542.00	26.87	金级/银级
	高效节能灯具	480.48	4.97	铂金级/金级/银级
	智能化系统	196.74	6.13	金级/银级
	照明目标值设计	257.84	8.00	金级
	选用节能设备	1 311.20	5.76	铂金级/金级/银级
	能源管理平台	50.00	10.69	铂金级/金级
	太阳光伏发电	25.00	25.04	铂金级
	建筑设备监控系统	85.00	85.14	铂金级
	建筑能效监控系统	65.00	65.11	铂金级
	信息发布平台	30.00	0.93	金级
	设备视频车位探测器	91.76	31.70	铂金级/金级
	反向寻车找车机	9.00	2.87	金级
	家居安防系统	124.40	1.95	金级
暖通空调	空调新风全热交换技术	240.00	5.65	金级
	窗/墙式通风器	3 665.14	21.08	金级/银级
	排风热回收	104.00	4.16	金级
	江水源热泵系统	480.00	48.90	金级
	高能效冷热源输配系统	40.00	8.55	金级
	可调空调末端	129.00	5.78	金级
	地源热泵系统	938.20	351.68	铂金级/金级
	户式新风系统	994.14	14.17	金级
	风机盘管	296.40	30.20	金级

续表

专业	实现绿色建筑采取的措施	增量总额/万元	单位增量总额/(万元/m²)	对应等级
景观绿化	绿化遮阴	250.25	19.02	金级/银级
	活动外遮阳	17.88	299.92	金级
	屋顶绿化	98.80	266.66	金级
	室外透水铺装	220.45	76.30	铂金级/金级/银级
	高反射内遮阳	15.00	15.02	铂金级
建筑规划	外窗开启面积	135.51	6.15	金级
	幕墙保温隔热	1 057.85	122.76	铂金级/金级
	三层幕墙	529.88	200.00	金级
	三银玻璃	30.00	30.05	铂金级
结构	高耐久混凝土	597.42	9.11	铂金级/金级
	采用预拌砂浆	122.98	7.33	铂金级/金级
声光环境	光导管采光技术	37.90	20.73	铂金级/金级
空气质量	一氧化碳装置	388.75	6.63	铂金级/金级/银级
	室内 CO_2 监测系统	17.20	2.55	铂金级/金级
	空气质量监控系统	15.00	0.67	金级

注：表中数据来源于项目基本情况表中增量分析，增量成本计算基数以项目参评面积为准。

2.3.3　主要技术增量成本分析

根据上述技术增量与成本分析，根据 2017 年申报项目情况，已完成的 7 个银级建筑评审的主要技术经济增量见表 2.13。

表 2.13　银级主要技术经济增量

专业	实现绿色建筑采取的措施	平均单位增量/(元/m²)	增量总额/万元	建筑类型
节水与水资源	雨水收集利用系统	2.37	209.4	7 居住建筑
	灌溉系统	20.16	168.85	7 居住建筑
	室外透水铺装	63.34	462.52	7 居住建筑
	节水器具	1.15	21.79	7 居住建筑
电气	节能照明	4.01	23	7 居住建筑
	电扶梯节能控制措施	8.25	450	7 居住建筑
	高效节能灯具	5.47	285.36	7 居住建筑
	智能化系统	2.92	16.74	7 居住建筑
	信息发布平台	4.41	3	7 居住建筑
	选用节能设备	13.81	630.2	7 居住建筑

续表

专业	实现绿色建筑采取的措施	平均单位增量/(元/m²)	增量总额/万元	建筑类型
暖通空调	窗/墙式通风器	25.92	1 701.74	7居住建筑
景观绿化	绿化遮阴	2.30	1.5	7居住建筑
空气质量	一氧化碳装置	8.10	120.93	7居住建筑

已完成的20个金级建筑评审的主要技术经济增量见表2.14。

表2.14 金级主要技术经济增量

专业	实现绿色建筑采取的措施	平均单位增量/(元/m²)	增量总额/万元	建筑类型
专项费用	绿色建筑专项设计与咨询	237.15	45.00	5公共建筑17居住建筑
	专项模拟分析	3.65	80.00	5公共建筑17居住建筑
节水与水资源	雨水收集利用系统	675.58	850.50	5公共建筑17居住建筑
	灌溉系统	13.29	487.24	5公共建筑17居住建筑
	用水计量水表	0.03	0.59	5公共建筑17居住建筑
	雨水中水利用	34.25	100.00	5公共建筑17居住建筑
	车库隔油池	0.59	18.50	5公共建筑17居住建筑
	节水器具	4.87	65.17	5公共建筑17居住建筑
电气	节能照明	3.94	598.62	5公共建筑17居住建筑
	电扶梯节能控制措施	33.07	1 092.00	5公共建筑17居住建筑
	高效节能灯具	3.68	175.12	5公共建筑17居住建筑
	智能化系统	7.74	180.00	5公共建筑17居住建筑
	照明目标值设计	8.00	257.84	5公共建筑17居住建筑
	选用节能设备	4.52	671.00	5公共建筑17居住建筑
	信息发布平台	0.93	30.00	5公共建筑17居住建筑
	设备视频车位探测器	13.32	41.76	5公共建筑17居住建筑
	反向寻车找车机	2.87	9.00	5公共建筑17居住建筑
	家居安防系统	1.95	124.40	5公共建筑17居住建筑
暖通空调	空调新风全热交换技术	5.65	240.00	5公共建筑17居住建筑
	窗/墙式通风器	16.24	1 963.40	5公共建筑17居住建筑
	排风热回收	4.16	104.00	5公共建筑17居住建筑
	江水源热泵系统	48.90	480.00	5公共建筑17居住建筑
	可调空调末端	5.78	129.00	5公共建筑17居住建筑
	户式新风系统	14.17	994.14	5公共建筑17居住建筑
	风机盘管	30.20	296.40	5公共建筑17居住建筑

续表

专业	实现绿色建筑采取的措施	平均单位增量/(元/m^2)	增量总额/万元	建筑类型
景观绿化	绿化遮阴	22.36	248.75	5公共建筑17居住建筑
	活动外遮阳	299.92	17.88	5公共建筑17居住建筑
	屋顶绿化	266.66	98.80	5公共建筑17居住建筑
	室外透水铺装	82.79	242.07	5公共建筑17居住建筑
建筑规划	外窗开启面积	6.15	135.51	5公共建筑17居住建筑
	幕墙保温隔热	175.59	977.85	5公共建筑17居住建筑
	三层幕墙	200.00	529.88	5公共建筑17居住建筑
结构	高耐久混凝土	9.92	577.42	5公共建筑17居住建筑
	采用预拌砂浆	3.96	72.98	5公共建筑17居住建筑
声光环境	光导管采光技术	13.53	14.40	5公共建筑17居住建筑
空气质量	一氧化碳装置	5.54	242.82	5公共建筑17居住建筑
	室内CO_2监测系统	1.58	7.20	5公共建筑17居住建筑
	空气质量监控系统	0.67	15.00	5公共建筑17居住建筑

已完成的2个铂金级建筑评审的主要技术经济增量见表2.15。

表2.15　铂金级主要技术经济增量

专业	实现绿色建筑采取的措施	平均增量/(元/m^2)	增量总额/万元	建筑类型
专项费用	BIM设计	18.23	60.00	2公共建筑
	碳排放计算	3.00	3.00	2公共建筑
节水与水资源	雨水收集利用系统	23.94	112	2公共建筑
	灌溉系统	54.25	18	2公共建筑
	节水器具	3.58	15.00	2公共建筑
电气	节能照明	3.00	3	2公共建筑
	高效节能灯具	10.90	20	2公共建筑
	选用节能设备	2.14	10.00	2公共建筑
	能源管理平台	10.69	50	2公共建筑
	太阳光伏发电	25.04	25.00	2公共建筑
	建筑设备监控系统	85.14	85.00	2公共建筑
	建筑能效监控系统	65.11	65.00	2公共建筑
	设备视频车位探测器	50.08	50.00	2公共建筑
暖通空调	高能效冷热源输配系统	8.55	40	2公共建筑
	地源热泵系统	351.68	938.20	2公共建筑
景观绿化	高反射内遮阳	15.02	15.00	2公共建筑

续表

专业	实现绿色建筑采取的措施	平均增量/(元/m²)	增量总额/万元	建筑类型
建筑规划	幕墙保温隔热	17.10	80.00	2公共建筑
	三银玻璃	30.05	30.00	2公共建筑
结构	高耐久混凝土	4.27	20.00	2公共建筑
	采用预拌砂浆	10.69	50.00	2公共建筑
声光环境	光导管采光技术	24.34	23.50	2公共建筑
空气质量	一氧化碳装置	10.24	25.00	3公共建筑
	室内CO_2监测系统	3.52	10.00	2公共建筑

按评审时间先后排序，银级项目平均增量成本为9.05元/m²，详细情况见表2.16。

表2.16 银级项目平均增量成本

序号	绿色建筑等级	项目名称	项目建筑面积/m²	增量总额/万元	增量成本/(元/m²)	建筑类型
1	银级	LNLXCA40	161 098.98	144	8.94	居住建筑
2	银级	LN062	166 193.41	119.7	11.21	居住建筑
3	银级	LNTS7－1	164 884.27	158.5	9.00	居住建筑
4	银级	LNTS7－2	161 614.96	147.9	8.50	居住建筑
5	银级	JRXLS	27 883.86	20.8	7.46	居住建筑
6	银级	BGYFCW	55 511.22	52.81	9.21	居住建筑
7	银级	WDCYQ	760 774.45	3 330.73	38.48	居住建筑

注：WDCYQ别墅洋房部分占比较多，增量较高，不纳入整体平均值计算。

按评审等级排序，金级项目平均增量成本为32.94元/m²，详细情况见表2.17。

表2.17 金级项目平均增量成本

序号	绿色建筑等级	项目名称	项目建筑面积/m²	增量总额/万元	增量成本/(元/m²)	建筑类型
1	金级	RQJXJS	125 890.24	235.75	10.57	居住建筑
2	金级	JKSJC	354 244.74	819.74	23.19	居住建筑
3	金级	JKTYD	335 575.59	823.3	24.53	居住建筑
4	金级	HYTGHC	134 366.43	252.42	18.79	公共建筑
5	金级	WSJKC	139 653.17	413.07	29.56	居住建筑
6	金级	JKXY	249 583.97	884.9	32.9	居住建筑
7	金级	ZJJY－1	161 370.35	321.13	19.9	居住建筑
8	金级	JJJY－2	160 920.89	322.45	20.04	居住建筑
9	金级	JJGJDS	98 154.08	902.08	91.9	公共建筑
10	金级	QNCQMLSJ	57 928.17	274.87	47.45	居住建筑
11	金级	JKGL	374 902.09	330.79	8.38	居住建筑

续表

序号	绿色建筑等级	项目名称	项目建筑面积/m²	增量总额/万元	增量成本/(元/m²)	建筑类型
12	金级	LPXQTYG	29 200.42	201.06	68.85	公共建筑
13	金级	JKWLZY	254 037.59	312.87	12.22	居住建筑
14	金级	SDH	78 856.37	224.41	28.5	居住建筑
15	金级	LGMYSL	423 085.95	445	10.48	居住建筑
16	金级	JDHY	270 938.5	718.97	25.25	居住建筑
17	金级	HTGJ	155 206.99	445.79	25.58	居住建筑
18	金级	LFZX	223 230.74	1 897.50	85	公共建筑
19	金级	ZGHJZJYP	224 268.21	721.6	32.18	居住建筑
20	金级	CQCYZX	89 485.21	315.17	43.53	公共建筑

按评审等级排序，铂金级项目平均增量成本见表 2.18。

表 2.18　铂金级平均增量成本

序号	绿色建筑等级	项目名称	项目建筑面积/m²	增量总额/万元	增量成本/(元/m²)	建筑类型
1	铂金级	ZJJKDS	46 787.58	777	166.07	公共建筑
2	铂金级	YLXCHZGY	9 983.79	1 089.7	1 091.5	公共建筑

注：YLXCHZGY 项目为近零能耗、近零碳建筑示范楼。

2.4　现状总结

1. 重庆市绿色建筑发展总体情况

近年来，绿色建筑发展迅速。截至目前，重庆市绿色建筑标识申报项目数共 150 个，申报项目总面积为 2 651.3 万 m²；强制执行绿色建筑项目已达 1 844 个，总建筑面积已达 8 062.66 万 m²；已获得重庆市绿色生态小区称号的项目总共 246 个，总面积达到 6 455.57 万 m²。

2. 绿色建筑技术体系梳理

(1)重庆地区绿色公共建筑在节地、节水、室内环境部分的技术采用率较高，在节能、节材部分的技术采用率相对较低。技术体系的特征有“偏重于建筑整体规划设计，增量成本低”“关注室内环境质量”“水资源节约技术成熟但非传统水源利用技术有待提高”“空调系统节能但建筑能源利用技术不够成熟”“材料资源节约情况较差”“提高项技术采用率较高推动了新材料与新技术的发展”。

(2)重庆地区绿色居住建筑与公共建筑情况基本一致，在节地、节水、室内环境部分的技术采用率较高，在节能、节材部分的技术采用率相对较低。技术体系的特征有“因地制宜，偏重于建筑整体规划设计，侧重为居住者提供便捷舒适的居住环境”“室内环境质量技术采用率较多”“水资源节约技术成熟，非传统水源利用技术有待提高”“空调系统节能，建筑能源利用技术不够成熟”“材料资源节约情况较差”“提高项技术采用率相对不足”。

3. 咨询机构情况

截至 2017 年 12 月 1 日，在重庆市开展绿色建筑工程咨询的登记备案的单位共计 49 个，其中已完成登记备案更新的单位 33 个，未更新备案信息的 16 个。其中有 26 个单位已进行过项目咨询工作。2017 年重庆市从事绿色建筑咨询的各单位，执行质量综合得分率基本维持在较高水平，其中得分率超过 90%的有 1 家单位，80%～90%的有 6 家单位，70%～80%有 5 家单位，低于 70%的有 3 家单位，总体咨询质量处于中等水平。其中补充资料的难易得分较低，其次是资料质量和技术水平得分偏低，该三项均反映了咨询单位技术实力的问题。

4. 增量成本情况

经过统计，目前银级项目平均增量成本为 9.05 元/m^2，金级项目平均增量成本为 32.94 元/m^2。

参考文献

[1]重庆市工程建设标准. DBJ/T 50－066－2009 绿色建筑评价标准[S]. 重庆：重庆市城乡建设委员会，2009.
[2]重庆市工程建设标准. DBJ/T 50－066－2014 绿色建筑评价标准[S]. 重庆：重庆市城乡建设委员会，2014.

作者：重庆大学　丁勇，罗迪
重庆市建设技术发展中心　赵辉，杨修明，杨友

第3章　重庆市公共建筑节能改造年度报告

3.1　重庆市公共建筑节能改造年度工作总结

3.1.1　重庆市公共建筑节能改造整体情况概述

2011年，财政部、住房和城乡建设部《关于进一步推进公共建筑节能工作的通知》(财建〔2011〕207号)提出要完成公共建筑和公共机构办公建筑节能改造1.2亿m^2的目标，其中完成公共建筑改造6 000万m^2，公共机构办公建筑改造6 000万m^2，争取在“十二五”期间，实现公共建筑单位面积能耗下降10%，其中大型公共建筑能耗降低15%。重庆市被财政部、住房和城乡建设部确定为全国首批公共建筑节能改造重点城市，按照目标任务要求，应完成400万m^2的公共建筑节能改造任务。

根据财政部、住房和城乡建设部下发的《关于进一步推进公共建筑节能工作的通知》(财建〔2011〕207号)及《关于印发〈重庆市公共建筑节能改造重点城市示范项目管理暂行办法〉的通知》(渝建发〔2012〕111号)，重庆市城乡建设委员会组织开展了申报公共建筑节能改造重点城市示范项目，并对改造项目给予财政资金补贴，充分发挥节能服务公司在节能改造市场中的主体作用，推动合同能源管理模式在节能改造领域中的应用，确保示范项目的质量安全和改造实施效果。经过为期三年的节能改造工作，重庆市公共建筑节能改造重点城市建设，于2016年6月22日通过住房和城乡建设部验收，这标志着重庆市全面完成了首批国家公共建筑节能改造重点城市建设示范任务。在首批任务中，重庆市共计完成了98个、404万m^2的节能改造示范项目，这些项目平均节能率为21.04%。据测算，这98个节能改造示范项目全部投入运行后，每年可节电7 642万kW·h、节约标煤2.29万t、减排二氧化碳6.2万t、节约能源费用6 319万元。同时，重庆市在首批节能改造任务中初步掌握了各改造技术在示范项目中的应用效果，并建立了节能改造技术应用体系，编制了相关的标准、办法管理节能改造示范项目，为重庆市进一步推动既有建筑改造工作、培育节能服务市场打下坚实的基础。

2016年，重庆市再次被列为第二批公共建筑节能改造示范城市。得益于首批节能改造任务中建立的相关技术体系、标准和管理办法等，第二批任务于2017年12月全面完成，比原计划提前了一年。截至2017年12月，重庆市共计完成82个、354.3万m^2的公共建筑节能改造示范项目，这些项目的平均节能率为21.80%。据测算，这82个项目全部投入运行后，每年可节电7 964万kW·h、节约标煤2.38万t、减排二氧化碳6.45t、节约能源费用6 586万元。

在这两批节能改造任务中，重庆市共改造完成公共建筑节能改造示范项目 180 个，共计改造面积 758.3 万 m^2。这些项目实现了单位建筑面积能耗下降 20%以上的目标，每年可节电 1.56 亿 kW·h、节约标煤 4.67 万 t、减排二氧化碳 12.65 万 t、节约能源费用 1.29 亿元，有效改善了室内的光环境、声环境、热环境和空气质量等功能品质，用能单位对改造效果表示满意的比例达 98%以上。同时，通过实施两批任务，重庆市为国家推进公共建筑节能改造走市场化道路进行了有益探索，并一直坚持在原有工作基础上不断创新，确保取得新突破。

3.1.2 地方公共建筑节能改造大事记

2013 年 4 月 11 日，绿色建筑与建筑节能工作会在重庆市国际会议展览中心顺利召开。

2013 年 5 月，重庆市城乡建设委员会组织开展了建筑节能工作专项督查。

2013 年 6~10 月，重庆市城乡建设委员会全面开展了绿色建筑与建筑节能专项培训工作。

2013 年 11 月，重庆市城乡建设委员会实地调研公共建筑节能改造示范项目，指导督促重点城市建设。

2014 年 1 月，住房和城乡建设部调研组专程来渝调研公共建筑节能改造重点城市建设工作。

2014 年 3~9 月，重庆市城乡建设委员会全面开展了绿色建筑与建筑节能专项培训工作。

2014 年 11 月 1~3 日，既有建筑节能改造国际研讨会在重庆召开。

2014 年 11 月 9 日，全国建筑节能行政工作现场会在重庆召开。

2014 年 11 月 19 日，重庆市城乡建设委员会建筑节能督查组组长、建筑节能处处长一行，对梁平县(现为梁平区)2014 年建筑节能工程实施质量专项督查。

2015 年 3 月 3~4 日，住房和城乡建设部与国家开发银行组织调研组专程调研了重庆市利用市场化机制推动公共建筑节能改造的工作情况。

2015 年 11~12 月，住房和城乡建设部开展了建筑节能与绿色建筑行动实施情况专项检查。

2015 年 12 月，西南地区绿色建筑基地组织召开了西南地区绿色建筑基地年度工作总结会议。

2016 年 3 月 30~31 日，中国城市科学研究会、中国绿色建筑与节能专业委员会和中国生态城市研究专业委员会联合主办的第十二届国际绿色建筑与建筑节能大会暨新技术与产品博览会在国家会议中心召开。

2016 年 4 月 13~15 日，中国建筑科学研究院主办的第八届既有建筑改造技术交流研讨会在北京中国建筑科学研究院召开。

2016 年 6 月，经住房和城乡建设部专家组评审，重庆市首批国家公共建筑节能改造重点城市顺利通过专项验收。

2016年6月，住房和城乡建设部组织召开了全国公共建筑节能改造重点城市经验交流会，天津、深圳、青岛等10个城市就公共建筑节能重点城市建设工作进展情况进行了汇报。

2016年6月16日，重庆市城乡建设委员会召开了全市绿色建筑与建筑节能工作会。

2016年8月30日，重庆市节能协会开展了重庆市既有建筑节能改造技术专题培训会。

2017年4月13～16日，住房和城乡建设部组织北京、上海、南京、武汉等地知名专家，对重庆市2016年度建筑节能、绿色建筑与装配式建筑工作进行了为期两天的全面检查。

3.2　重庆市公共建筑节能改造组织构架

重庆市在实施公共建筑节能改造的过程中，逐步形成了三层组织架构，如图3.1所示。第一层为管理机构，作为管理机构的重庆市城乡建设委员会和重庆市财政局负责监督和指导全面工作；第二层为第三方节能改造节能量核定机构，分别为重庆大学、重庆市建设技术发展中心和重庆市设计院，其主要职责是对公共建筑节能改造项目的节能量进行核定，并出具核定报告；第三层为实施单位，即节能服务公司，节能服务公司对公共建筑节能改造工作的实施承担主要的作用。

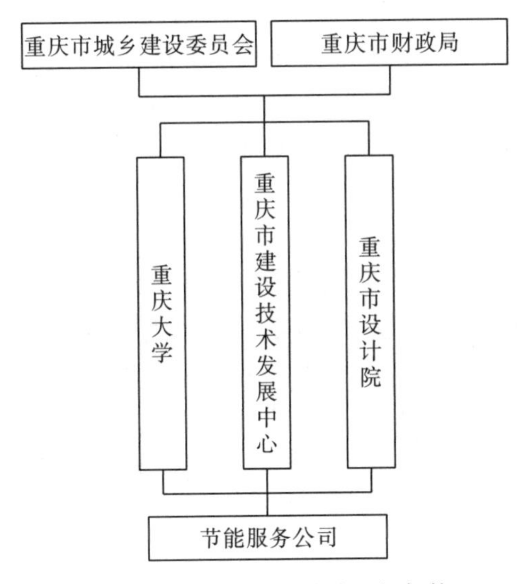

图3.1　重庆市节能改造组织架构

3.2.1　管理机构：重庆市城乡建设委员会

重庆市公共建筑节能改造示范项目由重庆市城乡建设委员会和重庆市财政局监督管理。重庆市城乡建设委员会对推进重庆市公共建筑节能改造重点城市建设工作起到了中坚作用，通过实施合同能源管理推动公共建筑节能改造的新模式，探索建立了由重庆市城乡建设委员会与重庆市财政局负责监督管理、项目业主单位与节能服务公司负责组织实施、第三方机构承担改造效果核定和金融机构提供融资支持的工作机制，有效保障市场化机制在公共建筑节能改造中的落实；通过修订发布《公共建筑节能改造示范项目和资金管理办法》，制定发布了《改造示范项目审查要点》《改造技术及产品性能规定》等管理规定，进一步优化完善涵盖改造项目申报、实施、验收、效果核定、资金补助等五个阶段的全过程监管制度。此外，还培育发展了三十余家建筑节能服务公司和 3 家第三方节能量核定专业机构，推动重庆市建筑节能服务产业从无到有并逐步发展壮大。

3.2.2 第三方核定机构：重庆大学、重庆市设计院、重庆市建设技术发展中心

由重庆大学、重庆市设计院、重庆市建设技术发展中心三家核定机构协助重庆市城乡建设委员会对节能改造项目节能量进行核定。

1. 重庆大学

重庆大学作为重庆市既有公共建筑节能改造国家示范城市基础支撑单位，主编了《重庆市公共建筑节能改造节能量核定办法》，参编了住房和城乡建设部《公共建筑节能改造节能量核定导则》、行业标准《公共建筑节能改造技术规范》，以及重庆市地方标准《公共建筑节能(绿色建筑)设计标准》等一系列国家和地方的标准规范，为节能改造工作积累了大量经验。作为第三方核定机构，重庆大学指导并核定完成了 420 万 m^2 国家示范项目既有建筑的改造工作，平均节能率达到了 21.52%，并滚动跟进第二批，为重庆市形成一套成熟的阶段性公共建筑节能改造技术体系做出了重大的贡献。与此同时，重庆大学完成的国家公共建筑能源监管、节能改造国家级示范城市能力建设、中美清洁能源合作项目高能效建筑集成研究与示范、重庆市惠民计划项目建筑节能改造技术集成等省部级科研项目，已通过验收。建设完成了国家级示范城市重庆市公共建筑能源监管体系与既有建筑节能改造技术体系。建设完成了一整套涵盖能耗、可再生能源、室内环境的监测体系。目前，重庆大学又承担了“十三五”国家科技支撑重大项目课题“既有公共建筑室内物理环境改善技术研究与示范”，作为课题负责单位，重庆大学将在既有建筑功能改造与室内环境性能改善、提升方面进行深入的研究与探索。

2. 重庆市设计院

重庆市设计院作为重庆市既有公共建筑节能改造国家示范城市基础支撑单位，截至 2017 年 12 月，指导并核定完成 44 个项目、205 万 m^2 国家示范项目既有建筑的改造工作，平均节能率达到了 20.96%。

该单位作为重庆市城乡建设委员会、重庆市财政局在《重庆市公共建筑节能改造重点城市示范项目管理办法》确定的第三方节能量核定机构，在重庆市城乡建设委员会节能量核定专项工作部署下，稳步推进节能改造示范项目的节能量核定工作。同时，配合完成重庆市惠民计划项目建筑节能改造技术集成科研项目，配合建设完成了国家级示范城市重庆市公共建筑能源监管体系与既有建筑节能改造技术体系。目前，重庆市设计院

就已完成的既有公共建筑的节能量核定项目积极开展总结，分析并结合重庆市《公共建筑节能(绿色建筑)设计标准》、重庆市《绿色建筑评价标准》开展技术要点梳理工作，为重庆市全面推进既有公共建筑绿色化改造进一步梳理技术、核定等工作。

3. 重庆市建设技术发展中心

重庆市建设技术发展中心作为重庆市公共建筑节能改造国家示范城市基础支撑单位，组织开展了公共建筑节能改造重点城市示范项目方案评审、动态监管、工程验收、节能量核定、资金拨付审核、资料归档等工作。截至 2017 年 12 月，共推动 199 个项目、846 万 m^2 国家示范项目实施节能改造，指导并核定完成 64 个项目、219.38 万 m^2 国家示范项目既有建筑的改造工作，平均节能率达到 20.42%，提高了公共建筑能源利用效率。重庆市建设技术发展中心参与建设了国家机关办公建筑和大型公共建筑能耗监测数据中心，并承担了多项建筑节能与绿色建筑配套能力建设项目、重庆市建设科技计划项目，配合重庆市城乡建设委员会建立了公共建筑节能改造重点城市示范项目完整的管理体系、技术体系和推广机制。在“十二五”期间，重庆市绿色建筑全面发展，重庆市建设技术发展中心作为全市建筑节能与绿色建筑管理的执行机构，牵头组织开展了重庆市工程建设标准的制定、修订工作，已组织制定了重庆市《公共建筑节能(绿色建筑)设计标准》《居住建筑节能(绿色建筑)65%设计标准》《建筑节能(绿色建筑)施工质量验收规范》《既有居住建筑节能改造技术规程》《公共建筑能耗监测系统技术规程》等系列标准，建立了绿色建筑及建筑节能的工作体系及标准体系，累计组织实施绿色建筑近 3 100 万 m^2、绿色生态住宅小区 3 800 万 m^2。

3.2.3　实施单位：节能服务公司

重庆市公共建筑节能改造的主要实施单位为节能服务公司。节能服务公司是指提供用能状况诊断、节能项目设计、融资、改造(施工、设备安装、调试)、运行管理等服务的专业化公司。截至 2017 年 12 月，重庆市各节能服务公司负责的节能改造项目数见表 3.1。

表 3.1　重庆市节能服务公司信息统计(按拼音字母排序)

序号	实施单位名称(节能服务公司)	实施的项目数
1	bjthzng	3
2	clml	6
3	cqch	1
4	cqgr	4
5	cqhxyc	5
6	cqhy	3
7	cqjj	12
8	cqjmjz	1

续表

序号	实施单位名称(节能服务公司)	实施的项目数
9	cqld	9
10	cqlv	13
11	cqlxa	38
12	cqqd	2
13	cqqe	1
14	cqsb	23
15	cqtgs	10
16	cqtkld	1
17	cqxkh	1
18	cqxn	2
19	dyg	8
20	hzlsjn	1
21	shdfdt	2
22	szwc	15
23	szwr	5
24	tftd	28
25	zgeez	1
26	zjzl	1

3.3 重庆市公共建筑节能改造配套能力建设

根据住房和城乡建设部启动实施公共建筑节能改造重点城市示范项目的要求，依据国家出台的一系列相关政策和标准，参考其他省市地方示范项目的建设经验，总结重庆市节能改造示范项目建设的经验，重庆市编制了多种制度管理文件及技术标准规范节能服务市场，为开展重庆市公共建筑节能改造重点城市示范项目的工作提供保障。

3.3.1 相关政策

鉴于财政部、住房和城乡建设部《关于进一步推进公共建筑节能工作的通知》在 2011 年 5 月发布，因此本节所列出的政策、管理文件、技术标准等均以此时间为开端(表 3.2)。

表 3.2 重庆市公共建筑相关政策汇总

年份	政策	印发单位
2011 年	关于印发《市外设计单位落实建筑节能设计质量自审责任制的有关规定》的通知	重庆市城乡建设委员会
2012 年	关于印发《重庆市公共建筑节能改造重点城市示范项目管理暂行办法》的通知	重庆市城乡建设委员会

续表

年份	政策	印发单位
2013 年	关于印发《2013 年建筑节能工作要点》的通知	重庆市城乡建设委员会
2013 年	关于印发《重庆市公共建筑节能改造节能量核定办法(试行)》的通知	重庆市城乡建设委员会
2013 年	关于印发《重庆市新型建筑节能技术工程应用专项论证工作程序》的通知	重庆市城乡建设委员会
2013 年	关于加强建筑节能门窗应用管理的通知	重庆市城乡建设委员会
2013 年	关于进一步加强建筑保温隔热材料应用管理的通知	重庆市城乡建设委员会
2013 年	关于进一步加强建筑节能规范管理的通知	重庆市城乡建设委员会
2014 年	关于进一步明确重庆市可再生能源建筑应用城市示范项目示范面积和补助资金核定有关事项的通知	重庆市城乡建设委员会
2015 年	关于印发《2015 年建筑节能与绿色建筑工作要点》的通知	重庆市城乡建设委员会
2016 年	关于印发《重庆市公共建筑节能改造示范项目和资金管理办法》的通知	重庆市城乡建设委员会
2016 年	关于印发《2016 年建筑节能与绿色建筑工作要点》的通知	重庆市城乡建设委员会
2016 年	关于印发《重庆市建筑节能与绿色建筑设计专项论证工作程序》的通知	重庆市城乡建设委员会
2017 年	关于印发《2017 年建筑节能与绿色建筑工作要点》的通知	重庆市城乡建设委员会
2018 年	《关于完善公共建筑节能改造项目资金补助政策的通知》	重庆市城乡建设委员会 重庆市财政局

3.3.2 管理文件

1.《重庆市合同能源管理项目财政奖励资金管理实施细则》(渝财企〔2011〕126 号)

为加强合同能源管理项目财政奖励资金的管理，结合《国务院办公厅转发发展改革委等部门关于加快推行合同能源管理促进节能服务产业发展意见的通知》(国办发〔2010〕25 号)，以及财政部、国家发展改革委《关于印发〈合同能源管理项目财政奖励资金管理暂行办法〉的通知》(财建〔2010〕249 号)，重庆市财政局与重庆市经济和信息化委员会共同制定颁布了《重庆市合同能源管理项目财政奖励资金管理实施细则》(简称《细则》)。该《细则》明确了财政奖励资金的支持对象，并规定了节能服务公司资金申报的材料和资金奖励的标准。

2.《重庆市公共建筑节能改造重点城市示范项目管理暂行办法》(渝建发〔2012〕111 号)

为了推进重庆市公共建筑节能改造重点城市建设工作，根据《重庆市建筑节能条例》《重庆市“十二五”节能减排工作方案》和财政部、住房和城乡建设部《关于进一步推进公共建筑节能工作的通知》(财建〔2011〕207 号)，以及有关法律法规、政策的规定，重庆市财政部、城乡建设委员会共同制定了《重庆市公共建筑节能改造重点城市示范项目管理暂行办法》(简称《暂行办法》)。《暂行办法》规定了示范项目的项目申报、方案评审、施工实施、工程验收、效果核定等具体建设程序及补助资金标准和申请要求。

3.《重庆市新型建筑节能技术工程应用专项论证工作程序》(渝建发〔2013〕30 号)

为科学地推动国家、行业或重庆市地方标准作为设计、施工、检测和验收技术的依据，推进建筑节能新技术、新材料、新工艺和新设备(简称新型建筑节能技术)工程应用，促进建筑节能技术创新发展，根据《建设工程勘察设计管理条例》及《关于加强建筑保温隔热材料使用管理的通知》(渝建发〔2011〕123 号)等文件的规定，新型建筑节能技术设计、施工、检测和验收的技术方式方法或参照的技术标准依据，需由建设单位组织召开新型建筑节能技术工程应用专项论证会，结合应用工程项目实际，进行论证确定，以规范新型建筑节能技术工程应用技术要求，保障建筑节能工程质量和实施效果。

4.《重庆市公共建筑节能改造示范项目和资金管理办法》(渝建发〔2016〕11 号)

为提高公共建筑节能改造财政补助资金使用效果，确保公共建筑节能改造示范工作的顺利推进，根据《民用建筑节能条例》《重庆市建筑节能条例》《节能减排补助资金管理暂行办法》(财建〔2015〕161 号)和财政部、住房城乡建设部《关于进一步推进公共建筑节能工作的通知》(财建〔2011〕207 号)等有关精神，重庆市财政部、城乡建设委员会在原有的《重庆市公共建筑节能改造重点城市示范项目管理暂行办法》的基础上，制定了《重庆市公共建筑节能改造示范项目和资金管理办法》(简称《办法》)，于 2016 年 3 月起正式执行。《办法》重新补充并更新了申报材料和实施过程的相关要求，比原有的《暂行办法》更加严格。

5.《公共建筑节能改造项目合同能源管理合同文本》(节能效益分享型)(渝建〔2016〕183 号)

为深入推进重庆市公共建筑节能改造工作，推广合同能源管理模式在公共建筑节能改造中的应用，指导合同能源管理项目合同当事人的签约行为，维护合同当事人的合法权益，重庆市城乡建设委员会组织编写并发布了《公共建筑节能改造合同能源管理文本》(节能效益分享型)，于 2016 年 5 月起正式实施。

3.3.3 技术标准

1.《重庆市公共建筑节能改造应用技术规程》(DBJ50/T-163)

为了做好重庆地区公共建筑节能改造工作，明确建筑的节能审计和改造流程，提高公共建筑节能改造技术水平，根据重庆市城乡建设委员会《关于下达 2009 年度建设科技项目计划的通知》(渝建〔2009〕482 号)的要求，主编单位重庆市设计院与重庆性能建筑节能技术发展有限公司在总结近年来国内外公共建筑节能工程方面的时间经验和研究成果，并结合重庆市地方特点的基础上，编写了《重庆市公共建筑节能改造应用技术规程》(简称《规程》)。《规程》针对整个节能改造项目的实施过程在技术要求上提出了要求和建议。规定了节能诊断的内容要求，明确了节能改造的判定原则和设计方法，同时规定了施工、验收过程的基本要求，以及改造后对节能效果进行判定的原则方法。

2.《重庆市公共建筑节能改造节能量核定办法(试行)》(渝建发〔2013〕4 号)

为了推进公共建筑节能改造重点城市建设，科学评价节能改造示范项目的实施效果，根据《重庆市公共建筑节能改造重点城市示范项目管理暂行办法》(渝建发〔2012〕111 号)、《公共建筑节能改造应用技术规范》(JGJ 176—2009)及有关规定，主编单位重庆大学与重庆市城乡建设委员会组织的专家研究制定了《重庆市公共建筑节能改造节能量核定办法(试行)》(简称《办法》)，自 2013 年 3 月起正式实施。该《办法》指出重庆市公共建筑节能改造重点城市建设示范项目应严格按照相应条文开展节能量核定工作，规定了用能设备及系统节能改造节能量的计算方法，并以此作为拨付补助资金的依据。

3.《重庆市公共建筑节能改造节能量核定办法》(渝建发〔2014〕52 号)

为进一步提高重庆市公共建筑节能改造项目节能量核定的科学性、合理性和可操作性，确保公共建筑节能改造实施效果，根据《重庆市公共建筑节能改造重点城市示范项目管理暂行办法》和《公共建筑节能改造应用技术规范》(JGJ 176—2009)等有关规定，主编单位重庆大学与由重庆市城乡建设委员会组织的专家对原有《重庆市公共建筑节能改造节能量核定办法(试行)》进行完善修订后并印发，自 2014 年 5 月 10 日起实施。该办法在原有内容的基础上，结合重庆市开展节能改造工作的实际情况，补充并修订了照明插座系统、分散式空气调节系统、水泵及风机变频、热回收技术等内容，进一步完善了核定的依据。

4.《重庆市节能改造技术及产品性能规定》(渝建〔2016〕176 号)

为规范重庆地区公共建筑节能改造技术应用，推进重庆地区公共建筑节能改造的进行，以我国现行相关标准为依据，在总结吸收我国已有产品性能编制成果和经验基础上，结合重庆地区公共建筑节能改造重点城市示范项目的节能改造产品及技术要求，主编单位重庆大学与重庆市城乡建设委员会组织的专家共同研究制定了《重庆市节能改造技术及产品性能规定》(简称《规定》)。《规定》参考现行国家标准或地方标准，并结合重庆市改造技术实施情况，对重庆市目前节能改造中常用的改造用能设备的产品性能要求进行明确规定，同时也明确提出常用技术的实施要求。

3.3.4　合同能源管理

合同能源管理是一种新型的市场化节能机制，其实质就是以减少的能源费用来支付节能项目全部成本的节能业务方式。这种节能投资方式允许客户用未来的节能受益为工厂(建筑)和设备升级，以降低运行成本；或者节能服务公司以承诺节能项目的节能受益，或承包整体能源费用的方式为客户提供节能服务。

重庆市合同能源管理模式以节能效益分享型为主。节能效益分享型是指节能改造工程前期投入由节能服务公司支付，客户无须投入资金，项目完成后，客户在一定的合同期内，按比例与节能服务公司分享由项目产生的节能受益。具体节能项目的投资额不同，节能效益分享比例和节能项目实施合同年度将有所不同。节能服务公司对节能项目进行投资，通过节能效益的分享来收回节能服务公司的投资。

重庆市率先在全国实施了以合同能源管理推动公共建筑节能改造的新模式，并探索建立了由市城乡建设委员会与市财政局负责监督管理、项目业主单位与节能服务公司负责组织实施、第三方机构承担改造效果核定和金融机构提供融资支持的工作机制，有效保障了市场化机制在公共建筑节能改造中的落实。改造项目采用合同能源管理模式的比例达 95%以上。

3.4 节能改造示范项目实施情况

3.4.1 工作进展情况

截至 2017 年底，重庆市改造完成并核定验收了 180 个、共计 758.3 万 m^2 的公共建筑节能改造示范项目，改造建筑类型主要涵盖政府办公建筑、商场建筑、医疗卫生建筑、文化教育建筑和宾馆饭店建筑五大类。节能改造内容主要包括照明系统、空调系统、动力系统、分项计量、生活热水系统、供配电系统和围护结构等。对 180 个已完成节能改造示范项目进行统计，见表 3.3。

表 3.3 重庆市实施节能改造示范项目建设的工作进展情况

建筑类型	项目数量/个	评审面积/万 m^2	核定面积/万 m^2
办公建筑	33	112.3	110.2
商场建筑	28	113.5	110.2
医疗卫生建筑	34	177.2	172.3
文化教育建筑	35	193	172.4
宾馆饭店建筑	50	195.9	193.2
合计	180	791.9	758.3

3.4.2 项目实施成果

1. 改造项目的建筑类型分布

为推动重点城市建设，重庆市将公共建筑较为集中的办公建筑、商场建筑、医疗卫生建筑、文化教育建筑、宾馆酒店建筑类公共建筑作为改造重点，如图 3.2 和图 3.3 所示。文化教育建筑的业主单一，协调实施难度较小，节能收益相对可观，节能改造工作推进较为顺利；机关事务管理部门对政府办公建筑的节能工作有明确考核要求，该类型建筑的改造工作推进也较为顺利，故第一批节能改造任务中改造对象主要为政府办公建筑和文化教育建筑，这两类建筑在数量和面积上均大于其他类型建筑；而第二批任务则是重点推动能耗较高的宾馆饭店建筑、商场建筑和医疗卫生建筑的公共建筑节能改造。

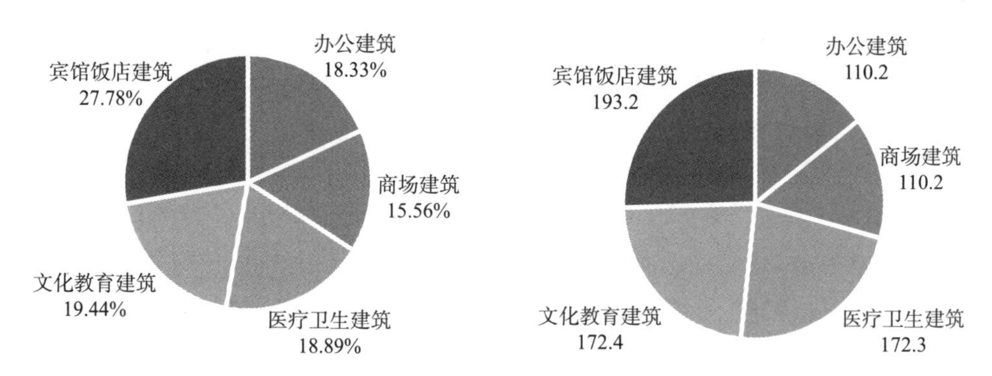

图 3.2 改造项目建筑类型分布　　图 3.3 改造项目建筑面积分布(单位：万 m^2)

节能改造示范项目地域分布情况如图 3.4 所示。目前重庆市节能改造示范项目的分布主要在主城区及周边地区，渝东南地区次之，渝东北地区的项目分布最少。

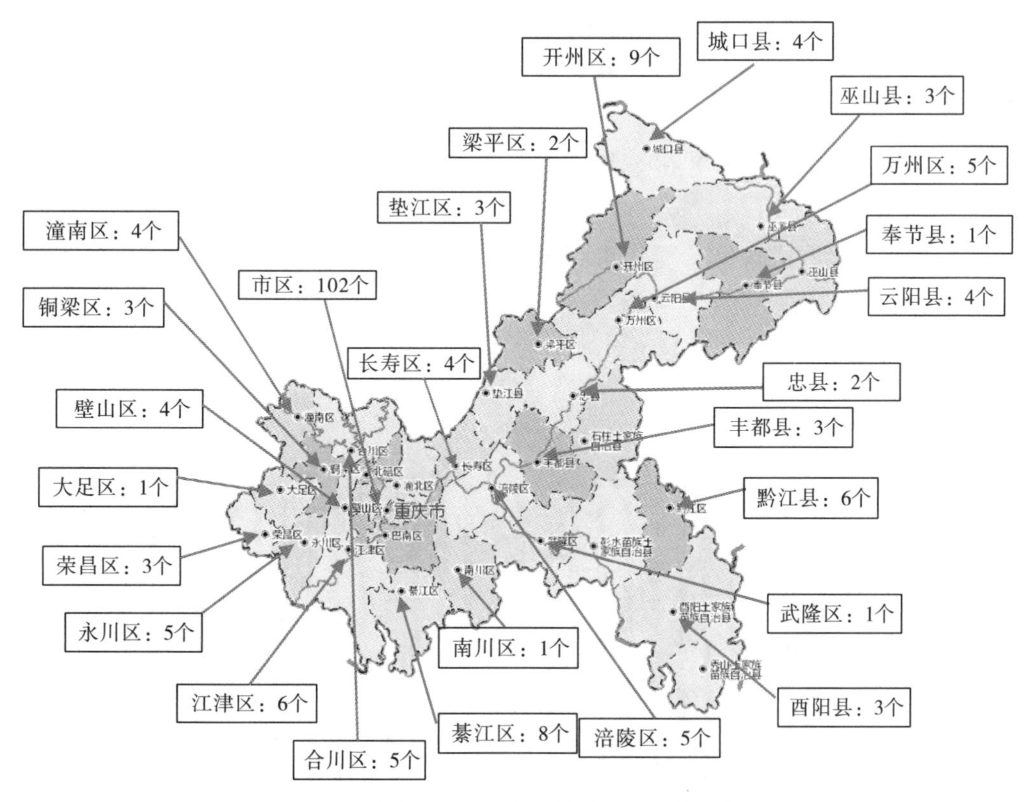

图 3.4 重庆市节能改造示范项目地域分布情况

审图号：渝 S(2015)022 号

2. 重庆市公共建筑节能改造效果分析

重庆市目前已完成节能改造并通过核定验收的项目共计 180 个，其中办公建筑 33 个、商场建筑 28 个、文化教育建筑 35 个、医疗卫生建筑 34 个、宾馆饭店建筑 50 个。

以下分别对办公建筑、商场建筑、文化教育建筑、医疗卫生建筑和宾馆饭店建筑的节能率进行了统计，以比较五类建筑的实际节能效果。

对已实施节能改造的33个重庆市办公建筑的节能率进行统计，结果如图3.5所示。

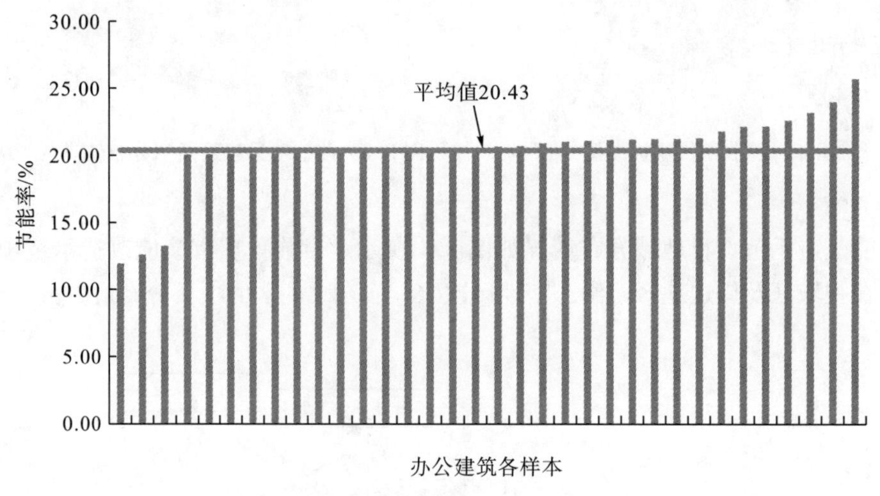

图3.5 重庆市办公建筑的节能率分布

对已实施节能改造的28个重庆市商场建筑的节能率进行统计，结果如图3.6所示。

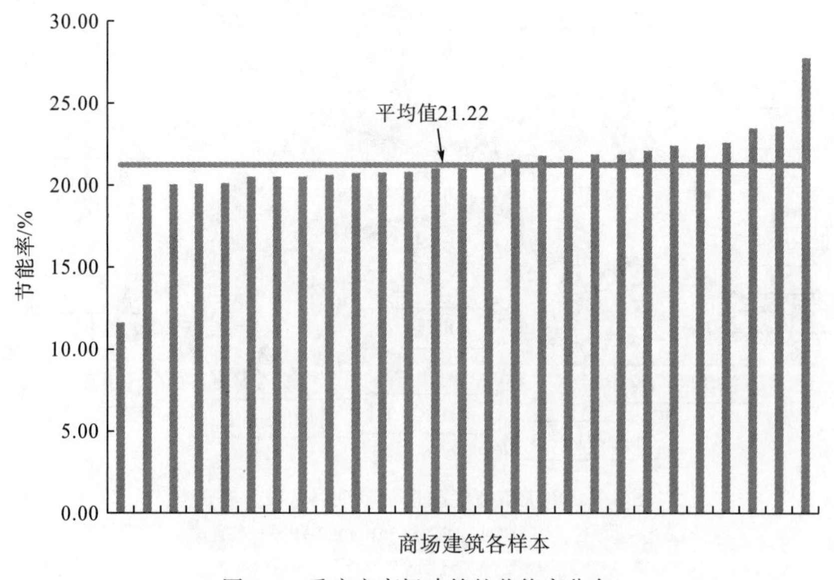

图3.6 重庆市商场建筑的节能率分布

对已实施节能改造的35个重庆市文化教育建筑的节能率进行统计，结果如图3.7所示。

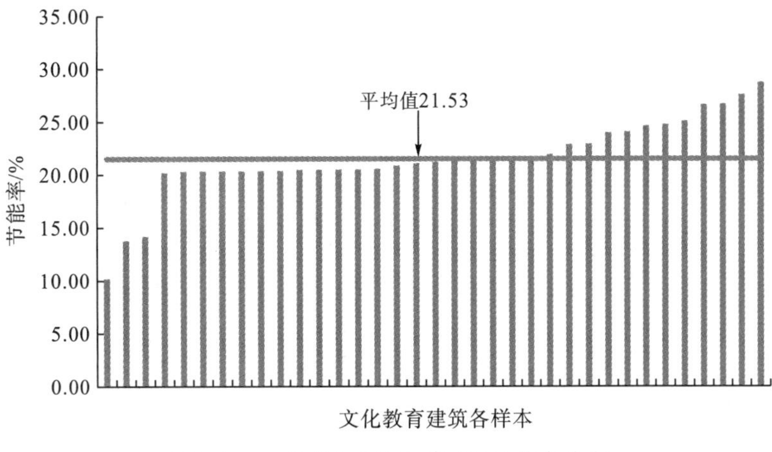

图 3.7　重庆市文化教育建筑的节能率分布

对已实施节能改造的 34 个重庆市医疗卫生建筑的节能率进行统计，结果如图 3.8 所示。

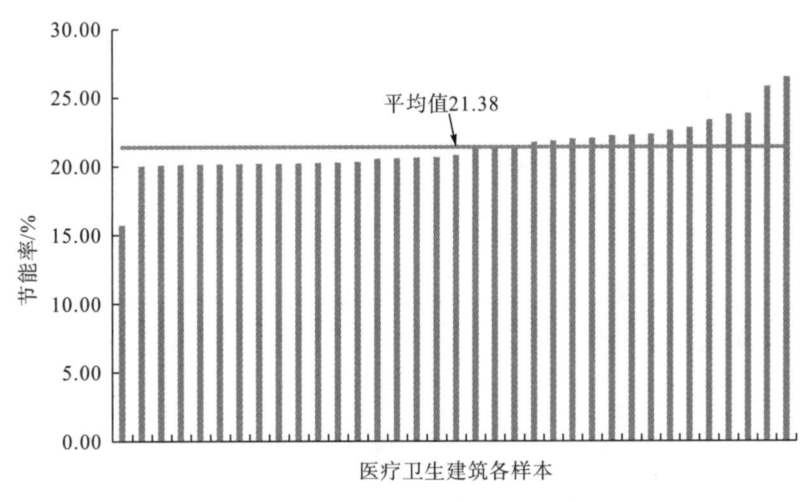

图 3.8　重庆市医疗卫生建筑的节能率分布

对已实施节能改造的 50 个重庆市宾馆饭店建筑的节能率进行统计，结果如图 3.9 所示。

由图 3.5～图 3.9 可以看到，五类建筑节能率之间相差较小，绝大部分项目节能率处于 20%～25%，分布比较集中。从总体情况来看，宾馆饭店建筑整体节能效果最好，其次是文化教育建筑。虽然重庆市节能改造相关规定要求项目节能率需达到 20%才能考核通过，但部分项目改造后节能率仍然达不到 20%，这在文化教育建筑中较为突出。

同时为比较照明插座系统、空调系统、动力系统、供配电系统、特殊用能系统的节能率，对各用能系统的节能率分别进行了统计。照明插座系统的节能率如图 3.10 所示，其平均节能率为 14.35%。

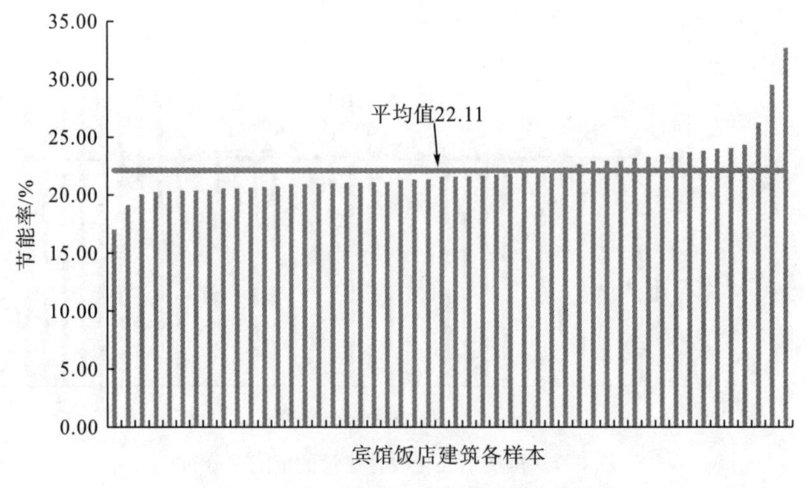

图 3.9　重庆市宾馆饭店建筑的节能率分布

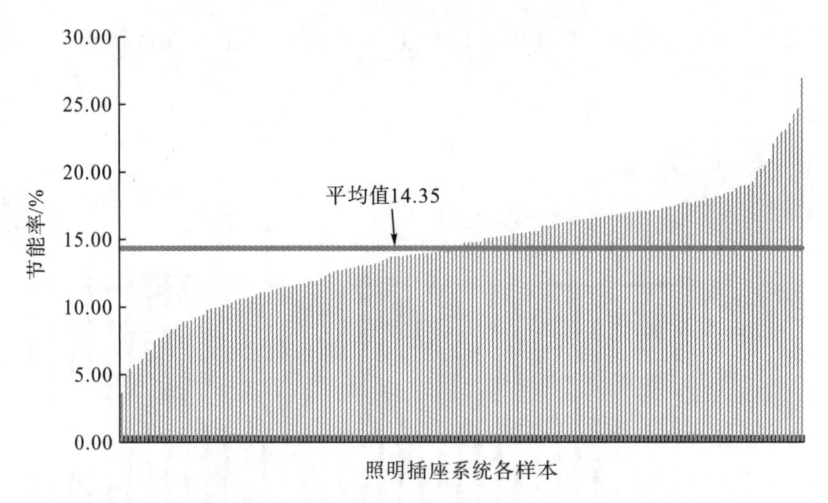

图 3.10　照明插座系统的节能率

空调系统的节能率如图 3.11 所示，其平均节能率为 5%。

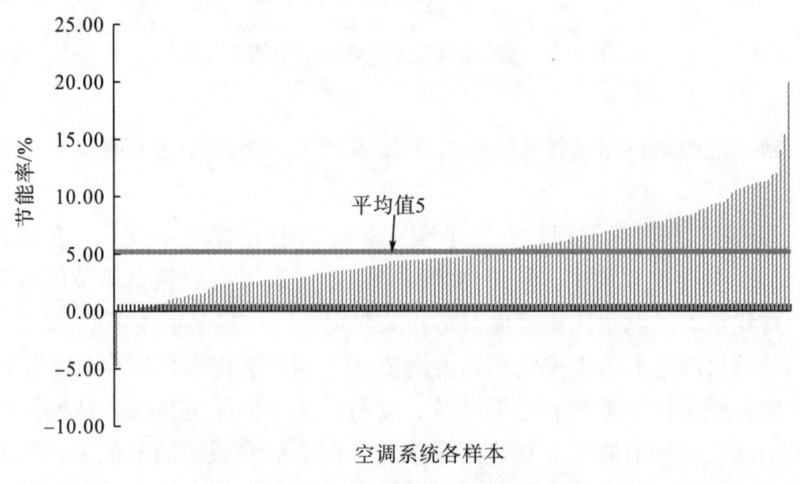

图 3.11　空调系统的节能率

动力系统的节能率如图 3.12 所示，其平均节能率仅为 0.90%，在所有用能系统中排最末位。

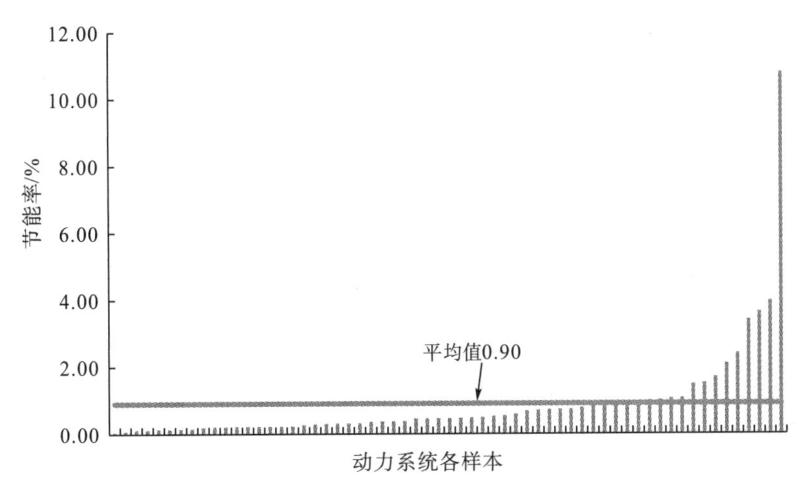

图 3.12 动力系统的节能率

供配电系统的节能率如图 3.13 所示，其平均节能率为 4.11%，虽然针对供配电系统改造的项目较少，但其节能率却不低。

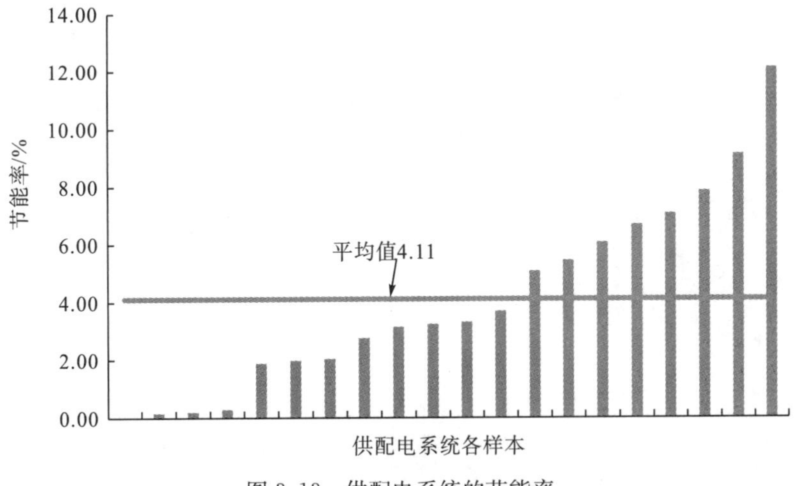

图 3.13 供配电系统的节能率

特殊用能系统的节能率如图 3.14 所示，其平均节能率为 2.08%，略低于供配电系统。

纵观所有用能系统，照明插座系统节能率最大，同时也是改造实施率最高的系统；空调系统的改造技术相对多样，能耗在建筑中占比也较高，因此改造效果也仅次于照明插座系统；供配电系统改造潜力较大，但是由于节能量较难量化，因此针对供配电改造的项目较少；特殊用能系统和动力系统由于本身能耗在整个建筑能耗占比较小，因此改造后节能率不及其他系统。

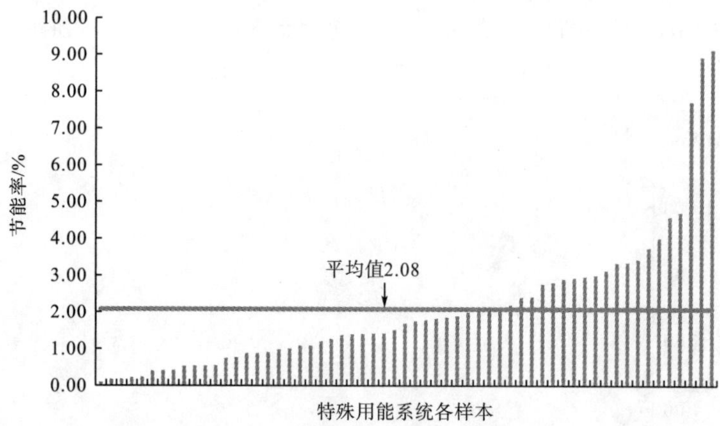

图 3.14　特殊用能系统的节能率

1)照明插座主要改造技术效果

(1)整体效果。

对已实施的项目改造效果进行统计分析，照明插座系统在各类建筑中的节能率如图 3.15 和图 3.16 所示。

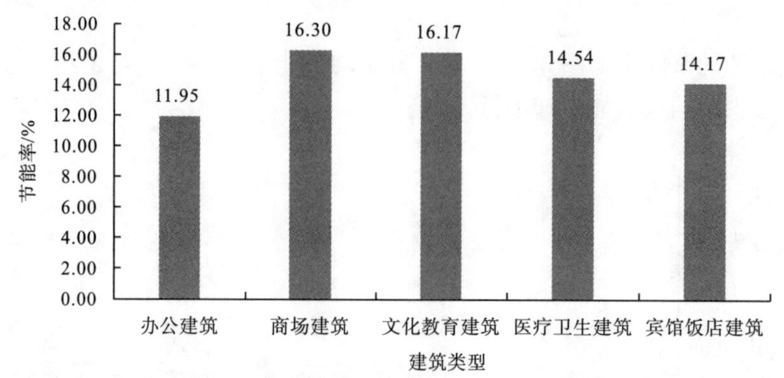

图 3.15　照明插座系统改造的平均节能率

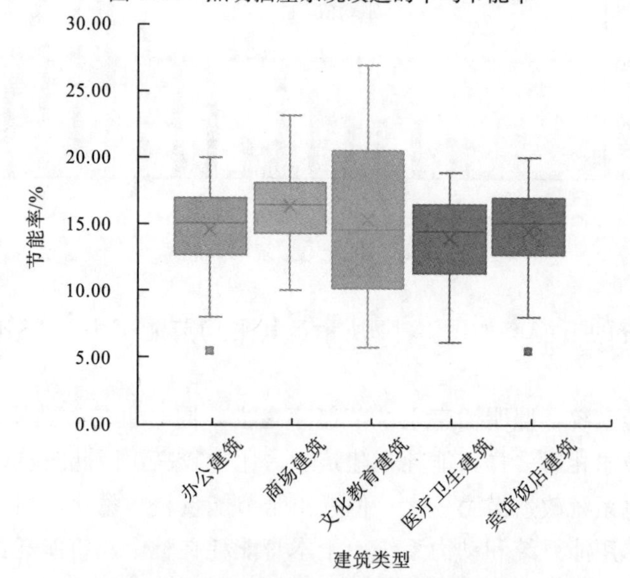

图 3.16　照明插座系统改造的节能率分布

商场建筑照明插座系统改造后平均节能率最高，且节能率分布在 9.9%～23.1%，相比其他类型建筑较小，改造效果最好。文化教育建筑照明插座系统改造后平均节能率虽仅次于商场建筑，但节能率分布在 5.8%～26.9%，跨度最大。这主要与建筑类型有关，由于文化教育建筑有相关要求，对于中小学校的教室、阅览室等房间一般不允许使用 LED 灯替换原灯具，因此项目替换的灯具类型各不相同，照明插座系统节能率大小不一，但因文化教育建筑灯具同时使用系数较高，因此总体节能效果可观。

(2)各项技术效果。

①灯具替换。

照明插座系统中，节能改造的主要实施途径为照明光源替换。由于 LED 光源相比传统光源光效高、功率低，因此具有显著的节能效果。

对已实施灯具替换的项目进行统计，灯具替换技术的节能率如图 3.17 所示。可见，灯具替换平均节能率为 14.99%，占项目总节能量的 60%～70%，节能效果十分可观。但从节能率分布上来看，不同项目照明系统改造的节能率差别较大，这主要取决于建筑原有灯具类型，如宾馆饭店建筑中安装有大量用于装饰性照明的传统卤素射灯，而 LED 射灯的光效是传统卤素射灯光效的 5 倍左右，理论上采用 LED 射灯替换卤素射灯可比原本节能 80%，因此宾馆饭店建筑灯具替换效果最为理想。

除此之外，由于灯具替换相对其他技术而言更为简单有效，因此重庆市公共建筑在节能改造中均采用了灯具替换技术手段。

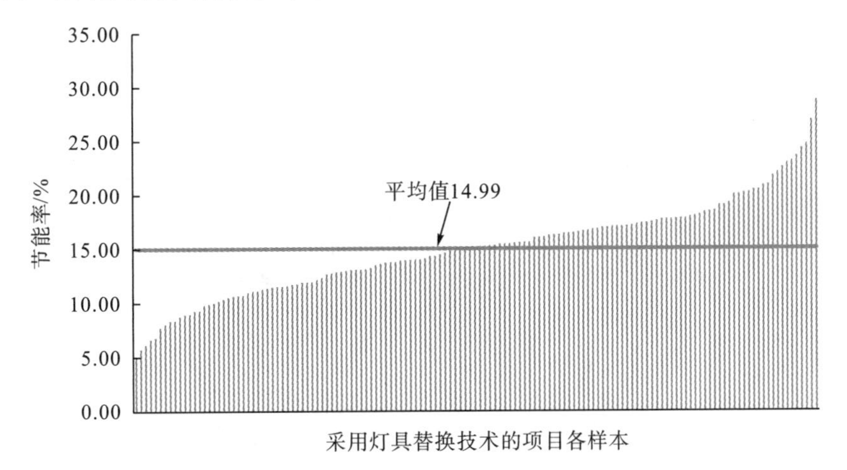

图 3.17　灯具替换单项技术的节能率

②安装智能节电插座。

通过对项目进行统计发现，少数项目安装了智能节电插座。智能节电插座可通过识别设备运行状态，在设备长时间待机时切断电源，从而降低室内用能设备待机能耗，达到节能目的。但该项技术节能率较低，统计了两个采用该技术的项目，其节能率仅为 0.04%和 0.11%。据此，节能服务公司一般较少考虑采用此项技术。

③开水器替换。

部分医疗卫生建筑为满足医生和患者饮水需要，将原有开水器替换为全自动电热开水器。统计了 4 个采用该技术的项目，结果如图 3.18 所示。

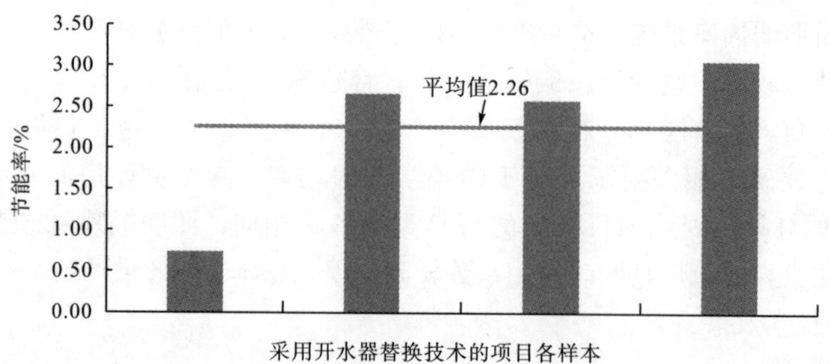

图 3.18 开水器替换单项技术的节能率

2)空调系统主要改造技术效果

(1)整体效果。

对已实施的项目改造效果进行统计分析，空调系统在各类建筑中的节能率如图 3.19 和图 3.20 所示。

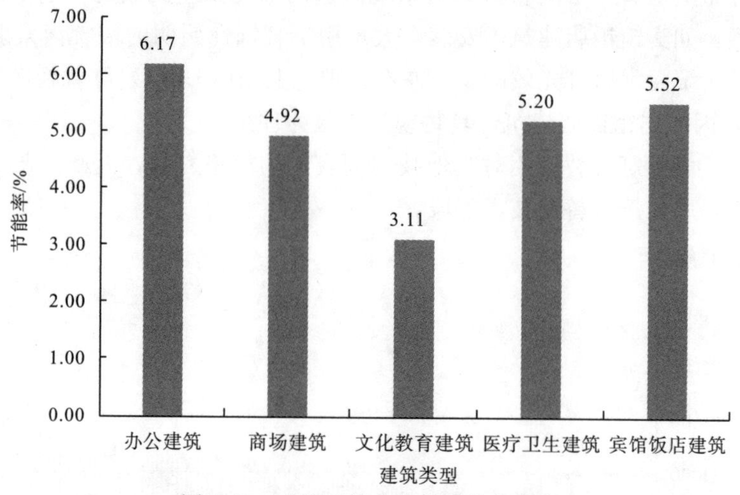

图 3.19 空调系统改造的平均节能率

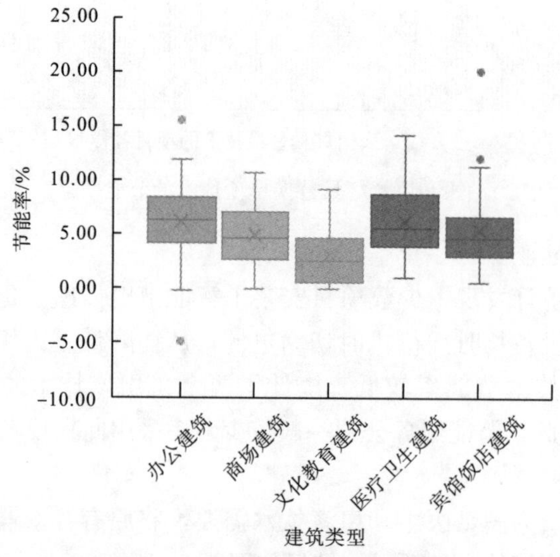

图 3.20 空调系统改造的节能率分布

从图 3.19 可看出，除文化教育建筑外，其余建筑空调系统改后平均节能率均在 5%～6%。文化教育建筑因其特殊性，空调供冷季或供暖期通常为假期，因此改造后节能效果不如其他类型建筑明显。从图 3.20 可以看出，不同项目空调系统节能率差别很大，节能率最小的仅 0.1%，而最大的可达 10%及以上。

(2)各项技术效果。

重庆市公共建筑的空调系统改造主要分为以下两类。

①公共建筑以分体式空调进行供冷供暖为主时，改造技术多为用能效等级高的分体式空调替换原有能效等级不达标的分体式空调，或采用温度控制器以达到节能目的，这类技术实施简单，施工周期短。

图 3.21 统计了 36 个项目替换分体式空调后的节能率，不同项目之间替换分体式空调节能率相差较大，这主要是因为分体式空调替换的节能效果取决于更新设备与原有设备的能效比，而不同项目选用的分体式空调能效等级不同。因加装分体式空调控制器的技术应用较少，此处不再单独罗列该技术的节能率。

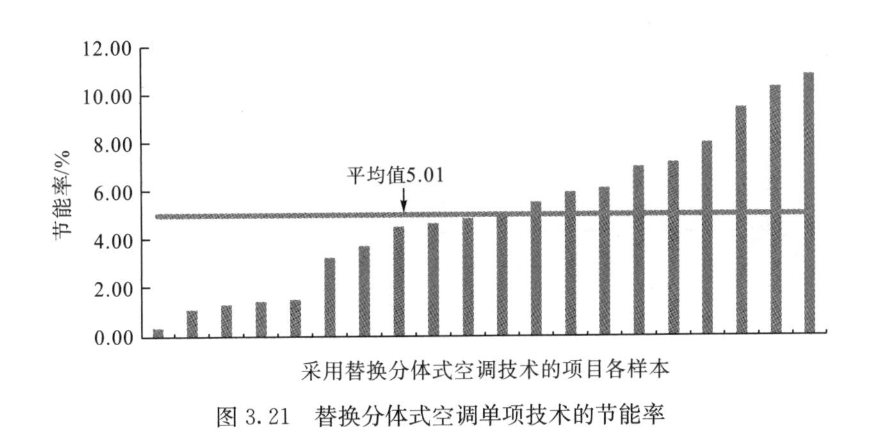

图 3.21　替换分体式空调单项技术的节能率

②公共建筑以集中空调系统进行供冷供暖时，其改造策略则较为多样，应妥善考虑系统的形式与运行状态，还要结合建筑的使用情况与负荷特性综合考虑；同时节能量也受多因素影响，改造潜力较难评估。目前集中空调系统改造的主要对象包括水系统、空调主机、末端风系统、冷却塔及建筑外围护结构。

Ⅰ. 水系统

许多公共建筑，由于设计阶段等原因导致水泵选型过大，其空调水系统大部分时间都运行在小温差、大流量的工况下，造成水系统耗电输冷、热比高。此时水系统的主要改造手段为水泵变频技术，即通过对定流量系统加装变频控制系统来实现水流量对末端负荷的实时匹配调节，或是将原有选型过大的水泵直接替换。

由图 3.22 和图 3.23 可见，水泵变频技术节能率通常为 1%～5%，更换水泵技术节能率为 1%～6%，两者节能效果差别不大。但由于机组存在最小流量要求、水泵自身性能限制，水泵可变频率存在下限值，同时水泵频率过低时，水泵工作点将远远偏离正常工作点，反而达不到节能目的，因此并非所有选型过大的水泵都适合变频。

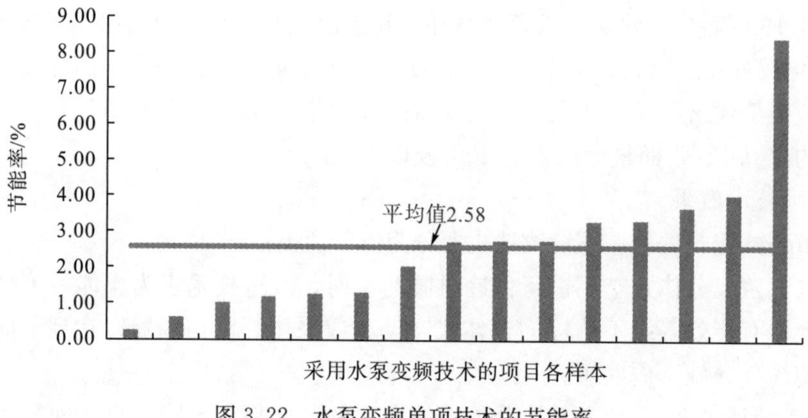

图 3.22　水泵变频单项技术的节能率

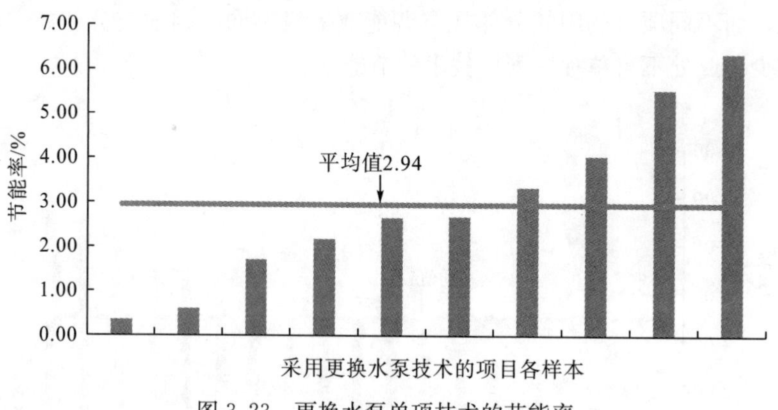

图 3.23　更换水泵单项技术的节能率

Ⅱ．空调主机

空调主机的节能改造多为运行调控方面的优化，包括以下几种方法：

(a)机组群控策略。对制冷机组的群控策略进行优化，尽量保持机组在高效率工况下运行，调整各主机之间的运行时间，增加高效率制冷主机的运行时间。根据实际工程调研，许多建筑的空调群控策略往往比较简单，仅根据负荷情况启动不同数量的主机。

(b)调节机组供、回水温度设定值。依据室外温度或系统参数反馈调节机组的供水温度与回水温度设定值，从而降低机组的能耗。

(c)主机清洗。一般来说，主机清洗工作应当作为建筑物业管理的一部分，但实际建筑运行中缺失比较严重，因此在一些工程中主机的常规清洗也可以取得一定的节能效果。

(d)主机加装节能喷雾装置。部分风冷热泵主机，夏季工况下冷凝器与空气直接换热，换热效率不高。通过在冷凝侧加装节能喷雾装置，可实现风冷和水冷双重冷却，加强换热效果，提高主机效率。

对于主机改造的节能效果评估是比较困难的，要依据实际工程的设备特性、运行状态而定，此处不单独列出该项技术的节能率。

Ⅲ. 末端风系统

末端风系统的改造主要针对商场类建筑中的末端大风量风柜与风机，根据室内空气参数进行风机变频调节，相对来说改造技术较简单，容易实施。根据实际改造工程，末端风机变频改造的节能率一般为 2%～5%，如图 3.24 所示。

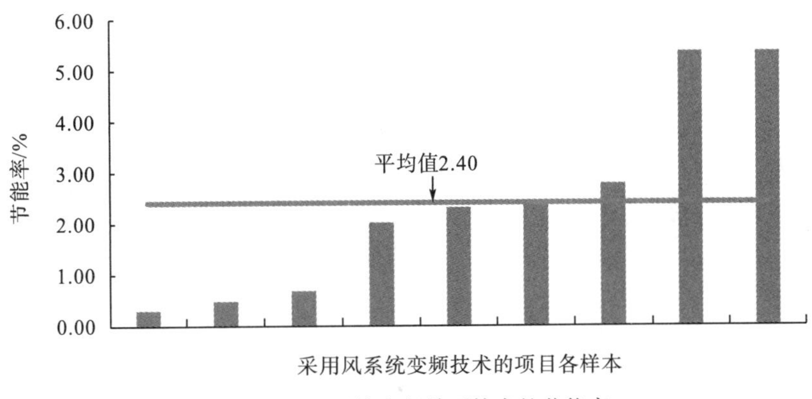

图 3.24　风系统变频单项技术的节能率

Ⅳ. 冷却塔

冷却塔的改造手段有群控策略调节与冷却塔风机变频改造。相比于输配系统与制冷主机，冷却塔本身的能耗并不高，但冷却塔的运行工况会决定冷却水的回水温度，进一步影响冷水机组的效率，因此冷却塔的改造应在保证系统能效优先的前提下进行。由于针对冷却塔的改造项目较少，此处不单独罗列该技术的节能率。

Ⅴ. 建筑外围护结构

许多既有公共建筑建成时间较早，其外围护结构在使用中可能遭受了一定的破坏，或是设计初期的外围护结构性能不能满足现有标准要求。因此，对此类保温隔热性能不能满足要求的建筑外围护结构进行改造，能够有效降低建筑能耗。目前常用的建筑外围护结构改造手段有外窗贴节能膜、更换原外窗为节能窗等。但由于此类技术节能量难以用计算方法量化，而外围护结构改造效果通常体现在空调系统运行负荷的减少，因此一般是将外围护结构改造后的节能量纳入空调系统节能量当中。故此处不再单独罗列该技术的技能率。

3)动力系统主要改造技术效果

(1)整体效果。

对已实施的项目改造效果进行统计分析，动力系统在各类建筑中的节能率如图 3.25 和图 3.26 所示。

动力系统改造相比其他系统，节能率处于最低水平，平均节能率为 0.4%～1.2%。这主要是由于动力系统能耗在建筑总能耗中的占比低，改造后节能率不如其他系统。

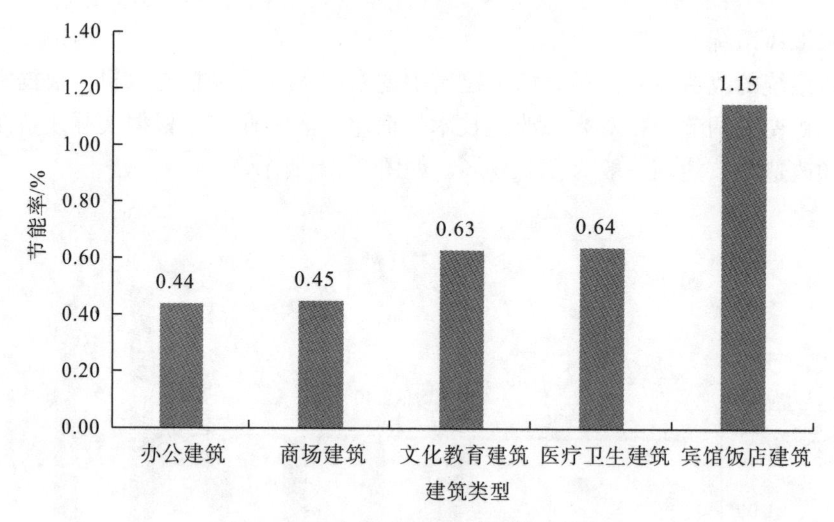

图 3.25　动力系统改造的平均节能率

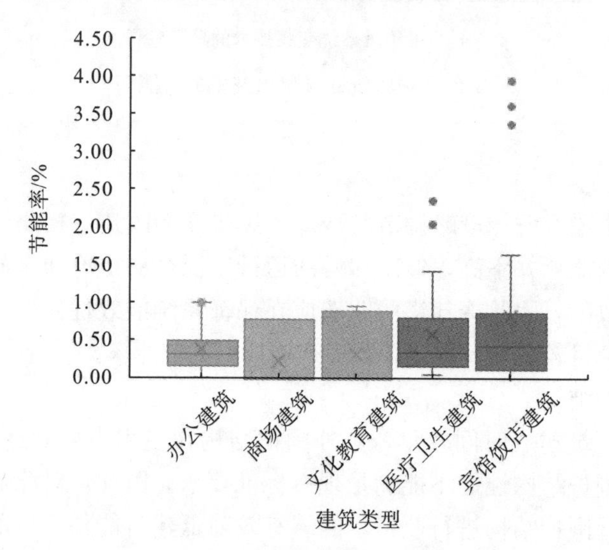

图 3.26　动力系统改造的节能率分布

(2)各项技术效果。

动力系统包括非空调用水泵、电梯、扶梯等动力设备，常用改造手段为电梯加装能量回馈装置。

①电梯能量回馈。

与一般用电设备不同，电梯的运行过程中包含电能与机械能之间的双向转换。电梯运行中产生的多余机械能会转换为直流电能储存在电路中，这部分电能如果不能及时释放，将会造成电路损坏，影响电梯正常运行。对于没有能量回馈装置的电梯，一般情况下是依靠电阻发热的方式消耗这部分电能，这一方面造成了电能的浪费，另一方面也加大了电梯散热量，绝大多数的电梯机房因此还必须设置专用的空调进行降温。能量回馈装置则可以将这部分多余的电能收集并处理，转化为高质量电能并输送回电网，并减少电梯机房的散热量，降低电梯机房的空调能耗。

对采用电梯能量回馈技术的 36 个项目进行统计，该项技术的节能率如图 3.27 所示，节能率通常为 0.05%～1%。

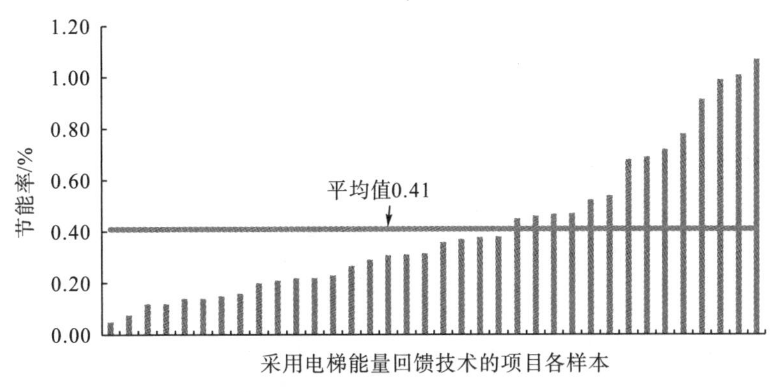

图 3.27　电梯能量回馈单项技术的节能率

②扶梯加装变频装置。

扶梯在使用中存在空载的情况，但扶梯并不能像电梯一样频繁启停，若空载状态下按负载下的速度运行势必造成电能的浪费，同时也会加快电动机磨损。因此加装变频装置后，扶梯在空载运行情况下可降低电动机频率，从而降低扶梯运行速度，减少运转时的机械磨损及降低电能消耗。

但扶梯通常只在商场、部分医疗卫生和高级酒店建筑中使用，同时大部分电梯产品已具备变频功能，因此一般只在年代较久远的建筑中的扶梯才会采用该项技术。统计到 1 个采用了该技术的项目，该技术的节能率为 1.45%，稍高于电梯能量回馈技术的节能率。

4)供配电系统节能改造

(1)整体效果。

对已实施的项目改造效果进行统计分析，供配电系统在各类建筑中的节能率如图 3.28 和图 3.29 所示。

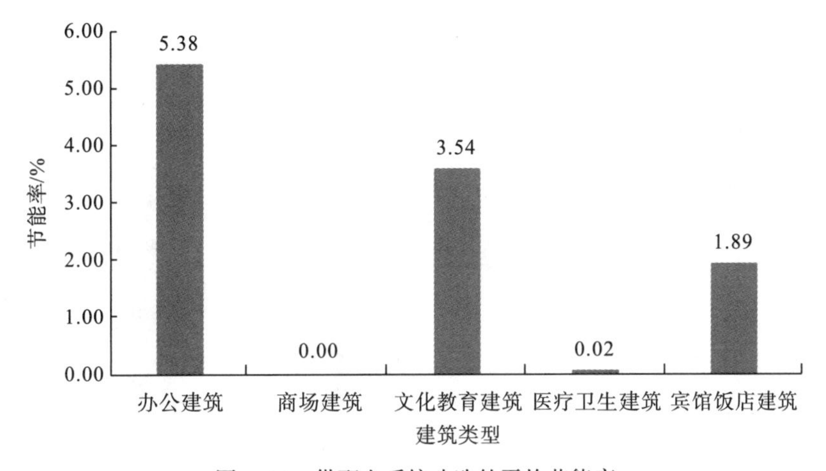

图 3.28　供配电系统改造的平均节能率

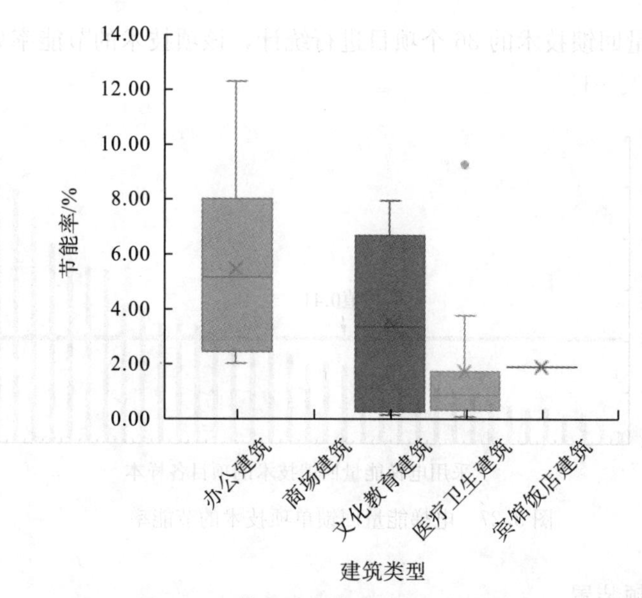

图 3.29 供配电系统改造的节能率分布

商场建筑、医疗卫生建筑基本未涉及供配电系统的改造，供配电系统节能率接近于零。办公建筑供配电系统改造的项目数最多，同时节能率分布区间跨度也最大，为 2%～12%。

(2)各项技术效果。

供配电系统改造与其他系统存在一定区别，供配电系统真正意义上的用电量很少，对供配电系统进行节能改造的主要目标为降低变压器损耗与线路损耗。应当格外注意的是，供配电系统的运行状态很大程度上取决于用电设备的特性，如灯具的功率因数、电气线路的设计规划。供配电系统节能改造的效果主要基于理论计算，很难开展针对性的测试，目前仍无法有效量化评估供配电系统节能改造的实际效果。

①三相负荷平衡。

对供配电系统存在显著三相不平衡现象的建筑，部分改造工程中采用三相平衡调节器的做法进行改造。通过平衡三相负荷，降低三相四线制供配电系统中性线的电流，减少电网线路的损耗。

图 3.30 为采用了三相平衡调节技术的项目的节能率，可见三相平衡调节改造技术在建筑中平均节能率为 0.13%，占比较少。

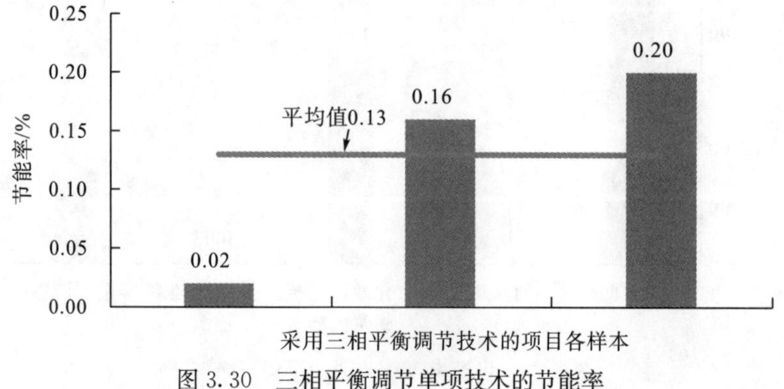

图 3.30 三相平衡调节单项技术的节能率

②无功补偿。

用电设备中存在感性或容性负载，会影响整个供配电系统的功率因数，导致视在功率和负荷电流过高，一方面会增加变压器的损耗，另一方面也增加了线路损耗。在节能改造工程中通常会对建筑原有供配电系统进行诊断，若功率因数偏低，可采用增加无功补偿的手段。由于重庆市相关规定不再计算供配电系统改造后的节能量，此处不再单独列出该技术的节能率。

5)特殊用能系统主要改造技术效果

(1)整体效果。

对已实施的项目改造效果进行统计分析，特殊用能系统在各类建筑中的节能率如图 3.31 和图 3.32 所示。

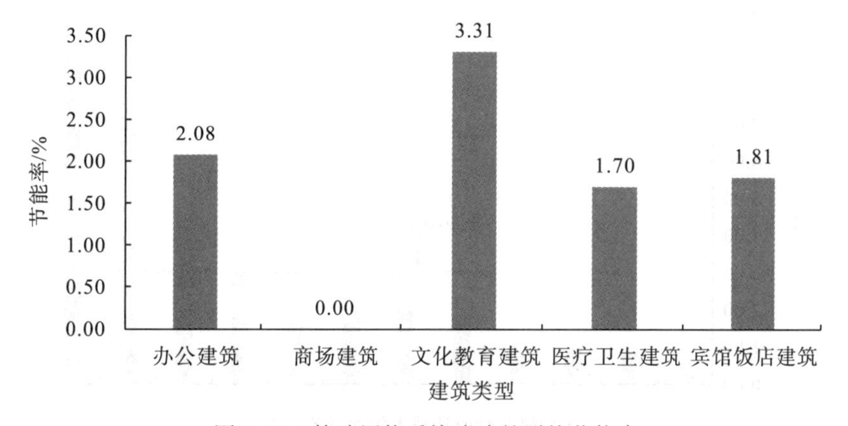

图 3.31　特殊用能系统改造的平均节能率

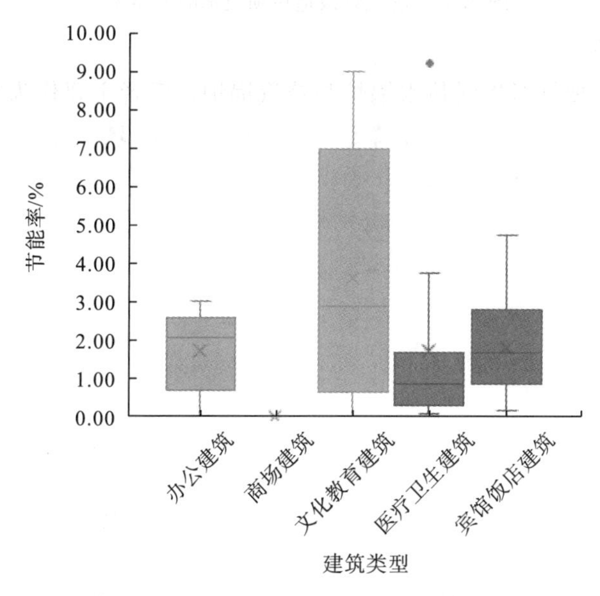

图 3.32　特殊用能系统改造的节能率分布

文化教育建筑特殊用能系统改造后效果最为明显，节能率最高，平均节能率为 3.31%，这是由于在文化教育建筑中，食堂、厨房等规模较大。

商场建筑特殊用能系统节能率为 0%，这主要与商场建筑的用能特征有关，商场建筑的主要用能为照明系统和空调系统，特殊用能系统的用能设备较少，一般不改造。

(2)各项技术效果。

特殊用能系统的改造手段有以下几项。

①燃气灶改造。

在有炊事需求的建筑中，采用高燃烧效率的燃气灶心替换原有灶心，可提高燃烧效率，节省燃气用量。对比一些改造项目所采用节能灶心与改造前灶心，通常可以节省 20%～30%的燃气消耗量，在燃气用气量较大的宾馆饭店建筑中节能效果比较明显。对 12 个对燃气灶进行改造的项目进行统计，该项技术的节能率如图 3.33 所示，可见其节能率分布跨度较大。

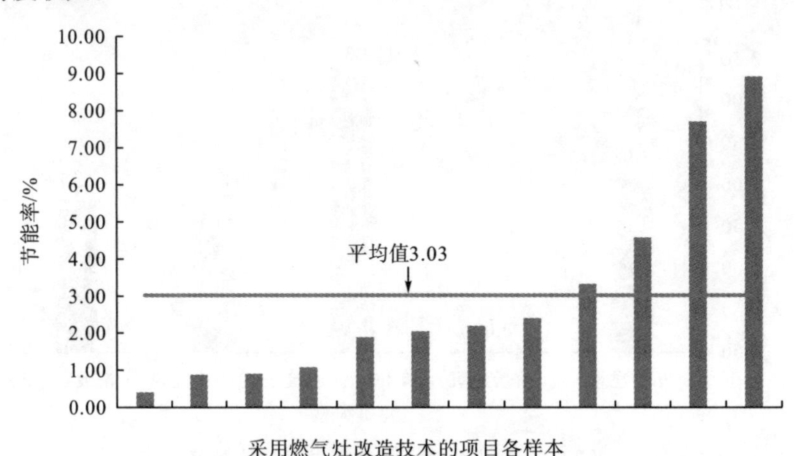

图 3.33 燃气灶改造单项技术的节能率

②锅炉余热回收。

锅炉余热回收主要针对生活热水锅炉与蒸汽锅炉，后者主要作为宾馆饭店建筑中的洗衣房使用。实际工程中的做法为设置专用储水箱，引导锅炉蒸汽通过换热设备加热水箱中的低温水，制备 30～40℃的温水作为生活热水。该技术措施实施简单，投资成本低，在宾馆饭店建筑中可以取得一定的节能效果。对 10 个采用锅炉余热回收的项目进行统计，该项技术的节能率如图 3.34 所示。

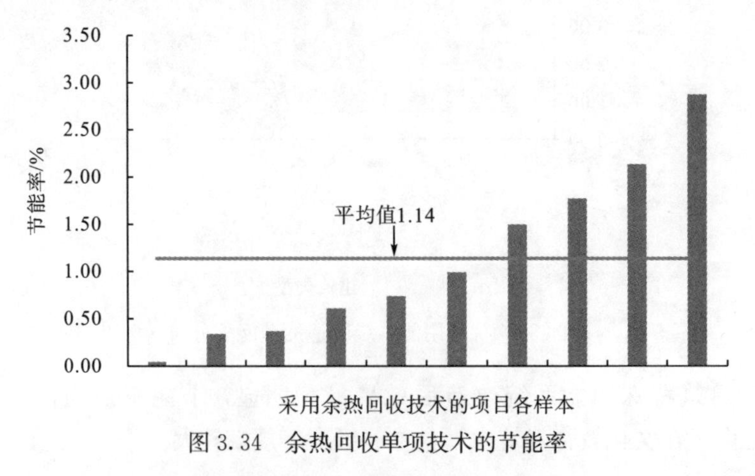

图 3.34 余热回收单项技术的节能率

③厨房抽排风机改造。

对厨房抽排风机进行变频控制改造，通过气敏传感器反馈油烟的大小来调节抽排风机的启停与转速，从而实现节能。根据实际工程应用，节能率约有 1.85%，但由于抽排风机本身的能耗较低，总体节能效果并不显著，通常在改造中会结合实施一些降噪措施，改善厨房环境。对 4 个采用厨房抽排风机改造技术的项目进行统计，该项技术的节能率如图 3.35 所示。

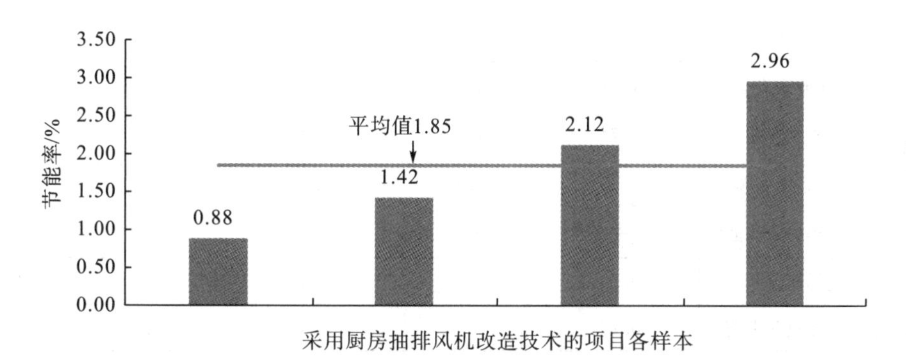

图 3.35　厨房抽排风机改造单项技术的节能率

④利用空气源热泵制取热水。

在第二批节能改造任务中，为响应国家节能环保的号召，部分项目开始推行可再生能源，将建筑原有锅炉替换为空气源热泵制取热水就是其中的手段之一。根据统计信息筛选了 3 个采用空气源热泵技术的项目，如图 3.36 所示。该技术的节能率虽远远低于灯具替换、水泵变频等技术，但对环境保护方面而言极具意义。

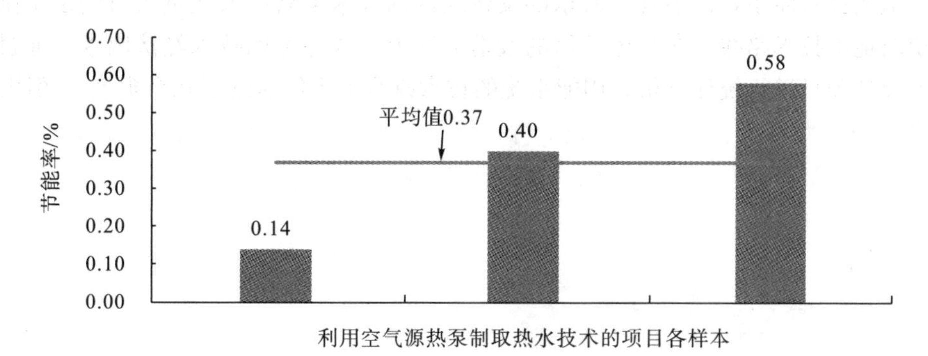

图 3.36　利用空气源热泵制取热水单项技术的节能率

⑤光伏系统发电或太阳能热水系统制取热水。

光伏系统或太阳能热水系统均是利用可再生能源太阳能进行发电或是制取热水。由于重庆特殊的气象条件，在夏季该技术的使用效果较好，其余季节效果则不太理想。同时因该技术实际应用较少，此处不再单独列出该项技术的节能率。

6)改造项目采用技术效果汇总

根据上述统计内容，将各类建筑改造技术的统计信息进行汇总，见表 3.4。

表 3.4 重庆市公共建筑节能改造技术效果

建筑类型 各系统节能技术		办公建筑	宾馆饭店建筑	商场建筑	文化教育建筑	医疗卫生建筑
系统	单项技术	平均总节能率/%	平均总结能率/%	平均总节能率/%	平均总节能率/%	平均总节能率/%
照明系统	灯具替换	13.12	14.70	16.20	16.73	13.79
	加装智能节电插座	0.11	0.02	0.03	0.08	0.02
	替换开水器	—	—	—	—	2.26
空调系统	替换分体式空调	4.18	4.71	—	3.44	6.54
	水泵变频	3.74	4.58	4.08	4.03	5.10
	风系统变频	2.00	2.80	3.00	—	—
	采暖锅炉余热回收	—	0.13	—	—	0.22
动力系统	电梯能量回馈	0.39	0.41	0.34	0.89	0.39
供配电系统	三相负荷平衡	0.29	—	—	0.22	
特殊用能系统	燃气灶改造	1.85	0.88	—	0.43	0.47
	厨房抽油烟机变频	—	0.85	—	0.08	0.22
	锅炉余热回收	—	0.35	—	—	0.16

3. 重庆市公共建筑节能改造主要技术途径

重庆市地处西南，属于夏热冬冷的地区，节能改造技术体系不宜沿用北方既有建筑节能改造的技术体系，也不宜照搬东部发达地区的技术策略。因此重庆市确定了围绕用能系统改造的技术路线，在具体项目的改造方案上，统筹考虑技术经济因素。通过对已实施的改造项目进行统计分析，用能系统的技术改造主要包括以下几个类型：照明系统、空调系统、动力系统、供配电系统、特殊用能系统（如厨房设备等）和能耗分项计量。图 3.37 给出了目前重庆市节能改造示范项目的改造技术分布情况。

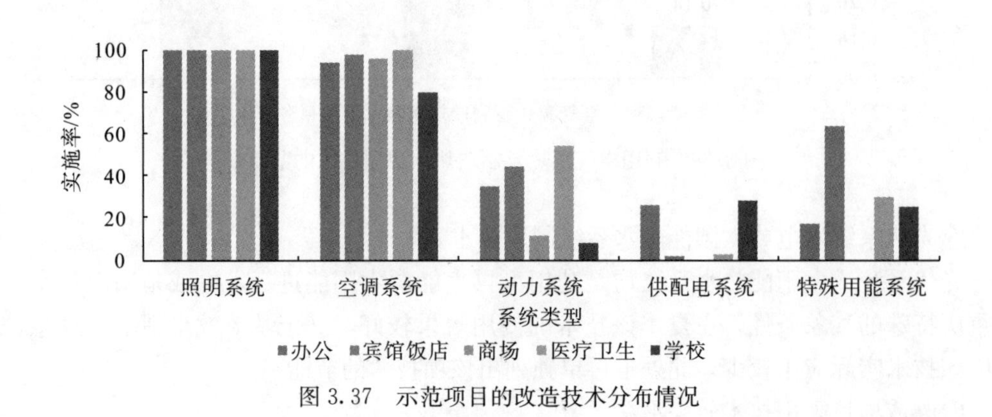

图 3.37 示范项目的改造技术分布情况

除能耗分项计量强制实施以外，照明系统由于改造投资少、节能贡献率高、实施难度小，在已实施节能改造的项目中应用最广泛；空调系统由于能耗高、节能潜力大，在改造项目中也被广泛关注。动力系统、供配电系统和特殊用能系统在改造项目中应用相对较少。

1)办公建筑主要改造技术

图 3.38 给出了办公建筑节能改造内容的分布情况。由图可知，照明系统、空调系统、动力系统、供配电系统、特殊用能系统的实施率分别为 100%、94%、35%、26%、18%。改造技术措施应用最多的是照明系统和空调系统，其次是动力系统和供配电系统，对特殊用能系统的改造较少。

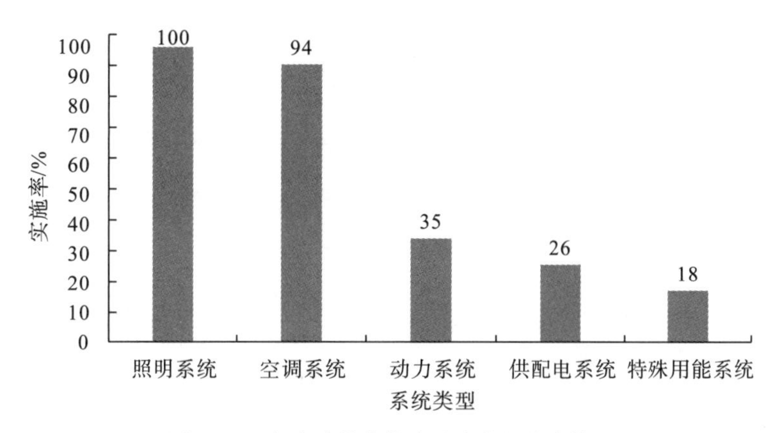

图 3.38　办公建筑节能改造内容的分布情况

办公建筑各节能改造内容采用的技术措施统计分析如下。

(1)照明系统。

照明系统节能改造的主要技术措施包括：①用高效节能的 LED 灯具、管件灯具替换原有灯具；②安装智能插座。

办公建筑照明系统单项技术的实施率如图 3.39 所示。

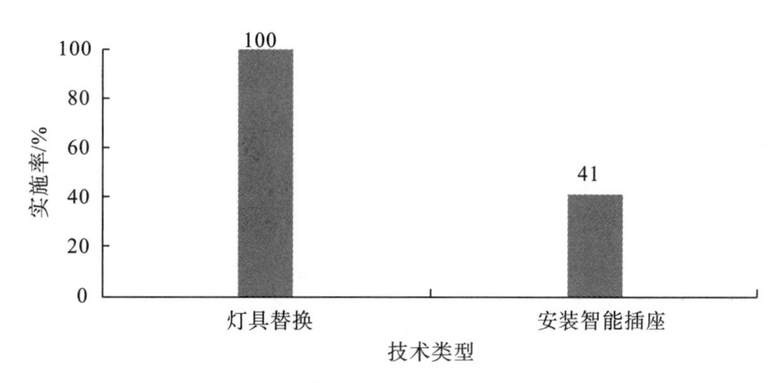

图 3.39　办公建筑照明系统单项技术的实施率

(2)空调系统。

集中式空调节能改造的主要技术措施包括：①更换效率低的水泵；②水泵、风机变频改造；③加装平衡阀改善水系统管网水力失调；④空调主机运行温度调整；⑤采用节能喷雾等；⑥外窗贴膜、更换节能窗(降低空调系统负荷)等。

分体式空调节能改造的主要技术措施包括：①替换低能效比的空调；②加装控制器。

办公建筑空调系统单项技术的实施率如图 3.40 所示。

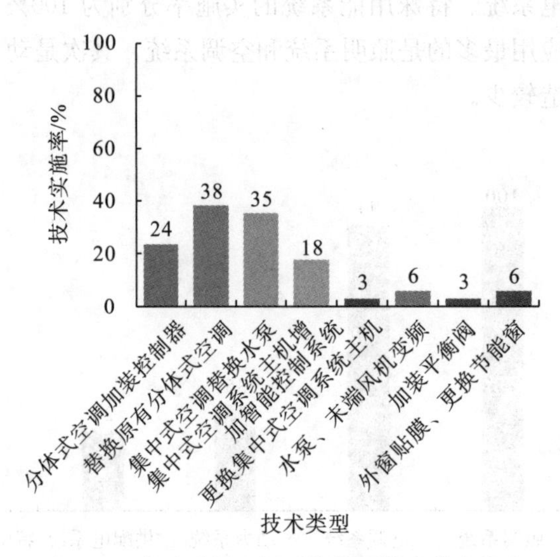

图 3.40　办公建筑空调系统单项技术的实施率

(3)动力系统。

动力系统节能改造的主要技术措施包括：①对扶梯进行变频改造；②电梯系统加装电能回馈装置等。

电梯系统加装电能回馈装置的实施率为 35%，为动力系统主要改造措施。而扶梯进行变频改造技术的实施率相对较少。

(4)供配电系统。

供配电系统节能改造的主要技术措施是采用三相平衡器，减少三相不平衡造成的损耗。

通过对已实施改造的项目进行统计，供配电系统采用三相平衡器的实施率为 26%，且较多地采用在办公建筑中。

(5)能耗分项计量。

对照明用电、空调用电、动力用电和特殊用电进行分项计量和实时监测，能清楚地了解单个建筑内部不同用能设备的能耗情况，从而有针对性地开展建筑节能运行管理。

(6)特殊用能系统。

目前对特殊用能系统的改造主要包括：①更换办公建筑厨房中低能效灶具；②厨房吸油烟机风机的变频改造；③新增和更换空气源热泵制取热水；④安装分布式光伏系统发电。

办公建筑特殊用能系统单项技术的实施率如图 3.41 所示。

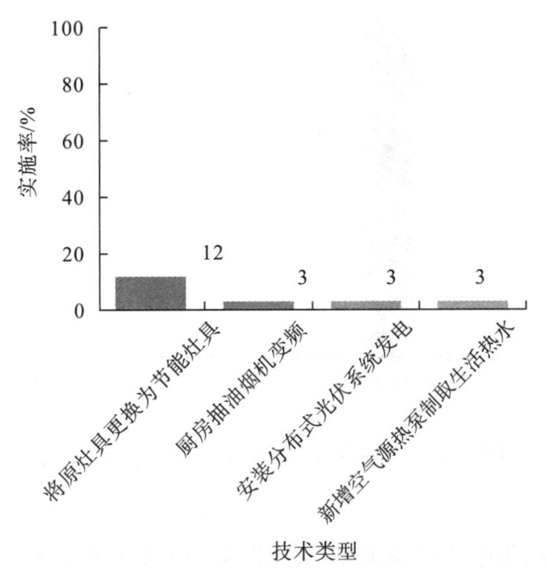

图 3.41　办公建筑特殊用能系统单项技术的实施率

2)商场建筑节能改造主要技术措施

图 3.42 给出了商场建筑节能改造内容的分布情况。由图可知，商场建筑节能改造对照明系统、空调系统、动力系统改造的应用率分别为 100%、96%、12%。改造技术措施应用最多的是照明系统和空调系统，绝大多数项目涉及这两种用能系统的改造。本次商场的节能改造项目中未涉及供配电系统和特殊用能系统，这主要与商场建筑的用能特征有关，商场建筑的主要用能为照明系统和空调系统，因此照明系统及空调系统是商场建筑的重点节能改造对象。

商场建筑各节能改造内容采用的主要技术措施统计分析如下。

(1)照明系统。

照明系统节能改造的主要技术措施为灯具替换，包括用 LED 替换 T8 双端荧光灯、用 LED 球泡灯替换紧凑型荧光灯和陶瓷金卤灯等，而安装智能插座的项目较少。

商场建筑照明系统单项技术的实施率如图 3.43 所示。

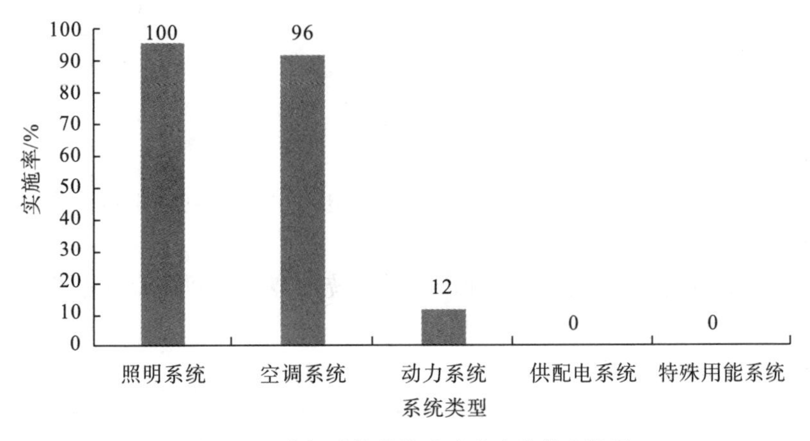

图 3.42　商场建筑节能改造内容的分布情况

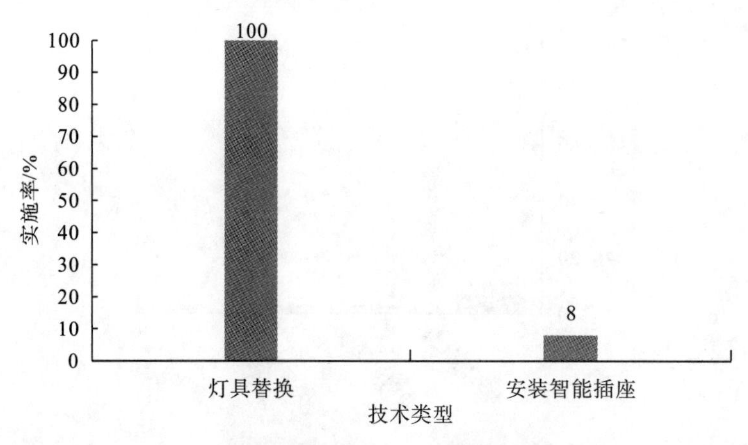

图 3.43 商场建筑照明系统单项技术的实施率

(2)空调系统。

商场建筑主要是以集中式空调系统供冷供热，因此主要针对集中式空调系统进行改造，节能改造的主要技术措施包括：①空调水系统替换配置不合理泵组，采用变频器控制；②空调风系统末端空气处理机组加装变频装置；③集中式空调主机安装智能控制系统。

商场建筑空调系统单项技术的实施率如图 3.44 所示。

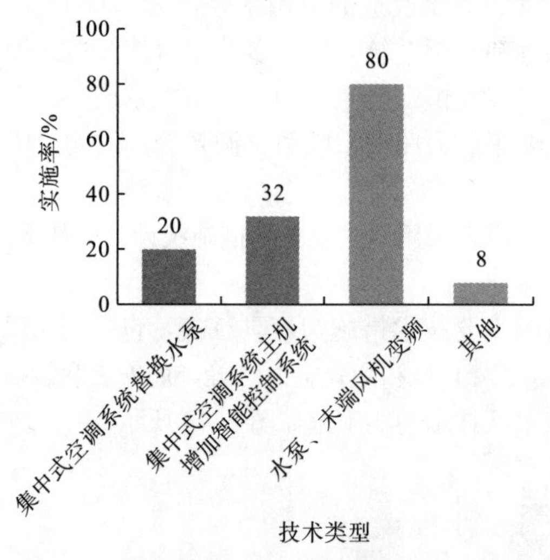

图 3.44 商场建筑空调系统单项技术的实施率

(3)动力系统。

动力系统节能改造的主要技术措施包括：①电梯系统加装电能回馈装置；②扶梯加装变频控制器。

通过对已实施的改造项目进行统计，电梯系统加装电能回馈装置占商场改造项目总数的 12%，而对扶梯加装变频控制器则较少。

(4)能耗分项计量。

对照明用电、空调用电、动力用电和特殊用电进行分项计量和实时监测，能清楚地了解单个建筑内部不同用能设备的能耗情况，从而有针对性地开展建筑节能运行管理。

3)文化教育建筑节能改造主要技术措施

图 3.45 给出了文化教育建筑节能改造内容的分布情况。由图可知，文化教育建筑节能改造对照明系统、空调系统、动力系统、供配电系统及特殊用能系统改造的实施率分别为 100%、80%、9%、29%、26%。改造技术措施应用最多的是照明系统和空调系统，其次是供配电系统和特殊用能系统，对动力系统的改造较少。

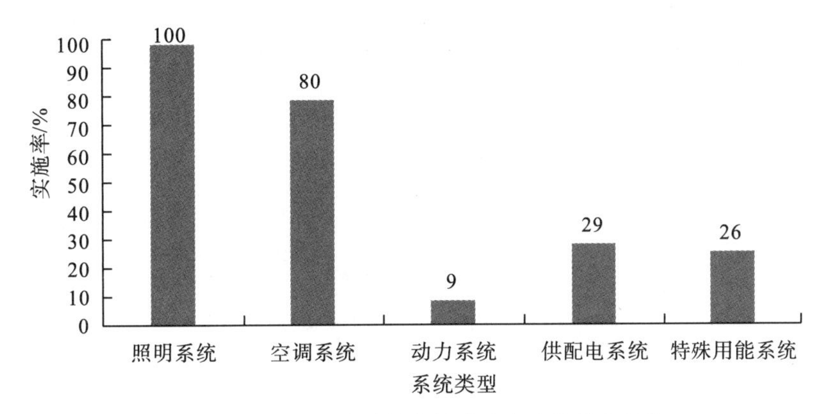

图 3.45　文化教育建筑节能改造内容的分布情况

文化教育建筑各节能改造内容采用的主要技术措施统计分析如下。

(1)照明系统。

照明系统节能改造的主要技术措施包括：①采用 LED 替换 T8 双端荧光灯、用 LED 球泡灯替换紧凑型荧光灯和白炽灯；②加装智能插座。

文化教育建筑照明系统单项技术的实施率如图 3.46 所示。

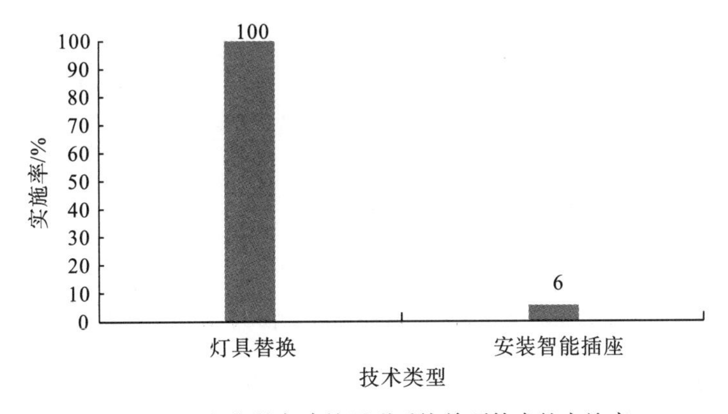

图 3.46　文化教育建筑照明系统单项技术的实施率

(2)空调系统。

集中式空调节能改造的主要技术措施包括：①更换效率低的水泵；②水泵变频改造；③替换配置不合理泵组；④主空调主机运行温度调整；⑤采用节能喷雾。

分体式空调节能改造的主要技术措施包括：①替换低能效比的空调；②加装控制器；③加装冷凝回收装置。

文化教育建筑空调系统单项技术的实施率如图 3.47 所示。

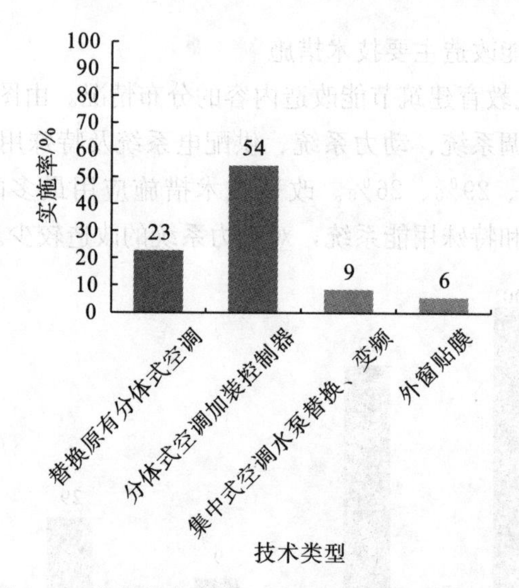

图 3.47 文化教育建筑空调系统单项技术的实施率

(3)动力系统。

动力系统节能改造的主要技术措施包括：①电梯加装电能回馈装置；②扶梯加装变频装置。

文化教育建筑动力系统单项技术的实施率如图 3.48 所示。

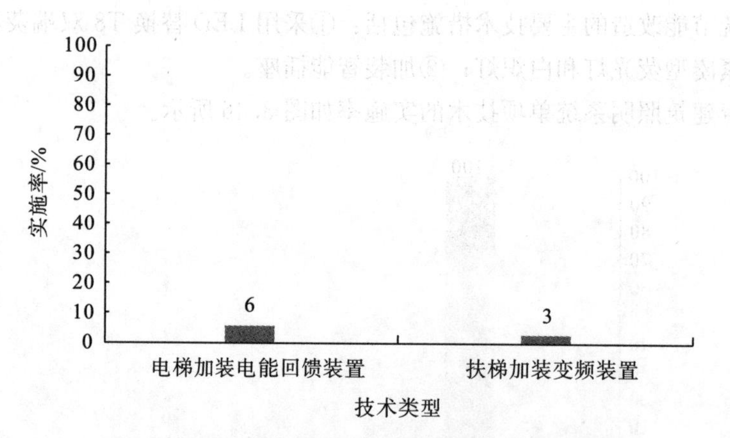

图 3.48 文化教育建筑动力系统单项技术的实施率

(4)供配电系统。

供配电系统节能改造的主要技术措施包括：①采用经济型运行管理方法，降低变压器自损；②调整变压器输出电压；③采用三相平衡器调节三相不平衡。

统计改造完成的公共建筑节能改造示范项目中，对供配电系统的改造技术主要为采用三相平衡器调节三相不平衡，该项技术实施率为 29%。

(5)能耗分项计量。

对照明用电、空调用电、动力用电和特殊用电进行分项计量和实时监测，能清楚地了解单个建筑内部不同用能设备的能耗情况，从而有针对性地开展建筑节能运行管理。

(6)特殊用能系统。

目前对特殊用能系统的改造主要包括更换学校建筑厨房中低能效灶具和抽油烟机，加装变频装置，还有少数安装了分布式光伏系统进行发电。

文化教育建筑特殊用能系统单项技术的实施率如图3.49所示。

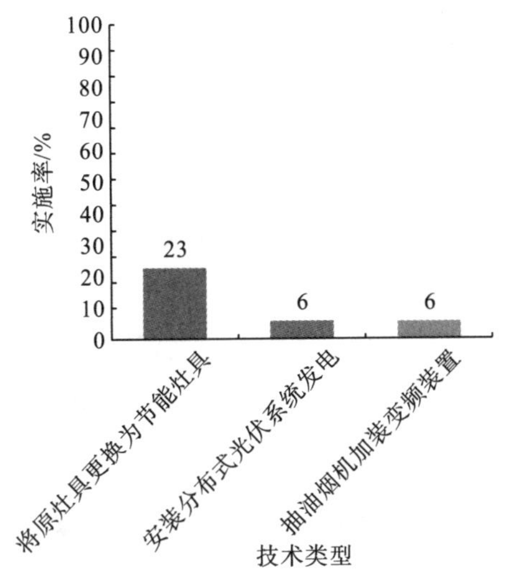

图3.49　文化教育建筑特殊用能系统单项技术的实施率

4)医疗卫生建筑节能改造主要技术措施

图3.50给出了医疗卫生建筑节能改造内容的分布情况。由图可知，在医疗卫生建筑中对照明系统、空调系统、动力系统、供配电系统及特殊用能系统改造的实施率分别为100%、100%、55%、3%、30%。改造技术措施应用最多的是照明系统和空调系统，其在每个项目中都有涉及。其次是动力系统和特殊用能系统，对供配电系统的改造在医疗卫生建筑中仅个别建筑涉及。

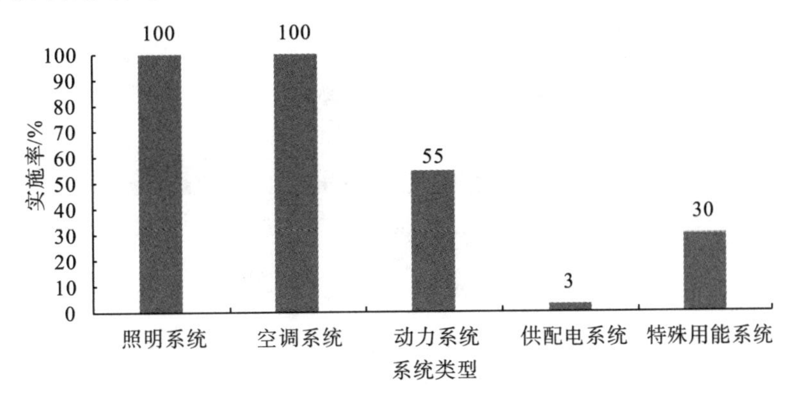

图3.50　卫生建筑节能改造内容的分布情况

医疗卫生建筑各节能改造内容采用的主要技术措施统计分析如下。

(1)照明系统。

照明系统节能改造的主要技术措施包括：①用高效节能的LED灯具、管件替换原有灯具；②安装智能插座；③更换开水器。

医疗卫生建筑照明系统单项技术的实施率如图 3.51 所示。

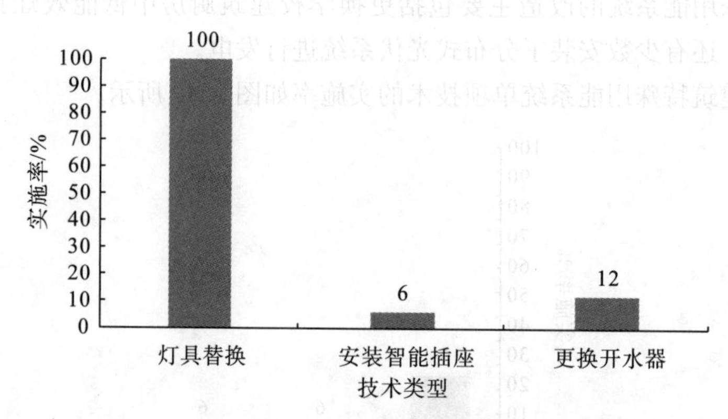

图 3.51 医疗卫生建筑照明系统单项技术的实施率

(2)空调系统。

集中式空调系统节能改造的主要技术措施包括：①增加集中空调智能控制系统；②更换效率低的水泵；③对水泵、风机加装变频控制柜；④采暖锅炉增加烟气余热回收装置；⑤更换空调主机等。

分体式空调节能改造的主要技术措施包括：①替换低能效比的空调；②安装节能控制装置；③采用空调器限温控制器。

医疗卫生建筑空调系统单项技术的实施率如图 3.52 所示。

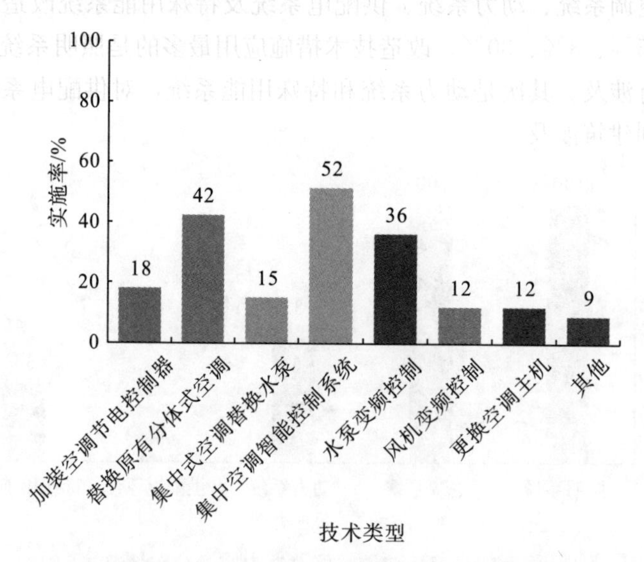

图 3.52 医疗卫生建筑空调系统单项技术的实施率

(3)动力系统。

动力系统节能改造的主要技术措施包括：①对电梯进行变频改造；②电梯系统加装电能回馈装置；③对生活热水系统加装余热回收装置。

(4)能耗分项计量。

对照明用电、空调用电、动力用电和特殊用电进行分项计量和实时监测，能清楚地了解单个建筑内部不同用能设备的能耗情况，从而有针对性地开展建筑节能运行管理。

(5)特殊用能系统。

目前对特殊用能系统的改造主要包括更换医疗卫生建筑厨房中低能效灶具和抽油烟机加装变频装置，部分项目对锅炉加装了余热回收装置、新增空气源热泵制取热水。

医疗卫生建筑特殊用能系统单项技术的实施率如图3.53所示。

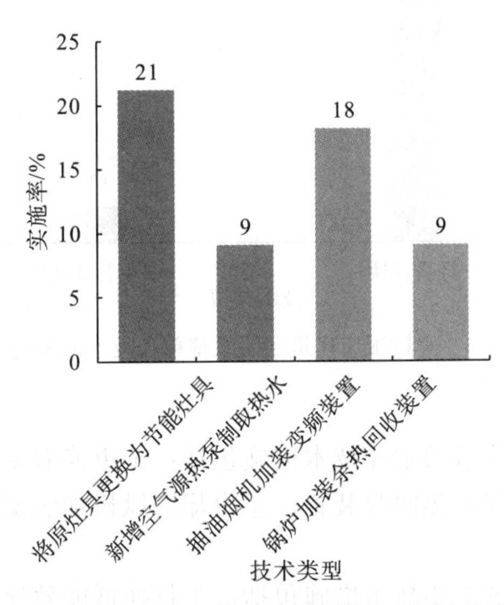

图3.53　医疗卫生建筑特殊用能系统单项技术的实施率

5)宾馆饭店建筑节能改造主要技术措施

图3.54给出了宾馆饭店建筑节能改造内容的分布情况。由图可知，宾馆饭店建筑节能改造对照明系统、空调系统、动力系统、供配电系统及特殊用能系统改造的实施率分别为100%、98%、47%、2%、64%。改造技术措施应用最多的是照明系统、空调系统，其次是动力系统和特殊用能系统，而对供配电系统的改造应用最少。

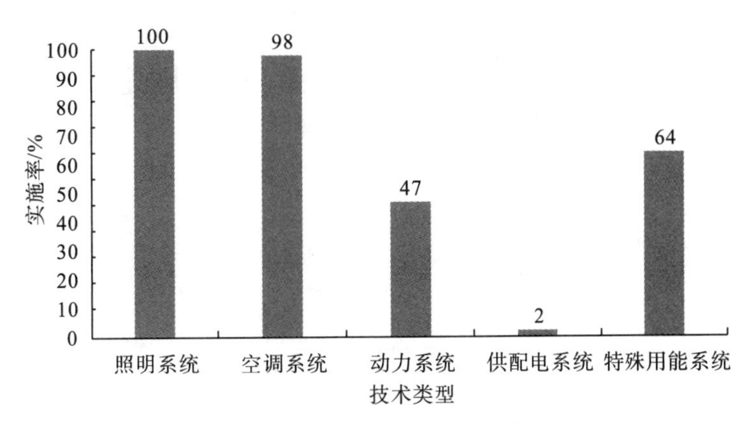

图3.54　宾馆饭店建筑节能改造内容的分布情况

宾馆饭店建筑各节能改造内容采用的技术措施统计分析如下。

(1)照明系统。

照明系统节能改造的主要技术措施包括：①用高效节能的 LED 灯具、管件灯具替换原有灯具；②对照明控制回路进行改造；③安装智能插座。

宾馆饭店建筑照明系统单项技术的实施率如图 3.55 所示。

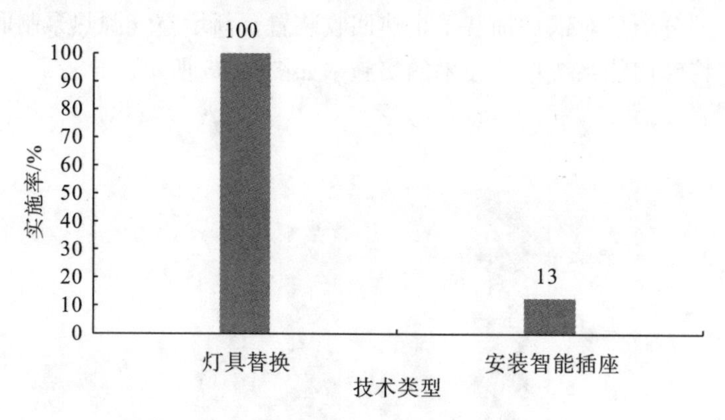

图 3.55 宾馆饭店建筑照明系统单项技术的实施率

(2)空调系统。

集中式空调系统节能改造的主要技术措施包括：①更换效率低的水泵；②水泵变频改造；③采暖锅炉增加烟气余热回收装置；④冷却塔风机加装变频控制器；⑤空调主机运行温度调整等。

分体式空调节能改造的主要技术措施包括：①替换低能效比的空调；②安装节能控制装置。

宾馆饭店建筑空调系统单项技术的实施率如图 3.56 所示。

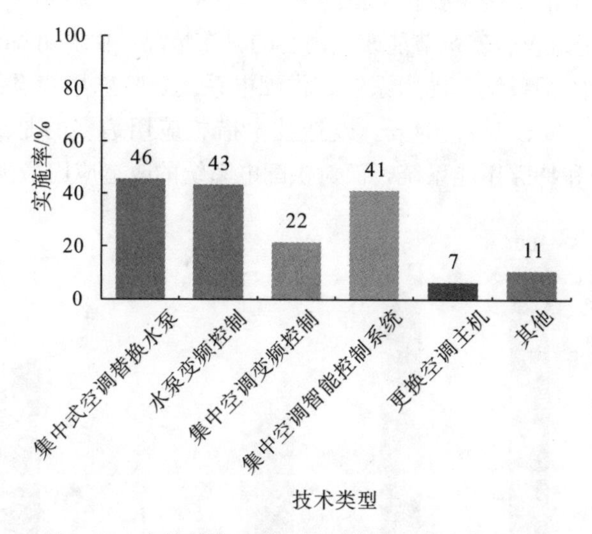

图 3.56 宾馆饭店建筑空调系统单项技术的实施率

(3)动力系统。

动力系统节能改造的主要技术措施包括：①对电梯系统加装电能回馈装置等；②替

换原有生活热水机组；③对生活热水系统加装烟气余热回收装置。

宾馆饭店建筑动力系统单项技术的实施率如图 3.57 所示。

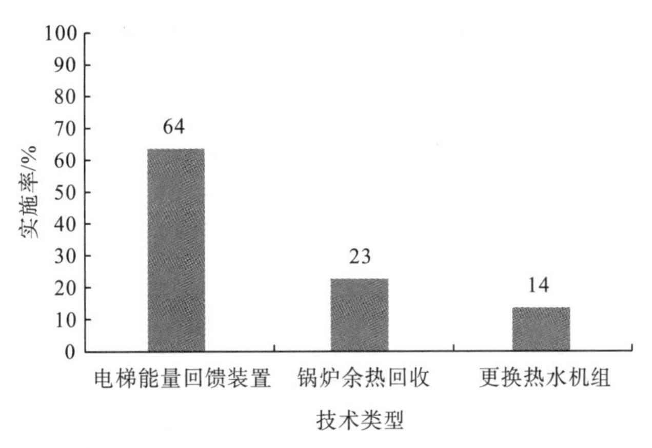

图 3.57　宾馆饭店建筑动力系统单项技术的实施率

(4)供配电系统。

供配电系统节能改造的主要技术措施包括：①采用经济型运行管理方法，降低变压器自损；②调整变压器输出电压；③采用三相平衡器调节三相不平衡。

(5)能耗分项计量。

对照明用电、空调用电、动力用电和特殊用电进行分项计量和实时监测，能清楚地了解单个建筑内部不同用能设备的能耗情况，从而有针对性地开展建筑节能运行管理。

(6)特殊用能系统。

目前对特殊用能系统的改造主要包括更换宾馆饭店建筑厨房中原有灶心为新型节能灶心、对厨房抽油烟机加装变频控制柜及对锅炉加装余热回收装置。

宾馆饭店建筑特殊用能系统单项技术的实施率如图 3.58 所示。

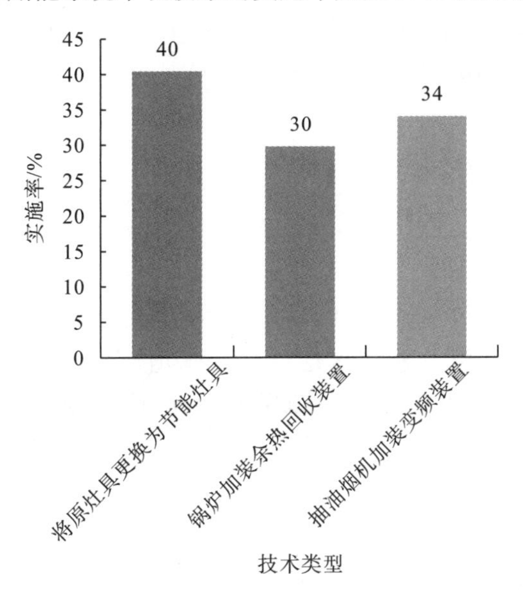

图 3.58　宾馆饭店建筑特殊用能系统单项技术的实施率

6)改造项目采用技术汇总

根据上述统计内容，将各类建筑改造技术的统计信息进行汇总，见表 3.5。

表 3.5 重庆市公共建筑节能改造技术实施率

各系统节能技术 \ 建筑类型		办公建筑	宾馆饭店建筑	商场建筑	文化教育建筑	医疗卫生建筑
系统	单项技术	实施率/%	实施率/%	实施率/%	实施率/%	实施率/%
照明系统	灯具替换	100.00	100.00	100.00	100.00	100.00
	加装智能节电插座	41.18	12.77	8.00	8.57	6.06
	替换开水器	—	—	—	—	12.12
空调系统	替换分体式空调	38.24	2.13	—	25.71	45.45
	水泵变频	5.88	40.43	36.00	2.86	39.39
	风系统变频	5.88	17.02	64.00	—	—
	采暖锅炉余热回收	—	8.51	—	—	6.06
动力系统	电梯能量回馈	38.24	31.91	12.00	5.71	42.42
供配电系统	三相负荷平衡	26.47	—	—	28.57	—
特殊用能系统	燃气灶改造	14.71	40.43	—	22.86	21.21
	厨房抽油烟机变频	—	29.79	—	8.57	18.18
	锅炉余热回收	—	29.79	—	—	9.09

3.5 典型案例介绍

根据已有的项目信息，在宾馆饭店建筑和医疗卫生建筑中各筛选出一个具有代表性的项目，作为节能改造的典型案例进行介绍。

3.5.1 酒店

1. 节能改造项目概述

某酒店为一类高层建筑，建筑主体为框架-剪力墙结构，建筑总体标高 99m。总体楼层设置共 30 层，地下 2 层，地上 28 层。大楼的功能分区包括车库、酒店、客房、餐厅、康体健身、酒店办公、设备层等，总改造区域建筑面积为 6.4 万 m^2；空调、采暖面积约为 39 491m^2。

2. 节能改造诊断内容

通过对酒店的能耗分析、对竣工图的核查和现场勘察分析，诊断出该建筑用能方面存在的问题见表 3.6。

表 3.6　酒店节能诊断结果

序号	项目	分项	存在问题
1	照明系统	照明质量标准	建筑的照明照度高于国家规范，部分区域如客房的照度超过标准较多，照明能耗较高
		照明设备	客房照明的部分调光设备还使用光效低的球泡灯，装饰照明采用的 T5 荧光灯仍可以提升光效
2	空调系统	空调系统冷源	冷源与空调系统末端、水泵三者的集成度不高，监测参数单一，控制方式单一，不能及时反馈房间信息而做出温度、流量调整。公寓空调主机制冷效率偏低
		水系统	二次泵变频控制系统瘫痪，不能根据末端负荷做出频率变化，增加泵组在部分负荷下的运行能耗。冷却泵选型偏大，造成泵组运行能耗增加。系统存在管路水力失调的问题，造成末端冷、热不均
		风系统	末端设备运行方式单一，监测点位单一，末端信息反馈量少，无法与主机、泵组三者完成联动控制
		采暖热源	热源产生的烟气余热直接排至室外，造成热量浪费，降低了燃气热功效率
3	动力系统	生活热水系统	热源产生的烟气余热直接排至室外，造成热量浪费，降低了燃气热功效率
		电梯	电梯制动能量未进行收回，产生多余的机械能转变为热量，造成部分能量浪费
4	特殊用能系统	灶心	原有灶心燃烧效率较低，不节能

3. 节能改造实施方案

根据诊断出的用能问题，对酒店改造方案进行设计，确定节能改造内容为照明系统、空调系统、动力系统及特殊用电系统，改造的主要内容和区域见表 3.7。

表 3.7　酒店节能改造实施方案

改造项目	改造内容	改造区域
能耗分项计量	设置电能分项计量装置，实时监测照明用电、空调用电、特殊用电、动力用电的能耗数据	配电室
照明系统	将原有灯具替换为高效节能的 LED 灯具；更换原插座为节能插座	客房、餐厅、过道、大厅等
空调系统	进行冷热水机组运行控制方式改造；更换扬程偏大的冷却水泵，对水泵加装变频装置；对末端空气处理机组风机加装变频装置；对采暖锅炉加装余热回收装置	酒店大堂吧、前厅接待处、宴会贵宾接待厅、宴会大厅等
动力系统	对电梯加装电能回馈装置；对热水锅炉加装余热回收装置	电梯、酒店大堂、前厅接待处、大堂副经理处等
特殊用能系统	将原灶心替换为节能灶心	厨房

4. 节能改造后节能率

对酒店实施节能改造后，根据能耗账单计算出该项目改造后的节能量与节能率，见表 3.8。

表 3.8 酒店节能改造工程节能量及节能率汇总

改造项目	改造前能耗/[(kW·h)/年]	改造后能耗/[(kW·h)/年]	分项改造节能量/[(kW·h)/年]	分项改造节能率/%	分项改造总节能率/%	总节能量/[(kW·h)/年]	总节能率/%
照明系统	4 893 597	3 690 135	1 203 462	24.59	13.04	1 972 274	21.38
动力系统	174 343	109 761	64 582	37.04	0.7		
空调系统	3 172 305	2 549 425	622 880	19.63	6.7		
特殊用能系统	984 254.2	902 903.9	81 350.2	8.2	0.88		

对比改造前后 3 个月的能耗账单，分析酒店改造后的实际节能率，见表 3.9。

表 3.9 改造前后能耗账单对比

月份	2014～2015 年/(kW·h)	2017 年/(kW·h)	节能量/(kW·h)	总实际节能率/%	节能率核算值/%
7	963 601.6	707 858.87	255 742.79	21.35	21.38
8	958 703.5	752 174.82	206 528.7		
9	791 843.0	674 627.10	117 215.93		
合计	2 714 148.2	2 134 660.79	579 487.4		

该项目的节能率核算值为 21.38%，与实际账单节能率十分接近，这表明项目改造后取得了较好的节能效果。

3.5.2 医院

1. 节能改造项目概述

某医院总建筑面积 54 849.67 m²。主楼采用集中式空调系统，建筑面积 23 653.47m²，共 20 层，楼高 72m；1 号楼建筑面积 4 343.28m²，共 6 层，楼高 21.6m；住院部和门诊部建筑面积共 26 852.92m²，楼高分别为 18m 和 10.8m。医院主要能源形势为电能，其中电力主要提供给空调系统、照明系统、室内设备系统、特殊用能系统；此外还有用水需要，水资源主要满足楼层各区域日常的生活与清洁用水需求。

2. 节能改造诊断内容

通过对医院的能耗分析、对竣工图的核查和现场勘察分析，诊断出该项目用能方面存在的问题如见表 3.10。

表 3.10　医院节能诊断结果

序号	项目	分项	存在问题
1	照明系统	照明质量标准	各个区域照明功率密度值大部分超出限值
		照明设备	各个区域功率密度较大
2	空调系统	水系统	集中式空调水系统存在“大流量、小温差”现象
		分体式空调	部分老旧分体式空调已不满足现行能效标准
3	动力系统	电梯	电梯制动能量未进行收回，产生多余的机械能转变为热量，造成部分能量浪费

3. 节能改造实施方案

医院本次节能改造主要涉及照明系统、空调系统、动力系统，改造的主要内容和区域见表 3.11。

表 3.11　医院节能改造实施方案

序号	改造项目	改造内容	改造区域
1	能耗分项计量	设置电能分项计量装置，实时监测照明用电、空调用电、特殊用电、动力用电的能耗数据	配电室
2	照明系统	将原有灯具替换为高效节能的 LED 灯具	办公室、病房、公共区域、会议室
3	空调系统	对中央空调系统安装中央空调智能控制系统；对水泵进行变频控制；替换原有老旧分体式空调	制冷机房、住院部及门诊部
4	动力系统	对电梯加装电能回馈装置	住院大楼、裙楼

4. 节能改造账单节能率

对医院实施节能改造后，根据能耗账单计算出该项目改造后的节能量与节能率，见表 3.12。

表 3.12　医院节能改造工程节能量及节能率汇总

改造项目	改造前能耗/[(kW·h)/年]	改造后能耗/[(kW·h)/年]	分项改造节能量/[(kW·h)/年]	分项改造节能率/%	分项改造总节能率/%	总节能量/[(kW·h)/年]	总节能率/%
照明系统	1 843 596	777 141	1 066 455	57.84	16.4	1 348 321.6	20.64
动力系统	967 303	957 558.98	9 744.02	1	0.14		
空调系统	2 955 214	2 683 091.33	272 122.67	9.2	4.1		
特殊用能系统	—	—	—	—	—		

对比改造前后3个月的能耗账单，分析医院改造后的实际节能率，见表3.13。

表3.13　改造前后能耗账单对比

<table>
<tr><th>月份</th><th>2014～2015年
/(kW·h)</th><th>2017年
/(kW·h)</th><th>节能量
/(kW·h)</th><th>总实际
节能率/%</th><th>节能率
核算值/%</th></tr>
<tr><td>4</td><td>417 887.5</td><td>416 380</td><td>1 507.5</td><td rowspan="4">9.09</td><td rowspan="4">20.64</td></tr>
<tr><td>5</td><td>462 962.5</td><td>365 775</td><td>97 187.5</td></tr>
<tr><td>6</td><td>542 202.5</td><td>511 420</td><td>30 782.5</td></tr>
<tr><td>合计</td><td>1 423 052.5</td><td>1 293 575</td><td>129 477.5</td></tr>
</table>

该项目的节能率核算值为20.64%，而实际节能率仅有9.09%，主要原因是改造完成后建筑使用人数增加，造成能耗增加，这类情况较常出现在医疗卫生建筑中。因此需要对能耗进行修正，修正后该项目节能率为24.6%，与核算值较为接近。

3.6　附　　表

截至2017年12月底，重庆市已改造完成并且通过验收核定的项目共计180个，项目类型和面积信息见表3.14。

表3.14　已完成节能改造项目统计

序号	项目类型	核定面积/m²	节能率/%	序号	项目类型	核定面积/m²	节能率/%
1	办公	30 940	20.37	21	办公	6 412	24.04
2	办公	19 675.7	20.34	22	办公	22 774	21.15
3	办公	8 345	20.20	23	办公	29 565	20.13
4	办公	3 902.4	11.97	24	办公	12 494	22.21
5	办公	95 898	20.22	25	办公	62 471.79	23.25
6	办公	8 588	20.96	26	办公	117 257.8	21.28
7	办公	20 422	20.16	27	办公	43 931.9	21.29
8	办公	34 968	20.71	28	办公	18 185.94	20.28
9	办公	26 860	21.86	29	办公	21 105.15	21.08
10	办公	42 471	20.16	30	办公	26 716	22.23
11	办公	11 657	21.21	31	办公	23 543	20.11
12	办公	43 706	20.27	32	办公	69 727	25.80
13	办公	2 766.001	13.28	33	办公	26 311.84	22.66
14	办公	38 864	21.24	34	宾馆饭店	20 306	19.13
15	办公	48 000.18	21.35	35	宾馆饭店	25 541.7	20.55
16	办公	10 460	20.50	36	宾馆饭店	17 933	20.74
17	办公	59 237	20.35	37	宾馆饭店	23 000	32.66
18	办公	46 540	20.30	38	宾馆饭店	20 665.97	21.11
19	办公	31 847	12.63	39	宾馆饭店	34 966	22.24
20	办公	35 519.1	20.75	40	宾馆饭店	31 894.21	17.03

续表

序号	项目类型	核定面积/m²	节能率/%	序号	项目类型	核定面积/m²	节能率/%
41	宾馆饭店	13 053	24.00	78	宾馆饭店	17 512	23.18
42	宾馆饭店	10 940.67	20.96	79	宾馆饭店	45 693	20.37
43	宾馆饭店	46 549	23.70	80	宾馆饭店	53 417.55	20.63
44	宾馆饭店	46 445	22.95	81	宾馆饭店	45 676	20.39
45	宾馆饭店	29 018.49	20.93	82	宾馆饭店	22 500	29.50
46	宾馆饭店	40 666.7	23.29	83	宾馆饭店	50 100	20.05
47	宾馆饭店	45 470	24.34	84	商场	15 300.39	20.24
48	宾馆饭店	53 392.91	21.34	85	商场	121 498	27.78
49	宾馆饭店	45 588	20.38	86	商场	160 000	20.11
50	宾馆饭店	97 424.5	21.64	87	商场	31 500	22.10
51	宾馆饭店	23 682.5	22.67	88	商场	190 116	20.81
52	宾馆饭店	30 840	22.39	89	商场	8 335.76	11.60
53	宾馆饭店	62 054.35	21.56	90	商场	37 194	20.72
54	宾馆饭店	29 367.2	20.98	91	商场	38 579	20.61
55	宾馆饭店	46 854	23.70	92	商场	20 800	23.60
56	宾馆饭店	22 138	22.28	93	商场	20 890	21.01
57	宾馆饭店	21 815	23.82	94	商场	29 260	21.87
58	宾馆饭店	47 950	22.94	95	商场	16 902	21.79
59	宾馆饭店	31 862.01	26.24	96	商场	12 136	20.50
60	宾馆饭店	24 224.77	21.82	97	商场	43 734	21.26
61	宾馆饭店	31 998.4	21.06	98	商场	19 143	20.51
62	宾馆饭店	64 136	21.32	99	商场	19 703	22.41
63	宾馆饭店	30 244	21.76	100	商场	26 247	20.06
64	宾馆饭店	95 250	22.11	101	商场	24 173.73	23.48
65	宾馆饭店	60 250	22.95	102	商场	20 100	20.77
66	宾馆饭店	23 775	21.09	103	商场	9 072	22.60
67	宾馆饭店	28 559.25	24.05	104	商场	10 450	21.87
68	宾馆饭店	37 949.88	23.49	105	商场	38 222	22.50
69	宾馆饭店	79 869.7	21.55	106	商场	18 306	20.04
70	宾馆饭店	40 500	20.26	107	商场	25 707.66	21.79
71	宾馆饭店	16 000	20.55	108	商场	98 960	20.02
72	宾馆饭店	53 200	20.34	109	商场	12 408	21.56
73	宾馆饭店	21 883.89	21.29	110	商场	12 135.97	20.50
74	宾馆饭店	60 855	21.58	111	商场	21 133	21.02
75	宾馆饭店	47 698	20.96	112	文化教育	126 935.8	21.41
76	宾馆饭店	26 872	21.05	113	文化教育	42 443	20.33
77	宾馆饭店	35 180	20.70	114	文化教育	30 245.74	20.50

续表

序号	项目类型	核定面积/m²	节能率/%	序号	项目类型	核定面积/m²	节能率/%
115	文化教育	117 159.3	20.86	148	医疗卫生	24 086.3	21.49
116	文化教育	33 641	13.76	149	医疗卫生	10 475	23.75
117	文化教育	9 736.5	21.67	150	医疗卫生	11 000	20.80
118	文化教育	13 965.87	20.46	151	医疗卫生	8 054	20.20
119	文化教育	50 007.21	22.94	152	医疗卫生	12 541.29	15.71
120	文化教育	32 705.7	20.35	153	医疗卫生	50 957	21.84
121	文化教育	23 852.7	21.75	154	医疗卫生	49 270	20.11
122	文化教育	34 913.5	20.34	155	医疗卫生	99 836	21.99
123	文化教育	57 344.49	10.19	156	医疗卫生	29 462	20.06
124	文化教育	45 941.5	24.78	157	医疗卫生	21 118	26.47
125	文化教育	107 951	21.11	158	医疗卫生	28 765	20.18
126	文化教育	39 603	21.40	159	医疗卫生	137 721	22.80
127	文化教育	143 438.8	22.89	160	医疗卫生	73 680	21.48
128	文化教育	61 653	24.64	161	医疗卫生	53 450	20.16
129	文化教育	29 409.5	21.23	162	医疗卫生	29 064.55	23.34
130	文化教育	13 550	25.10	163	医疗卫生	18 027.97	20.31
131	文化教育	23 565.37	26.70	164	医疗卫生	10 239.25	20.62
132	文化教育	30 959.52	27.60	165	医疗卫生	48 200	20.54
133	文化教育	14 277.44	24.00	166	医疗卫生	38 911.01	21.44
134	文化教育	166 904	21.95	167	医疗卫生	14 336	20.58
135	文化教育	67 249.11	20.17	168	医疗卫生	51 359	20.13
136	文化教育	11 251.96	14.18	169	医疗卫生	46 237	20.18
137	文化教育	49 271	28.75	170	医疗卫生	58 300	20.01
138	文化教育	12 542	20.48	171	医疗卫生	57 550	22.25
139	文化教育	16 031	24.08	172	医疗卫生	62 385.17	22.03
140	文化教育	35 012	20.36	173	医疗卫生	54 809	20.64
141	文化教育	146 827	20.49	174	医疗卫生	28 396.43	22.60
142	文化教育	20 326	20.37	175	医疗卫生	61 381	20.14
143	文化教育	12 945	20.56	176	医疗卫生	26 007.49	20.25
144	文化教育	25 600	20.30	177	医疗卫生	239 394	21.74
145	文化教育	33 654	26.65	178	医疗卫生	178 429.9	22.21
146	文化教育	43 320	21.30	179	医疗卫生	37 883	22.31
147	医疗卫生	10 028.02	20.27	180	医疗卫生	41 994	23.82

作者：重庆大学　丁勇，胡熠
重庆市建设技术发展中心　赵辉，杨修明，杨元华
重庆市设计院　戴博，谢崇实

第 4 章　重庆市建筑节能协会绿色建材评价标识 2017 年度工作总结

4.1　积极开展绿色建材评价标识相关政策和标准的宣贯培训

2017 年重庆市建筑节能协会积极配合重庆市城乡建设委员会开展绿色建材评价标识宣贯工作，做好绿色建材评价标识相关政策和标准的宣传培训，积极引导会员企业申报绿色建材评价标识。协会分行业多次组织开展 2017 年绿色（节能）建材行业调研工作会，对绿色建材评价标识相关政策和标准都进行了详细讲解，积极帮助符合条件的企业尽快完成绿色建材评价标识申报，同时帮助企业进行技术提升，完善自身建设，积极向绿色建材企业靠拢，尽早完成申报工作。

4.2　开展预拌混凝土绿色建材评价标识工作

为落实《重庆市城乡建设委员会重庆市经济和信息化委员会关于印发〈重庆市绿色建材评价标识管理办法〉的通知》（渝建发〔2016〕38 号）的要求，大力发展绿色建材，推进建材工业供给侧结构性改革，有力支撑绿色建筑发展，在前期对部分预拌混凝土企业试评价的基础上，重庆市城乡建设委员会发布了关于开展 2017 年预拌混凝土绿色建材评价标识工作的通知、《重庆市绿色建材分类评价技术导则——建筑砌块（砖）》和《重庆市绿色建材分类评价技术细则——建筑砌块（砖）》的通知。在此期间共有 20 家预拌混凝土企业申报了重庆市绿色建材评价标识，协会主持并完成 4 家预拌混凝土企业的绿色建材评价工作。于 2017 年 11 月 24 日完成了重庆汉信新型建材有限公司、重庆鑫益成建筑材料有限公司申报预拌混凝土绿色建材评价标识工作，其中重庆汉信新型建材有限公司评审结果达到三星级绿色建材，重庆鑫益成建筑材料有限公司评审结果达到二星级绿色建材；于 2017 年 12 月 13 日完成了重庆市涪陵区大业建材有限公司、重庆驰旭混凝土有限公司申报预拌混凝土绿色建材评价标识工作，评价结果均达到三星级绿色建材。在评价过程中，协会工作人员积极协助企业完成申报工作，并组织专家对企业进行现场考察。

4.3 重庆绿色建材评价标识公共服务平台开发成功上线

由重庆市建筑节能协会研发的绿色建材评价软件已于2017年6月开发完成，2017年7月调试运行，2017年8月1日正式上线运行。该软件开发完成后，其正式名称定为绿色建材评价标识公共服务平台1.0版，已按市科委项目任务书要求完成各阶段的工作任务要求。目前已在重庆市城乡建设委员会和重庆市经济和信息化委员会的绿色建材评价标识工作中正式使用，其中预拌混凝土已开展第一批、第二批的绿色建材评价，共30余家；建筑砌块的绿色建材评价也已启动，共20余家。其大大提高了工作效率，增强了评价工作的公正性、透明性，获得了申报企业、评价专家等各方面的好评。

绿色建材评价标识公共服务平台1.0版将通过Web站点的形式对社会提供绿色建材标识评价服务，域名为http：//www. cqlsjcpjbs. org，共涉及平台方、评审机构、评审专家、申报企业、普通用户五个角色。平台方负责平台的统一管理及行业相关信息发布；评审机构主要负责绿色建材标识评价资料的受理并组织专家评审；评审专家接受评审机构的分工、对绿色建材标识评价资料预评分和现场复核后最终评分；申报企业可通过平台进行绿色材料标识评审相关资料的提交，并查看评审进度、评审结果；普通用户可通过平台查看行业相关信息资料、专家信息、评审机构信息、绿色建材信息及相关的评审信息等。同时，平台可对项目的评审专家通过自动化程序进行随机分配或手动指定，保证评审公平、公正，并对整个评价过程中的资料进行存档备查，保持评价结果的可追溯性。

为增强软件的实用性，协会工作人员于2017年9～10月在工作日时间对其他三家评价机构和申报绿色建材评价标识企业进行了评价软件的培训沟通工作；2017年12月邀请三家机构人员参与了协会组织的评价会，协会进一步落实评价软件升级改造的意见，为重庆绿色建材评价标识工作锦上添花。

作者：重庆市建筑节能协会　曹勇，沈小娟，张仕永

技 术 篇

第5章　重庆市绿色建筑发展技术路线

5.1　重庆市气象资源报告

5.1.1　基本地形气候特点

重庆市位于青藏高原与长江中下游平原之间过渡地带的四川盆地的东南部。地势由西向东逐步升高，从南北向长江河谷倾斜，跨东经105°11′～110°12′，北纬28°10′～32°15′，东与陕西、湖北、湖南交界，南靠贵州，西、北面与四川接壤。地貌形态复杂多样，以丘陵、山地为主。北部、东部及南部分别有大巴山、巫山、武陵山、大娄山环绕。东西长约470km，南北宽约450km，总面积8.24万km^2。特殊的地理位置，使其既受东亚季风和印度季风的影响，又受青藏高原环流系统等多重气候系统的影响[1,2]，天气气候异常复杂。夏季不同程度地受到西太平洋副热带高压和青藏高压的影响，当副热带高压偏强、偏西偏北时，重庆地区位于副热带高压的控制之中，容易出现高温伏旱，形成了夏长酷热多伏旱的气候特点[3,4]，是我国高温伏旱的主要发生区域之一。重庆市最热月平均气温30～32℃，最冷月平均气温8～10℃。重庆市年平均降水量较丰富，大部分地区在1 000～1 350mm，降水多集中在5～9月，占全年总降水量的70%左右。年平均相对湿度多在70%～80%，在全国属高湿区，属典型的夏热冬冷型气候。重庆夏季气温较高，持续时间2个月左右，冬季气温较低，持续时间1个多月，夏季最高温度可达到39～42℃，冬季最低温度0～4℃。全年相对湿度较高，月平均相对湿度均高于60%，高相对湿度是造成重庆地区冬季阴冷、夏季闷热的主要原因之一[5]。图5.1～图5.4为重庆市各

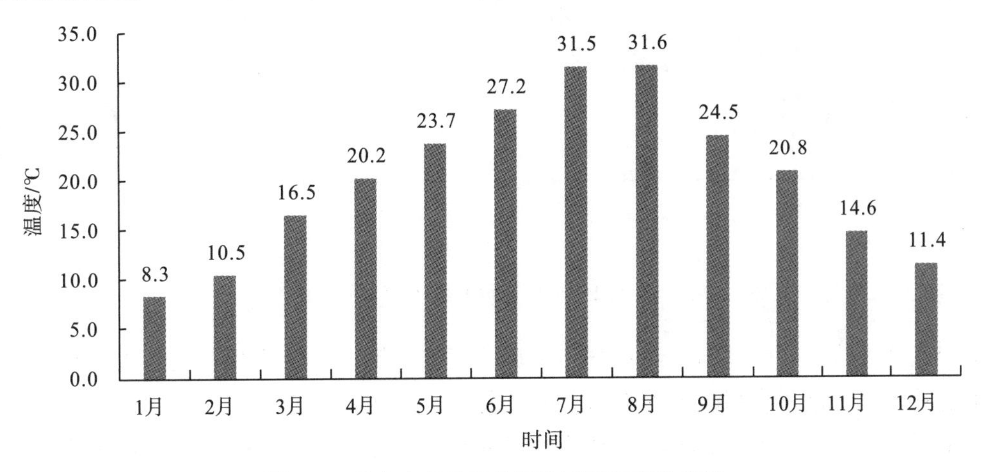

图5.1　重庆市各月平均室外干球温度分布图

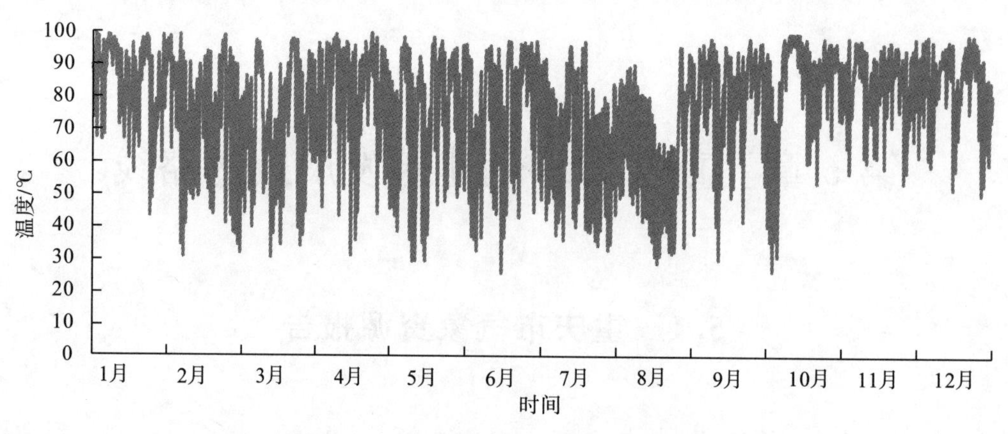

图 5.2 重庆市全年室外干球温度变化图

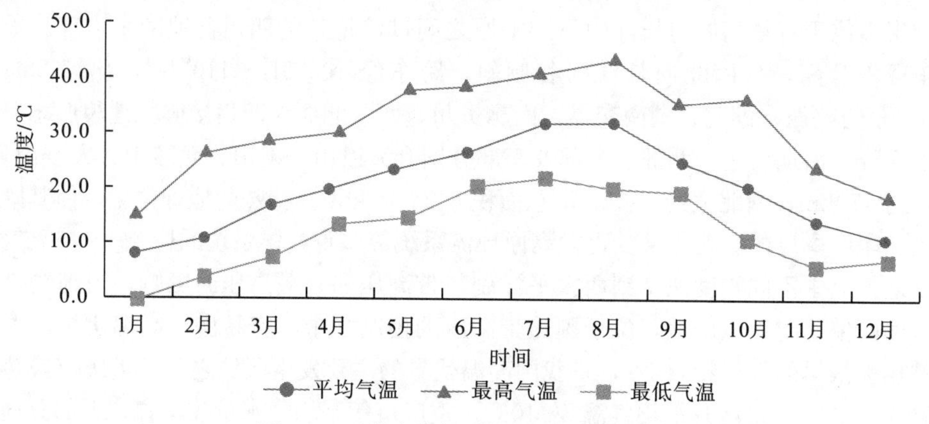

图 5.3 重庆市全年室外相对湿度变化图

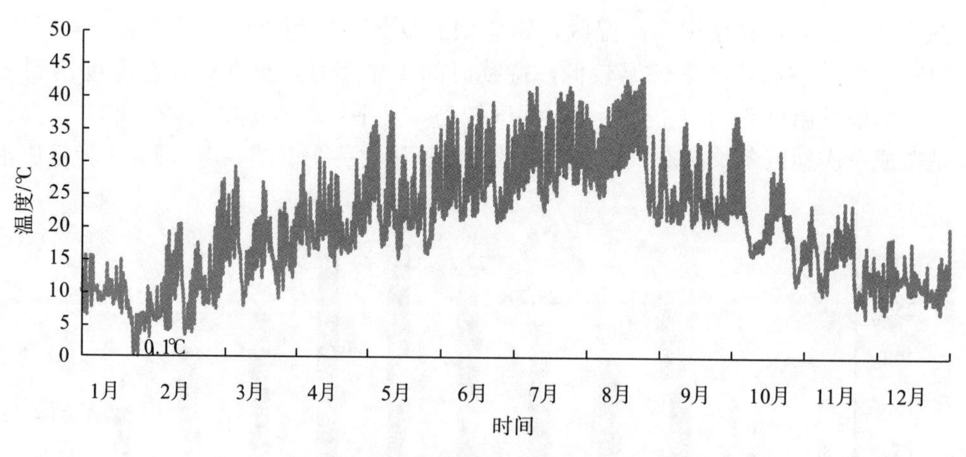

图 5.4 重庆市逐月温度变化图

月平均室外干球温度分布图、全年室外干球温度变化图、全年室外相对湿度变化图和重庆市逐月温度变化图，测试数据来源于重庆大学第三教学楼气象站。

由图 5.1~图 5.4 可以看出，重庆市全年室外气温波动较大。冬季日平均温度最低约为 5.5℃，夏季日平均温度最高约为 31.7℃。最冷月 1 月平均温度 8.3℃，最高气温 15.5℃，最低气温0.1℃；最热月8月平均温度31.6℃，最高气温高达43.0℃，最低气温20.6℃。

5.1.2　风力资源

采用候温法可以明显地将重庆划分为四季[6]，其中3～5月为春季，6～8月为夏季，9～11月为秋季，12月～翌年2月为冬季。通过整理《中国建筑热环境分析专用气象数据集》的风资源气象参数，并结合重庆大学第三教学楼气象站实测数据，对重庆地区风力资源情况整理如下。

1. 春季(3～5月)

春季是大气环流型由冬到夏的转换季节，低层环流形势表现为冬、夏季的主要大气活动中心并存。由于我国是大陆性季风环流，大陆的热力因素起主导作用，所以大气环流的季节转换从下层开始。春季50kPa以上的环流基本上仍是冬季形势，南支西风位置变化不大，北支西风稍有北退；但低层85kPa以下则开始出现夏季环流形势。入春以后，随着太阳辐射日益增强，地面和空气的温度不断增高，蒙古高压强度减弱，并向西收缩；蒙古气旋频繁出现，发展强烈，形成南高北低的气压场春季。而随着气温的逐渐升高，蒙古高压和阿留申低压明显减弱北退，低纬度地区的印度低压已经出现并向东北方向伸展，太平洋西部也由副热带高压所控制。

对于重庆地区，在4月的5 500m高空的平均位势高度场上，东亚大槽变得很浅，副热带高压也随之北移。在春季环流形势下，重庆市的气候特点表现为气温回暖快，但不稳定，起伏大，寒潮、大风、冰雹等灾害性天气较频繁，重庆在2月末到3月初进入春季，比同纬度的武汉、南京等地约早一个月，随着气温回升，暖空气活跃。

春季，各个城市已经转暖，建筑对风力的要求主要体现在建筑通风，满足人们对建筑室内空气品质及对新风量的要求上。对于风力资源比较丰富的地区，只要建筑布局合理，仅仅依靠自然通风就能达到改善建筑室内热湿环境的目的，而对于风力资源一般的城市，则需要辅助通风。如图5.5所示，通过对重庆市年风向、风速数据的统计，93.35%的时间风速为$0\leqslant V<0.5$m/s，5.80%的时间风速为0.5m/s$\leqslant V\leqslant$1m/s，大于1m/s的风速只占0.85%的时间，这说明重庆春季温度上升，气流活动较冬季活跃，风速

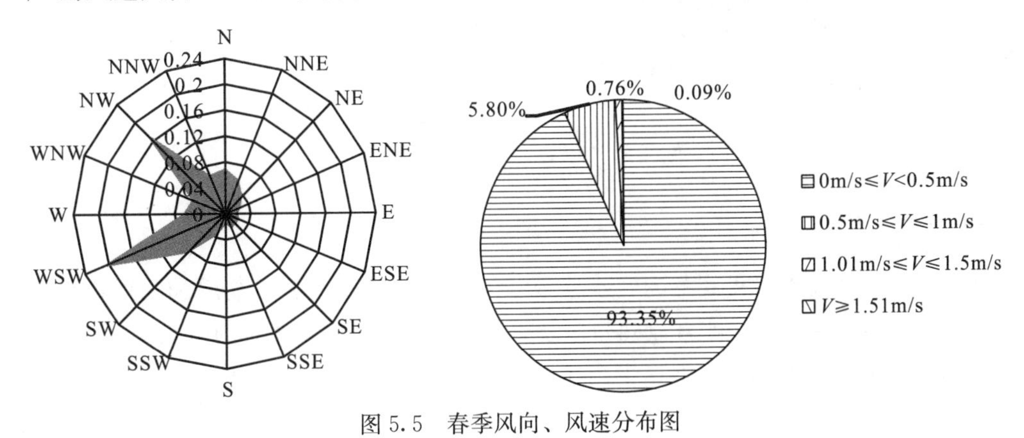

图5.5　春季风向、风速分布图

大的时间明显增多。从风力等级上看，春季重庆地区的风力资源在风力等级上属于 2 级轻风及以下水平，陆地物象是感觉有风。故春季风力资源是比较匮乏的，要想应用这个风力资源改善室内热湿环境，必须辅助其他措施。风力资源用途为自然通风或者辅助通风。从风向来看，重庆春季主要风向为西北风、西南风。

2. 夏季(6~8 月)

夏季，印度低压和西太平洋副热带高压成为影响东亚夏季天气气候变化的两个大气活动中心。在 7 月海平面平均气压场上，随着大陆的增暖，印度低压发展并控制了整个亚洲大陆，西太平洋副热带高压向北扩展并向大陆西伸达到全年最盛时期。在 7 月的 5 500m 高空的平均位势高度场上，中高纬地区环流比较平直，贝加尔湖地区为一低压槽区，中低纬地区主要为副热带高压控制，脊线北跃到北纬 25°附近。在夏季环流影响下，重庆市的气候表现出高温高湿、降雨分布不均等特点。

夏季，除了风力资源用作通风外，还要进行建筑规避，在中午或者炎热的天气避免室外热空气进入室内，然而在傍晚或者阴雨天则可以采用自然通风或者机械辅助通风来改善建筑室内的热湿环境。从图 5.6 可以看出，夏季主导风向为西南风。85.12%的时间风速为 $0 \leqslant V < 0.5\text{m/s}$，而 12.15%的时间风速为 $0.5\text{m/s} \leqslant V \leqslant 1\text{m/s}$，大于 1m/s 的风速占 2.73%的时间，该季节较其他季节最明显的特点是大风点的个数是各季节中最多的，在风力等级上，与春季是一致的。故夏季风力资源是比较匮乏的，在晴朗的白天，应该阻止室内外风速的流通，避免室外热空气进入恶化室内热湿环境及增加制冷能耗，但在晚上、阴天或者阴雨天应尽量增加室内外空气流通，同样，要想在该季节应用风力资源改善室内热湿环境，必须辅助其他措施。风力资源用途为注意建筑规避，在中午或者炎热的天气避免室外热空气进入室内，在傍晚或者阴雨天采用自然通风或者机械辅助通风。

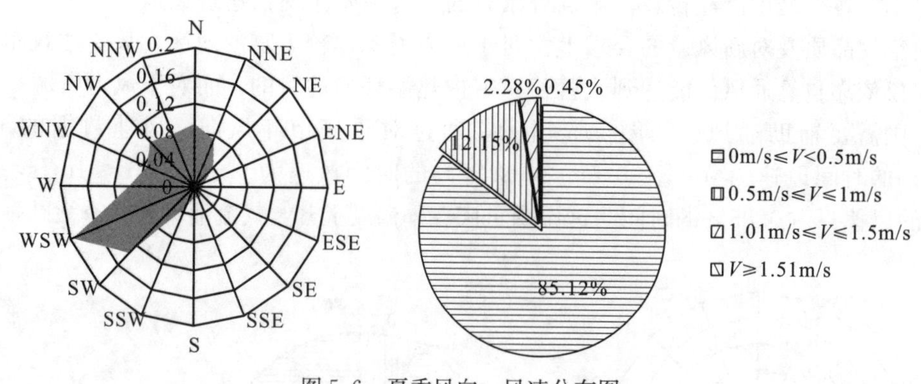

图 5.6　夏季风向、风速分布图

3. 秋季(9~11 月)

秋季是大气环流型自夏到冬的转换季节。夏季不太活跃的蒙古高原和阿留申低压又开始活跃，印度低压和西太平洋副热带高压开始明显衰退。在 10 月的 5 500m 高空的平均位势高度场上，西风北移，副热带高压随之减弱南撤到海上，其北方冷空气活动较为频繁。

秋季气温已经转凉，建筑对风力的要求主要体现在建筑通风，满足人们对建筑室内空气品质及对新风量的要求上。对于风力资源比较丰富的地区，只要建筑布局合理，仅仅依靠自然通风就能达到改善建筑室内热湿环境的目的，而对于风力资源一般的城市，则需要辅助通风。由图5.7可以看出，重庆秋季主导风向为西南风、西北风。在风速方面，98.20%的时间风速为$0 \leq V < 0.5$m/s，而大于0.5m/s的风速占1.80%的时间。故秋季风力资源比春夏季还要匮乏，与春季同样的道理，要想应用这个风力资源改善室内热湿环境，必须辅助其他措施。风力资源用途为自然通风或者辅助通风。

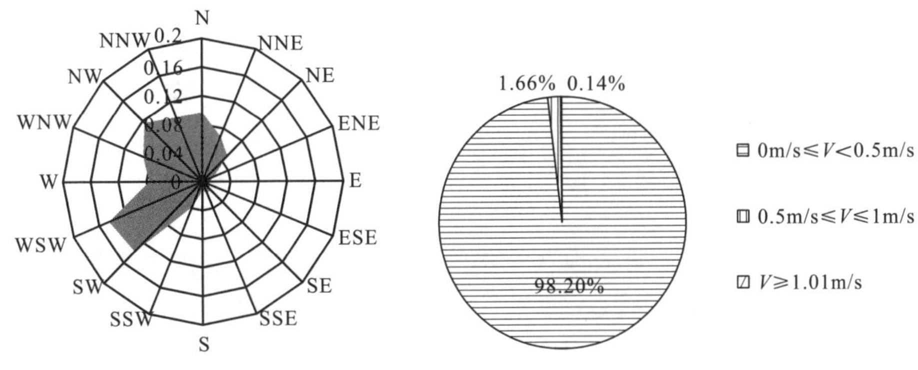

图5.7　秋季风向、风速分布图

4.　冬季(12月～翌年2月)

据相关资料显示，蒙古高原和阿留申低压是冬季影响东亚的两个大气活动中心。在代表冬季的1月海平面平均气压场上，整个亚洲大陆完全为强大的蒙古冷高压所控制，同时，阿留申低压控制着整个北太平洋，而副热带高压则已退缩到太平洋东南部。我国上空基本上受西风气流控制。沿青藏高原南侧经我国东部沿海到日本是一支稳定的南支西风急流，在我国新疆北部、内蒙古、华北上空是北支西风急流，重庆市处于蒙古高原的前部，地面受偏北气流控制。在5 500m高空的平均位势高度场上，与阿留申低压和蒙古高压相配合的是东亚大槽和乌拉尔高压脊。重庆市位于槽后脊前，受西北气流控制，常常引导冷空气南下。

从图5.8也可以明显看出，重庆冬季主要受西南气流控制，在99.01%的时间风速为

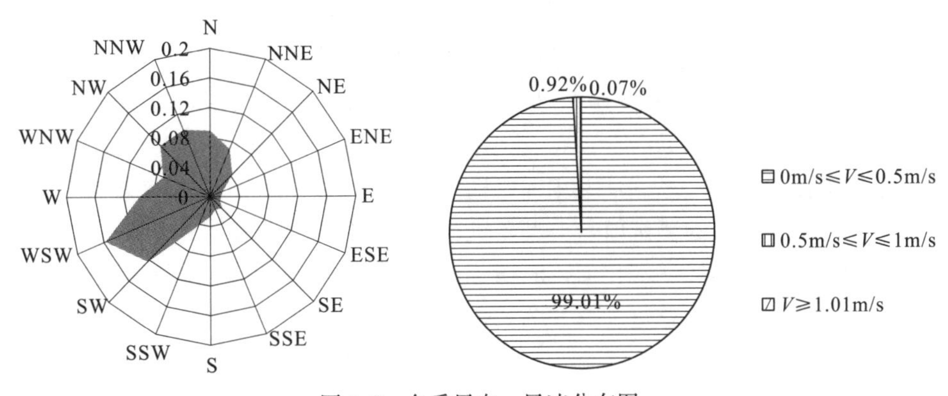

图5.8　冬季风向、风速分布图

$0 \leqslant V < 0.5$m/s，而大于 0.5m/s 的风速只占 0.99%的时间。上述数据说明冬季重庆的风力资源匮乏，这对建筑规避室外气流进入室内极为有利。风力资源用途为注意建筑的规避，避免室外冷空气进入室内。

5.1.3 太阳能资源

据相关气象资料统计，重庆地区年辐射总量为 3 400～4 180MJ/m^2，年日照时数为 1 000～1 400h，年百分率为 25%～35%，属于四类地区。重庆地区 3～10 月太阳能辐射量都很充足，夏季太阳辐射量最大，春季和秋季次之，冬季最小。东段较多在 3 500MJ/m^2 以上，巫溪、奉节等地最多在 3 700MJ/m^2 以上，中西段较少在 3 500MJ/m^2 以下，其中重庆主城区在 3 400MJ/m^2 左右。

1. 太阳日总辐射年变化

从图 5.9 中可以看到，重庆地区全年的太阳日总辐射年变化波动很大，在 0～30MJ/m^2，全年处于不稳定的状态，连续日照时数不长，这与重庆地区全年多阴天、多雾气、雨季长、夏季酷热、冬季湿冷的气候特征有关。尤其是在冬季，阴天多雾，只有几天可以见到太阳，但在夏季，太阳辐射很强烈，最高的日总辐射可以达到 28MJ/m^2。从图 5.9 中可以看到，太阳辐射较好的时间段为 5～9 月。这说明重庆地区的太阳辐射有很明显的时段性。这对太阳能资源的全年利用十分不利，但可以考虑分时段利用。

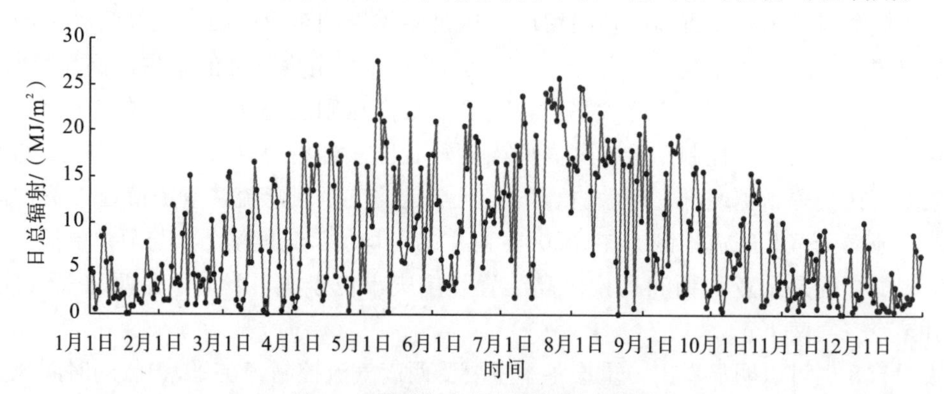

图 5.9 典型年太阳日总辐射变化图

通过重庆大学第三教学楼太阳能辐射站实测数据得到 2016 年 3 月 7 日～2017 年 3 月 6 日的重庆地区全年日太阳辐照量变化图（图 5.10）。全年平均日太阳辐照量为 10.13MJ/m^2，最大值为 27.99MJ/m^2，最小值为 0.44MJ/m^2，全年有 149 天高于全年平均值，日期集中在 5～8 月。全年日太阳辐照量方差为 67.07MJ/m^2，波动较大。

将水平面太阳辐照量的测试值与典型年进行对比，结果如图 5.11 所示。由二者对比图可知，二者全年变化趋势基本相似，5～8 月实测值要比典型年值大一些，其他月份相差较小。实测年的太阳辐照总量为 3 697.8MJ/m^2，而典型年为 3 058.5MJ/m^2，实测值比典型年大 20.9%。本次测试除 5～8 月的资源情况与典型年有一定的偏差，其余月份的测试结果与重庆地区太阳能资源真实情况相近。

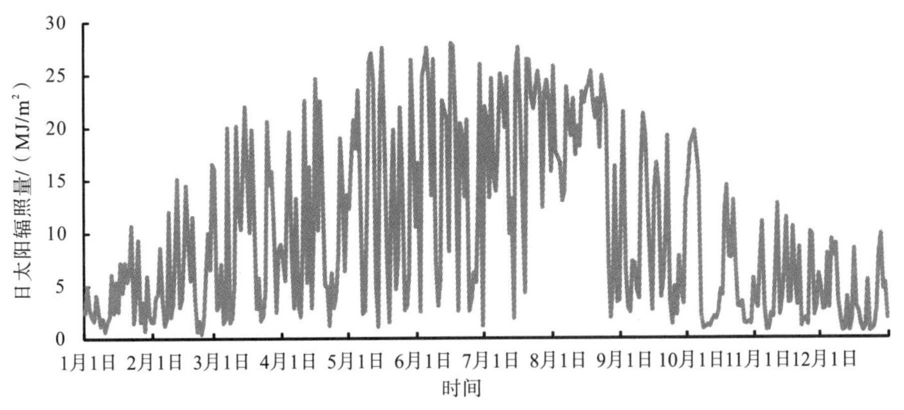

图 5.10　实测全年日太阳辐照量变化图

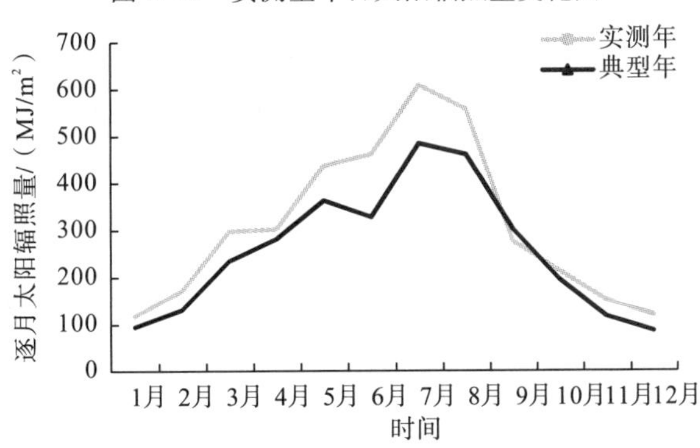

图 5.11　实测逐月太阳辐照量同典型年对比

2. 太阳能资源等级

从图 5.12 中可以知道，7、8 月的太阳辐射达到三级的天数是全年中最大的，而且在该月中所占的比例在 50%以上，分别为 18 天和 23 天，58.1%和 74.2%，这说明重庆地区的太阳能资源夏强冬弱，其中 7、8 月是全年中太阳辐射最强的时间，而且这段时间也是全年比较热的时间段，因此可以考虑利用太阳能制冷、太阳能光电等太阳能资源的利用技术来缓解此时的用电高峰期。而 11、12、1 月的太阳辐射连四级的都没有，说明这三个月的太阳辐射量是相当小的，对于太阳能资源的利用、开发存在很大的难度，从经济上来说成本很高。因此综合来说，春夏两季的太阳辐射能是比较大的，冬季的非常小。

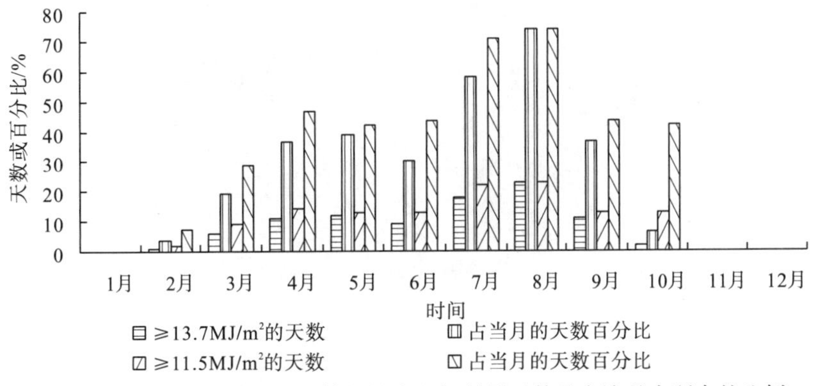

图 5.12　各月大于等于三四等级的太阳辐射量天数及在该月中所占的比例

3. 太阳能月总辐射

由图 5.13 可知，重庆地区太阳能月总辐射呈波浪分布，分布极不平均，从 1 月开始逐渐上升，6 月太阳辐射量略有下降，在 7 月月总辐射出现峰值，为 500MJ/m² 左右，然后开始下降，在 12 月的时候出现谷值，不足 100MJ/m²。1、2、10、11、12 月月总辐射不足 200MJ/m²，太阳能资源相对匮乏，不利于太阳能技术的应用。

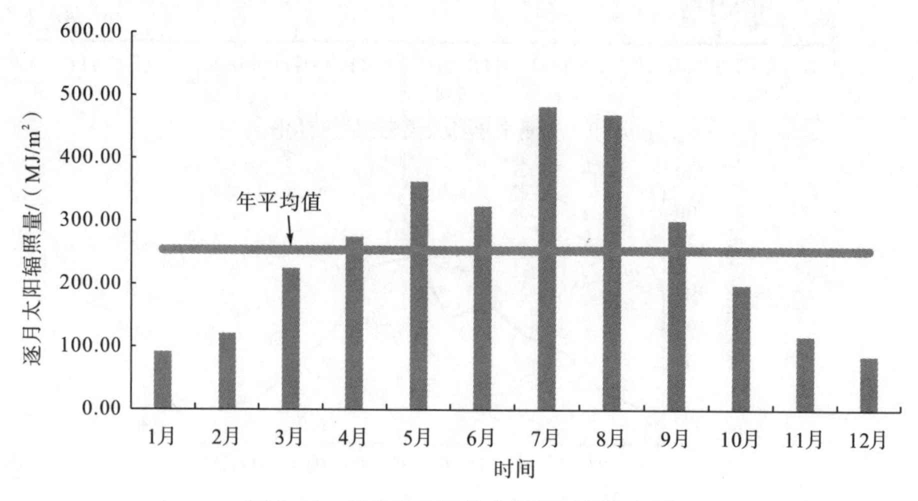

图 5.13 重庆地区逐月太阳辐射量分布图

由图 5.14 可知，夏季太阳能辐射量所占的比例最大，太阳能辐射量大约为 1 270.9MJ/m²，占了全年的 41%左右，春季和秋季次之，春季太阳能辐射量大约为 874.3MJ/m²，占到 29%左右，而秋季占到 20%左右，冬季最小，仅占 10%左右。特别是夏季，太阳辐射强度大，是进行太阳能光热、光电、通风降温等的最好时间段。

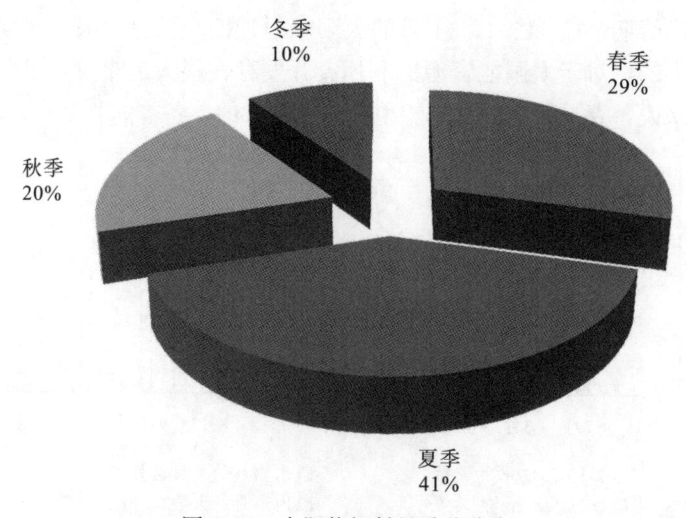

图 5.14 太阳能辐射量季节分布

4. 月平均总云量

重庆地区日照时长在夏至达到最长，约为 14h，在冬至达到最短，约为 10h，两者之差只有 4h。这说明在重庆地区每天的日照时长从理论上说在 10h 以上。尤其是在春末秋初及整个夏季，一天中有一半以上的时间都有日照。即使冬季日照时长也在 10h 左右。但重庆地区年平均总云量对太阳能资源的全年利用十分不利。从季节上来看，冬季云量最多，平均 8.5 成，春、秋季次之，平均为 7.9 成和 8.0 成，夏季最少，平均为 6.9 成，尤其是在夏季的 7、8 月明显降低。通过以上分析可知，全年较长的日照时间为建筑物进行自然采光和减少人工照明提供了条件。而利用太阳能进行光热、光电转换，最好的是夏季，其次是春季。夏季不仅日照时长达 14h 左右，而且云量少，晴天多，太阳辐射强度大。

5. 太阳高度角

由图 5.15 可知，太阳高度角最大出现在夏季，在 65°～77°范围内。此时，地球表面吸收的太阳能量最大，将太阳能热水器和太阳能光伏板的倾斜角度设置在 13°～25°范围内，可以将太阳能最大限度地转化利用，比通常设置等于当地纬度(28°～32°)更有利于发挥太阳能转化装置的转化率；如果能对建筑外遮阳的角度进行合理的设计，则可以有效减少太阳辐射进入房间内，减少空调的能耗。太阳高度角最小出现在冬季，在 35°～50°范围内。此时，地球表面吸收的太阳能量最小。考虑到重庆地区冬季湿冷阴天多，不利于太阳能热水器和太阳能光伏板的应用，此时要尽可能进行自然采光，减少照明能耗，外窗适于安装建筑活动外遮阳，可以根据室内人员的具体需要随时调节建筑外遮阳的伸出长度和角度，进行遮阳、采光。

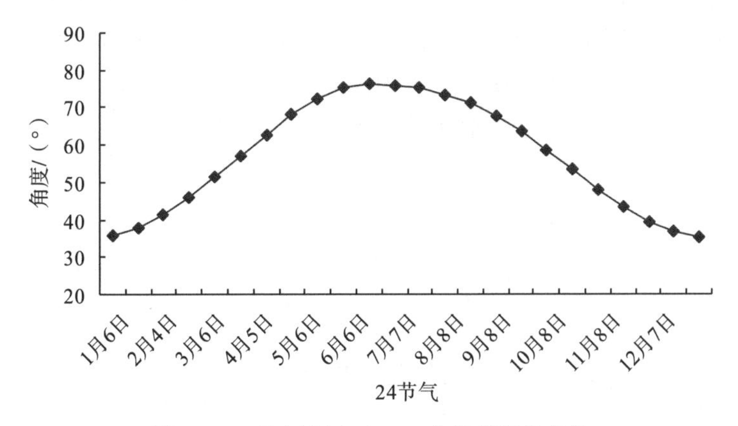

图 5.15　重庆地区 12：00 太阳高度角变化

6. 太阳能资源的应用

重庆地区太阳能资源在建筑中应用有很大的潜力，但不利于全年利用，适合分时段应用。夏季日照时长在 12h 以上，云量平均 6.9 成，晴天多，有利于太阳能光热技术、太阳能光电技术、太阳能通风降温等技术在建筑中的应用。其中重庆太阳能资源较好的贫困县(巫山、巫溪、奉节、云阳)适宜大力发展分布式光伏系统；当光伏组件在水平面(如平屋顶、空地)安装，场地有限时，可以按 0°安装，若无太大限制，可采用 10°安装。图 5.16 为重庆地区小型分布式光伏系统全年发电量，重庆地区小型分布式光伏系统月平均发电量在 30kW/m² 左右。

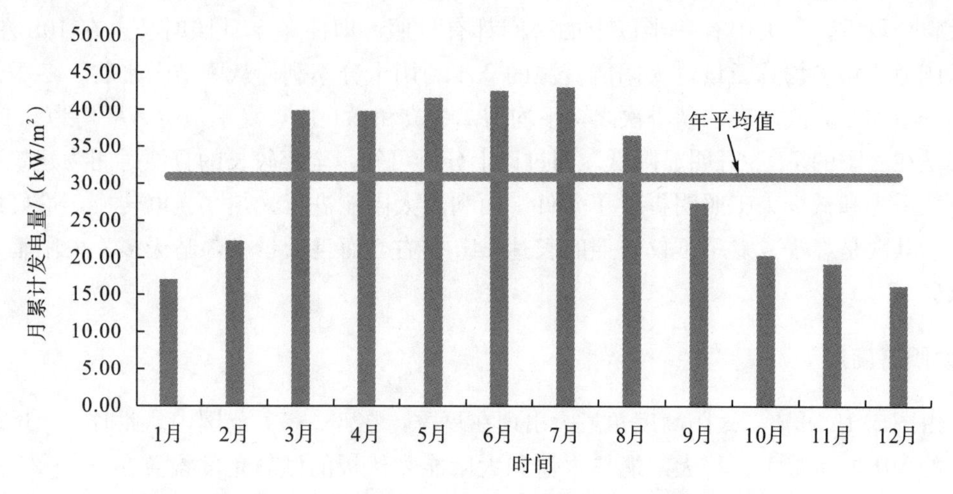

图 5.16 重庆地区小型分布式光伏系统逐月发电量

根据对重庆地区太阳能热水应用适应性的理论研究和实际测试研究，重庆地区太阳能集热器的热量分布为夏季最大，春季次之，秋季较差，冬季最差。太阳能得热量与热水负荷呈负相关关系，匹配性较差。重庆地区太阳能热水系统夏季基本可以依靠太阳能满足热水需要，消耗常规能源很少；春季太阳能保证率也较高，具有较好的太阳能热水应用效果；秋季太阳能保证率实测在 30%以上，冬季在 20%左右，逐月太阳能保证率如图 5.17 所示。从太阳能集热器集热效率、得热量和太阳保证率等方面分析可知，不同倾角下的系统量值由大至小依次为 0°、19.5°、29.5°和 39.5°，故重庆地区集热器宜水平布置。从全年看，重庆地区太阳能资源、太阳能热水系统集热效率、得热量和太阳保证率等方面均具有阶段性特征，故重庆地区太阳能热水宜阶段性使用[6]。

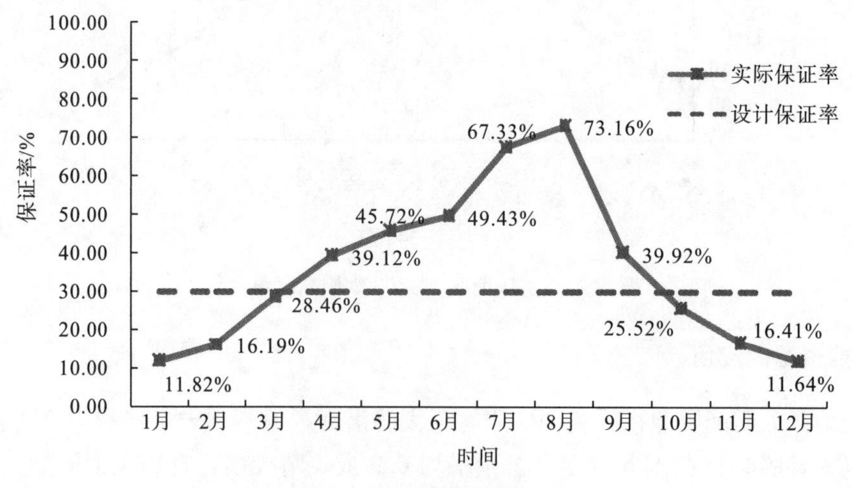

图 5.17 逐月太阳能保证率

5.1.4　地表水资源

1. 长江水资源

针对长江水体的水温、水质、水位的年变化规律，选取长江流域重庆市的朝天门码头、寸滩码头两个观测点进行了实地测试，整理得出重庆地区长江逐月水温分布图(图 5.18)。以长江江水不同的深度对各测点的水温、水质、水位数据的平均值进行整理，见表 5.1～表 5.3。

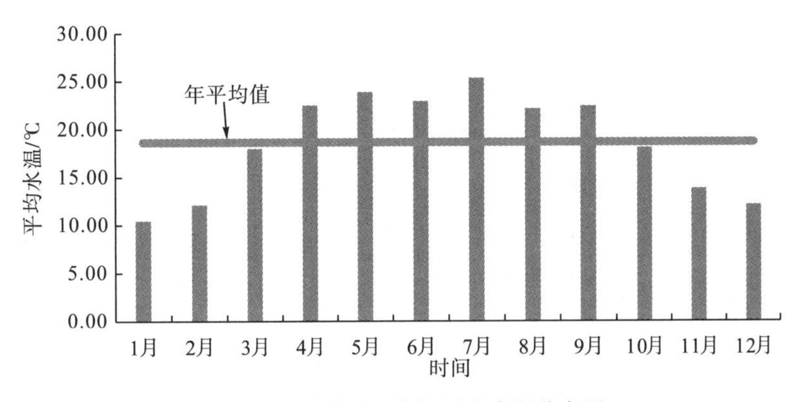

图 5.18　重庆地区长江逐月水温分布图

表 5.1　长江各月平均水温分布表　单位:℃

月份 \ 深度	0m	0.5m	1m	3m	5m	7m	9m
1 月	9.20	10.46	10.46	10.46	—	—	—
2 月	12.50	12.11	12.11	12.11	—	—	—
3 月	18.50	18.00	18.00	18.00	—	—	—
4 月	27.80	22.43	22.53	22.53	—	—	—
5 月	28.20	23.87	23.87	23.87	—	—	—
6 月	25.80	22.91	22.91	22.91	—	—	—
7 月	26.30	25.32	25.32	25.32	—	—	—
8 月	21.10	22.14	22.14	22.14	—	—	—
9 月	21.50	22.43	22.43	22.43	—	—	—
10 月	16.60	18.05	18.05	18.14	—	—	—
11 月	5.90	13.85	13.85	13.85	13.85	13.85	13.85
12 月	3.80	12.11	12.11	12.11	12.11	12.11	—

表 5.2 长江各月平均水质分布

月份	pH	电导率/(×1 000 μS/cm)	氨氮浓度/(mg/L)	钙镁离子浓度/(mg/L)	铁离子浓度/(mg/L)	磷含量/(mg/L)	氯离子浓度/(mg/L)	硝酸根离子浓度/(mg/L)	硫酸根离子浓度/(mg/L)	浊度 NTU/(mg/L)
4 月	7.14	0.36	0.48	179.18	0.16	0.89	7.09	4.68	42.66	1.2
5 月	7.73	0.37	1.44	183.79	0.4	0.82	—	7.64	60.38	166.5
6 月	7.75	0.33	0.72	161.16	0.59	0.73	6.56	39.03	7.12	2 900
7 月	7.79	0.37	0.76	138.54	0.4	0.72	12.28	7.02	34.38	420.8
8 月	7.52	0.33	0.42	130.13	0.29	0.59	6.91	2.6	71.97	458.6
9 月	7.11	0.31	0.79	168.37	0.33	0.46	14.17	3.47	33.38	396.3
10 月	7.93	0.26	0.76	160.16	0.65	0.2	9.2	26.02	36.44	626
11 月	7.3	0.29	0.42	179.98	0.37	0.15	20.89	13.33	39.81	39.8
12 月	8.14	0.29	0.52	174.78	0.49	0.11	11.98	11.52	43.43	31.3
1 月	7.68	0.31	0.61	185.59	0.46	0.22	3.2	2.95	6.91	17.1
2 月	7.88	0.39	1.26	179.98	0.27	0.21	18.48	5.97	56.74	40.4

表 5.3 长江各月平均水位变化 (单位：m)

月份	1 月	2 月	3 月	4 月	5 月	6 月	7 月	8 月	9 月	10 月	11 月	12 月
水位	0	5.1	4.4	−5.4	4.5	−4.6	−5.0	4.0	−3.0	−2.3	−2.4	4.8

注：以朝天门码头 1 月水位为参考值。

通过长江流域重庆段江水的全年水温分布，对比分析了江水温度与空气温度的分布特点。江水温度的变化规律与空气温度的变化规律具有一致性，从全年温度的分布趋势(图 5.19)来看，江水温度随气温的升高而升高，随气温的降低而降低。但对比江水温度

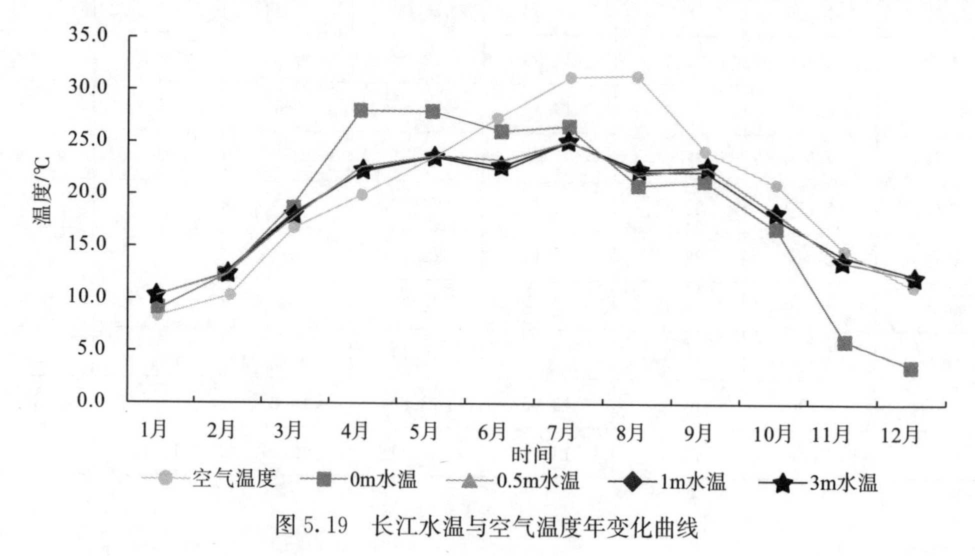

图 5.19 长江水温与空气温度年变化曲线

与空气温度，江水温度具有夏季低于空气温度，冬季高于空气温度的特征，夏季比气温平均低3℃，冬季平均高约2.4℃。其次在水下0.5～9m的垂直断面上，同一时间的江水温度基本保持不变，水下0.5m以下的水温差最大仅为0.1℃，而水面与水下0.5m处的温差平均约为2.4℃，最大5.5℃，最小0.4℃。重庆段长江水系多年平均年径流量约为2 950亿m^3，约为同地点的流域嘉陵江平均年径流量的4.2倍，长江江水具有更大的热容量，其水温受外界影响更小。因此，长江江水才具有夏季水温低、冬季水温高，水温变化幅度小，江水热容量大的优点。

由图5.20可见，在全年的分布区间内，长江江水含砂量近似呈现两个波峰，枯水期维持在40mg/L以下，丰水期为150mg/L以上，其中分别6月和10月出现波峰，分别约为2 900mg/L和630mg/L。总体而言，对于长江水而言，夏、秋季节的含砂量高，春冬季节的含砂量低。

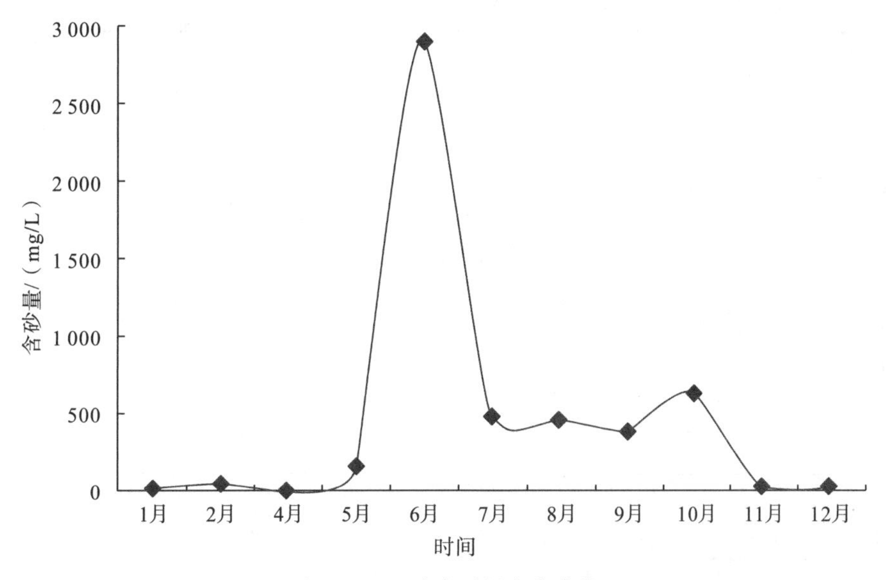

图5.20　江水含砂量变化曲线

在重庆市段长江水位年变化幅度最大约为6m，水位变化较为频繁，呈现往复波动。但随着三峡水利枢纽的建设，大坝竣工后，库区的正常蓄水位为175m，汛期限制水位为145m，水位变幅达30m。

2. 嘉陵江水资源

针对嘉陵江水体的水温、水质、水位的年变化规律，选取重庆市嘉陵江瓷器口码头、嘉陵江朝天门码头、嘉陵江相国寺码头、嘉陵江朝阳码头四个观测点进行了实地测试，整理得出重庆地区嘉陵江逐月水温分布图(图5.21)。以嘉陵江江水不同的深度对各测点水温、水质、水位数据的平均值进行整理，具体见表5.4～表5.6。

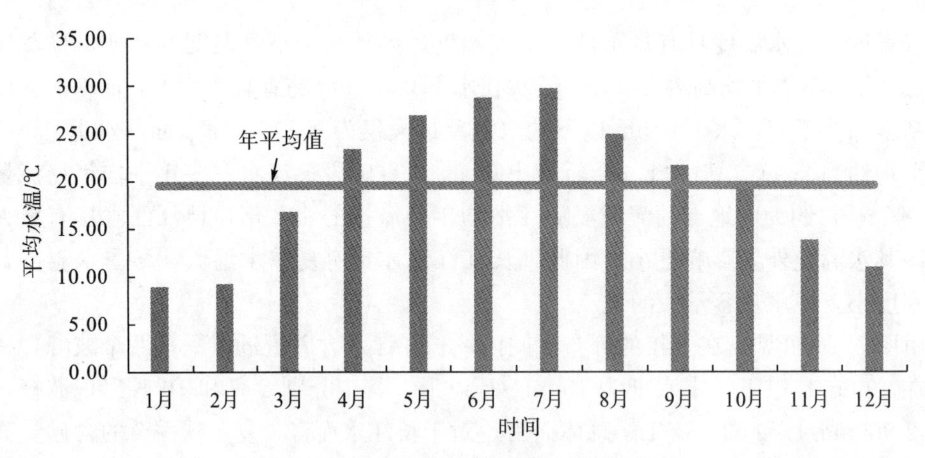

图 5.21 重庆地区嘉陵江逐月水温分布图

表 5.4 嘉陵江各月平均水温分布 单位:℃

月份＼深度	0m	0.5m	1m	3m	5m	7m	9m
1 月	8.93	8.93	8.93	8.95	8.95	8.95	8.95
2 月	9.50	9.20	9.20	9.32	9.40	9.21	9.21
3 月	16.33	16.73	16.73	16.73	16.77	16.77	16.80
4 月	24.58	23.36	23.36	23.36	23.36	23.39	23.39
5 月	28.30	26.89	26.89	26.89	26.89	26.90	26.93
6 月	32.20	28.73	28.70	28.70	28.70	28.72	28.75
7 月	30.15	29.70	29.70	29.70	29.73	29.82	29.82
8 月	24.18	24.91	24.91	24.91	24.91	24.91	24.91
9 月	21.25	21.59	21.59	21.64	21.64	21.70	21.70
10 月	18.55	19.35	19.35	19.38	19.40	19.31	19.35
11 月	6.90	13.80	13.82	13.82	13.82	13.78	—
12 月	3.03	10.94	10.94	10.99	10.99	11.02	—

表 5.5 嘉陵江各月平均水质分布

月份	pH	电导率/(×1 000 μS/cm)	氨氮浓度/(mg/L)	钙镁离子浓度/(mg/L)	铁离子浓度/(mg/L)	磷含量/(mg/L)	氯离子浓度/(mg/L)	硝酸根离子浓度/(mg/L)	硫酸根离子浓度/(mg/L)	浊度 NTU/(mg/L)
4 月	7.55	0.35	0.58	176.68	0.37	3.56	9.17	8.34	48.4	0.6
5 月	7.71	0.39	2.09	175.48	0.28	1.06	/	6.09	52.23	1.3
6 月	7.72	0.39	0.99	172.47	0.33	0.64	4.84	42.83	6.03	106.0
7 月	7.76	0.36	0.96	162.26	0.29	0.71	10.53	7.92	47.16	23.7
8 月	7.38	0.33	0.43	171.47	0.37	0.85	14.31	4.76	72.18	25.5
9 月	7.33	0.27	0.84	150.65	0.29	0.44	7.54	6.05	30.15	736.5
10 月	7.79	0.3	0.69	183.28	0.37	0.5	2.61	35.84	45.79	6.7
11 月	7.32	0.36	1.12	192.09	0.39	0.15	13.31	14.88	40	10.0

续表

月份	pH	电导率/(×1 000 μS/cm)	氨氮浓度/(mg/L)	钙镁离子浓度/(mg/L)	铁离子浓度/(mg/L)	磷含量/(mg/L)	氯离子浓度/(mg/L)	硝酸根离子浓度/(mg/L)	硫酸根离子浓度/(mg/L)	浊度 NTU/(mg/L)
12月	8.32	0.32	0.76	213.82	0.35	0.14	12.85	12.11	40.39	5.6
1月	7.8	0.4	1.22	252.35	0.41	0.23	3.74	2.16	12.02	15.3
2月	7.73	0.47	1.45	204.66	0.23	0.2	19.39	5.55	56.42	5.6

表5.6　嘉陵江各月平均水位变化　单位：m

月份	1月	2月	3月	4月	5月	6月	7月	8月	9月	10月	11月	12月
水位	0	2.7	3.1	−3.2	1.1	−2.6	−3.7	2.2	−2.6	−2.4	1.7	3.8

备注：以朝天门码头1月水位为参考值。

通过重庆城区范围内的嘉陵江江水的全年水温分布，对比分析了江水温度与空气温度的分布特点。嘉陵江江水温度的变化规律与空气温度的变化规律具有一致性，从全年温度的分布趋势(图5.22)来看，江水温度随气温的升高而升高，随气温的降低而降低。但对比江水温度与空气温度，江水温度具有夏季低于空气温度，冬季高于空气温度的特征，夏季比气温平均低2℃，冬季平均高约2℃。其次在水下0.5~9m的垂直断面上，同一时间的江水温度基本保持不变，水下0.5m以下的水温差最大仅为0.2℃，而水面与水下0.5m处的温差平均约为2.5℃，最大约8℃，最小0℃。由此可见，对于嘉陵江江水温度而言，具有与长江相同的特点：在垂直面上的分布，除江面外，其垂直面上的温度基本一致。

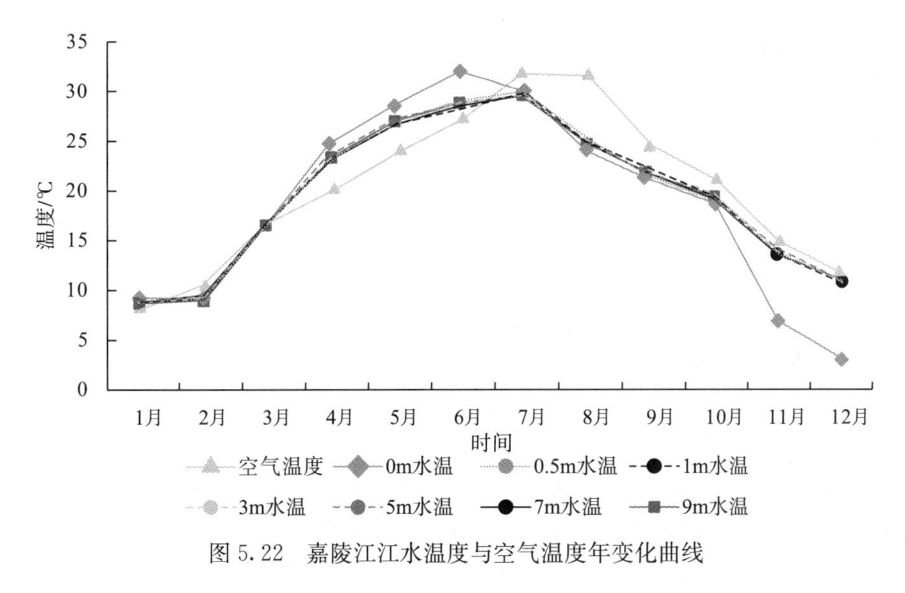

图5.22　嘉陵江江水温度与空气温度年变化曲线

在全年的分布区间内，嘉陵江江水含砂量呈单峰波动，整体保持在30mg/L以下，但8、9月呈上升趋势，9月达到波峰约750mg/L。但总体而言，嘉陵江江水夏、秋季节的含砂量高，春、冬季节的含砂量低。

在重庆市市区范围内，嘉陵江水位年变化幅度为 4m 左右，水位变化较为频繁，呈现往复波动。但随着三峡水利枢纽的建设，大坝竣工后，库区的正常蓄水位为 175m，汛期限制水位为 145m，水位变幅达 30m。

5.1.5 浅层岩土热能资源

1. 地层概述

地质结构资料表明，重庆市属沉积岩广泛发育区域，出露地层总厚 3 267.2～6 196.8m，其间以侏罗系红层厚度最大，分布最广，三叠系次之，二叠系出露不全，第四系分布零星。其余各系则未见出露或根本缺失。

2. 水文地质特征

本地区地下水主要活动带一般集中于地表浅部，以风化裂隙水为主，红层孔隙裂隙水广布全区，根据其埋藏和赋存条件可分为三个类型：

(1)溶孔裂隙水：主要埋藏在遂宁组(J_3s)及侏罗系上统蓬莱镇组(J_3p)的泥质岩类风化带里。沙溪庙组(J_2s)的厚层泥岩也有埋藏，这是区内分布最广的一种类型。单井出水量一般为 5～10m^3/d，部分为 1～5m^3/d。

(2)脉状裂隙水：主要埋藏在侏罗系上统沙溪庙组(J_2s)、蓬莱镇组(J_3p)的厚层砂岩风化带里，以脉状裂隙储水为主要储水形式，这是区内分布的主要地下水类型之一，单井出水量一般为 20～50m^3/d，部分为 5～10m^3/d。

(3)层间裂隙水：主要埋藏在厚度和岩性一般比较稳定、裂隙比较发育、倾斜的侏罗系地层的厚层砂岩里，单井出水量一般为 100～500m^3/d，个别大于 500m^3/d。

3. 初始地温

1)全年岩土初始温度实测

重庆大学地源热泵实验室设立了地埋管式地源热泵实验台，分别在离地 0.5m、2.5m、4.5m、9.5m、14.5m、24.5m、44.5m、64.5m、94.5m 共 9 个深度的供回水管管壁上设有热电偶测温点，共计 36 个。原始地温通过埋设地下不同深度的热电偶温度探头测得。对地埋管壁上各测点的温度采用实验室自行研制的多功能建筑环境参数实时监测系统进行测试。将热电偶线的感温端布置于实验所需的温度测点处，经由铜－康铜热电偶线传感，与多回路巡回测量显示仪相连。巡检仪通过通信端口连接到计算机，计算机中安装了专用的数据采集软件，控制巡检仪完成采样、信号转换，经计算机处理后的采集结果通过外围设备显示和打印输出。监测结果如图 5.23 和表 5.7 所示。

由图 5.23 可以看出，重庆市不同深度全年地温波幅随着深度的增加而逐渐减少，地表面的全年温度波幅为 13.2℃，地下 6m 处的全年温度波幅为 2℃，而地下 10m 处的全年温度波幅降到了 0.6℃，因此地温全年温度变化很小，10m 以下到 100m 深度的土壤温度可以认为基本不变。还可以看出，重庆市地温基本稳定在 19.5℃左右。

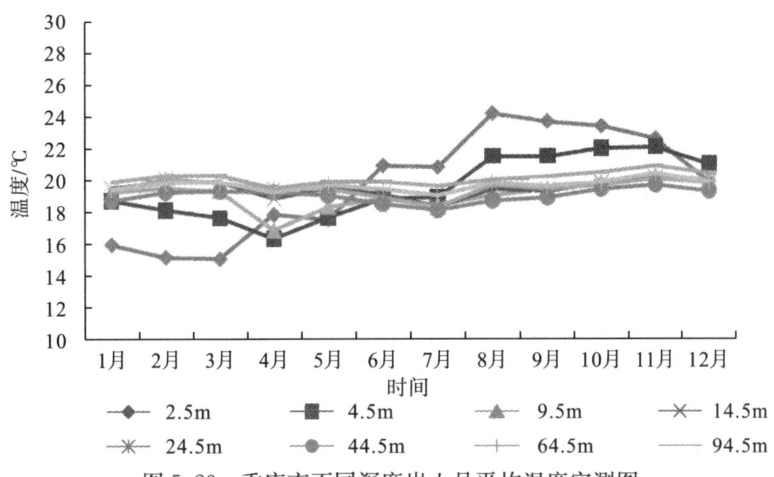

图 5.23　重庆市不同深度岩土月平均温度实测图

表 5.7　重庆市不同深度岩土月平均温度全年实测值　单位:℃

深度＼月份	1 月	2 月	3 月	4 月	5 月	6 月	7 月	8 月	9 月	10 月	11 月	12 月
2.5m	15.9	15.1	15	17.8	17.5	20.9	20.8	24.2	23.7	23.4	22.6	19.9
4.5m	18.7	18.1	17.6	16.3	17.6	18.8	18.9	21.5	21.5	22	22.1	21
9.5m	19.2	19.5	19.3	16.8	18.3	18.8	18.4	19	19.4	19.8	20.2	20
14.5m	19.5	19.9	19.9	18.8	19.5	19.1	18.3	19.4	19.3	19.8	20.1	19.9
24.5m	19.3	20.1	19.8	19.4	19.4	18.9	18.3	19.7	19.4	19.7	20.1	19.8
44.5m	18.7	19.2	19.3	19.2	19	18.5	18.1	18.7	18.9	19.4	19.7	19.3
64.5m	19.4	19.8	19.9	19.2	19.7	19.4	19	19.8	19.6	19.9	20.4	19.9
94.5m	19.9	20.3	20.3	19.5	19.9	19.9	19.6	20	20.2	20.5	20.9	20.4

根据实验室测试井地勘报告，可以得出实验地点地层主要为砂岩和泥岩，实验室测试数据为 $\rho=2\,239\text{kg/m}^3$，$\lambda=2.15\text{W/(m·℃)}$，$\alpha=0.95\times10^{-7}\text{m}^2/\text{s}$。根据中央气象局 1964 年《中国地温》整理的长江流域部分城市地表面平均温度及波幅值，查得重庆地区地表面平均温度 $T_m=19.50$℃，地表面温度周期波动波幅 $A_s=13.20$℃。根据以上参数，通过计算绘制的不同深度的地下温度分布，可以获取土壤不同月份的平均地温，见表 5.8。

表 5.8　重庆市不同深度岩土月平均温度计算值　单位:℃

深度＼月份	1 月	2 月	3 月	4 月	5 月	6 月	7 月	8 月	9 月	10 月	11 月	12 月
2.5m	15.4	13.8	13.7	15.2	17.7	20.7	23.4	25.1	25.3	24	21.5	18.5
4.5m	19.2	17.8	16.8	16.5	17	18.1	19.6	21.1	22.1	22.5	22.1	21
9.5m	20.1	20	19.8	19.5	19.2	19	18.9	19	19.2	19.5	19.8	20
14.5m	19.5	19.5	19.6	19.6	19.6	19.6	19.5	19.5	19.4	19.4	19.4	19.4
24.5m	19.5	19.5	19.5	19.5	19.5	19.5	19.5	19.5	19.5	19.5	19.5	19.5
44.5m	19.5	19.5	19.5	19.5	19.5	19.5	19.5	19.5	19.5	19.5	19.5	19.5
64.5m	19.5	19.5	19.5	19.5	19.5	19.5	19.5	19.5	19.5	19.5	19.5	19.5
94.5m	19.5	19.5	19.5	19.5	19.5	19.5	19.5	19.5	19.5	19.5	19.5	19.5

2)全年岩土初始温度计算

通过对上述土壤温度的实测值与计算值的对比看出，在土壤的较浅处，－10～－2m内计算值与实测值的最大差值为2.7℃，该深度范围内平均差值为0.8℃；－95～－10m内计算值与实测值的最大差值为1.4℃，其平均差值约为0.4℃；整体看来，在地下2m到地下95m的浅层土壤温度的计算值与实测值的差值最大为2.7℃，最小为0℃，平均差值为0.6℃。通过对浅层土壤和深层土壤的温度计算值与实测值的对比可以看出，对于地层较浅的土壤温度，计算值与实测值的差别较大，但平均差值仍然小于1℃，而对于地层较深的土壤温度，计算值与实测值的平均差值小于0.5℃。这个对比结果充分说明对于土壤温度，无论是对于地下10m以内的较浅土壤，还是地下－100～－10m范围内的较深层土壤，计算得到的温度值都完全可以满足工程应用的需要，在缺少实测数据的情况下，利用土壤的计算温度作为分析问题的原始条件，不会对计算的结果产生过大的偏差。

从－10～0m和－100～0m的全年的土壤温度变化曲线可以明显看出，对于地下5m范围内的土壤温度，由于受到地表以上的环境气候条件的影响，因此地温存在较大波动，而从地下5m到地下10m的范围内，随着深度的增加，这一波动值逐渐减少，在地下10m以下，地温受外界环境的影响已经很小，地温也逐渐趋于相对稳定值。

4. 岩土热工性能小结

重庆地区地表以下岩土恒温层的年平均温度基本稳定在19.5℃左右，此地区属沉积岩广泛发育区域，第四系零星分布，地质构成内主要以砂岩[导热系数为2.1～3.5W/(m·℃)]、泥岩[导热系数为1.4～2.4W/(m·℃)]地层为主，根据已有的工程数据和该地区典型岩层构造分析，平均导热系数大部分为2.0～2.5W/(m·℃)；热扩散率为0.75～$1.27\times10^{-6}m^2/s$。砂岩、泥岩地质地埋管系统打孔钻井施工难度不大，加之重庆地区地下水主要以脉状裂隙水、基岩裂隙水为主，并且分布广泛，非常有利于地下换热器施工、运行和维持地下换热平衡。

5.2 重庆市绿色建筑技术体系梳理

2013年，国家发展改革委、住房和城乡建设部发布《国家绿色建筑行动方案》，要求“十二五”期间，完成新建绿色建筑10亿m^2。在这种情况下，重庆作为中西部地区唯一的直辖市，积极响应国家号召，为全方位推动绿色建筑的规模化发展，率先融合了重庆市推荐性地方标准《绿色建筑评价标准》(DBJ50/T—066)与重庆市强制性地方标准《公共建筑节能设计标准》(DBJ50—052)，于2013年颁布执行了重庆市强制性地方标准《公共建筑节能(绿色建筑)设计标准》(DBJ50—052—2013)，对主城区内的公共建筑强制执行国家绿色建筑一星级要求和重庆市绿色建筑银级要求，并出台了相应的配套标准，创造了重庆特有的强制执行绿色建筑的标准路线，以推动绿色建筑的发展。面对如何有力实现大规模地推动绿色建筑的发展目标，在此提供一个可供参考的范本，对重庆市绿色建筑银级、金级、铂金级的标准路线进行介绍。

5.2.1　绿色公共建筑技术路线梳理

结合《公共建筑节能(绿色建筑)设计标准》[7](DBJ 50—052—2016)，为达到重庆市绿色建筑设计标识银级、金级、铂金级的要求，本节分别梳理了设计阶段的达标条文要求，其内容由控制项(对应现行重庆市《绿色建筑评价标准》中的控制项)、评分项(对应现行重庆市《绿色建筑评价标准》中的部分评分项)和可选项(对应现行重庆市《绿色建筑评价标准》中的部分评分项)构成。评分项和可选项是根据重庆市常见公共建筑绿色技术适宜性分析统计，并结合 2013 年版重庆市《公共建筑节能(绿色建筑)设计标准》执行以来，对大量项目的分析结果确定的。控制项和评分项中的条文每个工程项目均需满足，可选项中的条文供具体项目根据自身情况灵活选择。详细情况见表 5.9～表 5.11。

表 5.9　重庆市绿色公共建筑设计标识银级推荐技术路线

银级	节地与室外环境	节能与能源利用	节水与水资源利用	节材与材料资源利用	室内环境质量
控制项	项目选址； 场地安全； 日照要求	分户控制、计量； 不采用电直接加热设备； 集中空调系统性能； 系统能耗分项计量； 照明功率密度； 电气分项计量	水资源利用方案； 合理设置给排水系统； 采用节水器具； 循环供水系统	不采用禁止和限制使用的建材及制品； 不低于 400MPa 级的热轧带肋钢筋； 无大量装饰性构件	围护结构隔声性能； 室内声环境； 室内光环境； 室内热湿环境； 屋面防水； 围护结构内表面无结露现象； 围护结构热工性能
评分项	城市热岛； 光污染； 场地风环境； 场地声环境； 场地设计与建筑布局； 绿化用地； 绿化植物； 机动车停车设施； 公共交通设施； 公共服务设施； 透水铺装	外立面围护结构可开启面积； 降低部分负荷下的空调能耗； 照明节能控制措施； 节能型电气设备(变压器能效)； 电梯节能控制措施； 建筑体形、朝向优化设计； 全空气空调系统可调新风比	管网漏损； 节水系统； 用水计量； 高效节水灌溉方式； 节水技术； 景观水体设计； 空调冷却水系统优化设计	现浇混凝土采用预拌混凝土； 建筑结构体系优化； 高强建筑结构材料； 高耐久性建筑结构材料	建筑采光设计； 暖通空调系统末端调节设施； 改善自然通风效果； 优化室内气流组织； 地下空间一氧化碳监测
可选项	场地排放要求； 绿地开放； 场地生态； 人行通道无障碍设计； 绿化方式及植物配置； 地下空间利用； 场地雨水径流控制； 绿色雨水基础设施(2 条)； 建筑信息模型(BIM)技术	外墙自保温； 高效照明； 高效围护结构； 高效冷热源设备； 高效输配系统； 节能生活热水； 可再生能源； 碳排计算； 空调系统优化	节水设备； 节水灌溉加湿度传感器； 非传统水源； 冷却塔补水	既有建筑利用； 土建装修一体化； 预拌砂浆； 预制构件； 可变空间； 可循环材料； 厨房卫浴整体化设计； 绿色建材； 装配式建筑	双速或变频风机； 天然采光； 室内噪声控制； 房间隔声； 设备降噪； 视线无遮挡； 可调节遮阳； 专项声学设计

表5.10 重庆市绿色公共建筑设计标识金级推荐技术路线

金级	节地与室外环境	节能与能源利用	节水与水资源利用	节材与材料资源利用	室内环境质量
控制项	项目选址； 场地安全； 场地排放要求； 建筑规划布局； 绿化植物； 绿化用地	建筑设计应符合节能设计标准强制性条文； 集中空调系统性能； 分户控制、计量； 不采用电直接加热设备； 系统能耗分项计量； 电气分项计量； 照明功率密度	水资源利用方案； 合理设置给排水系统； 采用节水器具； 循环供水系统	不采用禁止和限制使用的建材及制品； 不低于400MPa级的热轧带肋钢筋； 无大量装饰性构件	围护结构隔声性能； 室内声环境； 室内光环境； 室内热湿环境； 屋面、外墙防水； 围护结构内表面无结露； 围护结构热工性能
评分项	土地利用低要求； 设置绿化用地低要求； 合理开发利用地下空间低要求； 避免产生光污染； 场地声环境； 场地风环境高要求； 降低热岛强度高要求； 场地与公共交通设施具有便捷的联系； 人行通道无障碍设计； 合理设置停车场所； 便利的公共服务(2项)； 场地设计与建筑布局； 合理设置绿色雨水基础设施(2项以上)； 合理选择绿化方式，科学配置绿化植物； 场地年径流总量控制率不低于55%但低于70%	建筑体形、朝向优化设计； 外立面围护结构可开启面积低要求； 外墙自保温； 高效冷热源设备； 高效输配系统； 空调系统优化低要求； 全空气空调系统可调新风比低要求； 降低部分冷热负荷和部分空间使用下的暖通空调系统能耗高要求； 照明节能控制措施； 主要功能房间满足要求照明功率密度值； 电梯节能控制措施； 节能型电气设备； 排风能量回收； 合理利用余热废热	高性能管材管件，外埋地管道采取有效措施避免管网漏损，安装分级计量水表； 供水压力要求； 设置用水计量装置； 公共浴室设置恒温或温度显示淋浴器、设置付费设施、或排水梯级利用(3选2)； 卫生器具用水等级标准规定的2级； 高效节水灌溉方式高要求； 冷却塔的蒸发耗水量占冷却水补水量的比例不低于80%或采用无蒸发耗水量的冷却技术； 冷却水非传统水源补水量占比不低于10%； 对进入景观水体的雨水采取控制面源污染的措施，利用生态水处理技术进行水体净化； 空调冷却水循环供水系统水处理功能，冷却塔应设置在空气流通条件好的场所，冷却塔补水管应设置计量装置	建筑结构体系优化； 建筑形体规则优化； 土建装修一体化低要求； 可变空间采用可重复使用的隔墙和隔断比例不小于30%但小于50%； 高强建筑结构材料高要求； 采用预拌混凝土； 全部采用预拌砂浆； 高耐久性建筑结构材料高要求； 可再利用和可再循环材料重量占建筑材料总重量的比例不小于10%但小于15%； 绿色建材重量占建筑材料总重量的比例不小于30%但小于60%； 选用本地建筑材料	室内噪声级达到高低要求平均值； 隔声性能达到高低要求平均值； 优化建筑平面布局低要求； 视线无遮挡； 建筑采光设计低要求； 天然采光低要求； 可调节遮阳措施，透明部分面积的25%有可控遮阳调节措施； 75%及以上的主要功能房间的供暖空调末端装置可独立启停和调节室温； 改善自然通风效果高要求； 优化室内气流组织高要求； 地下空间一氧化碳监测
可选项	降低碳排放； 合理选用废弃场地； 建筑信息模型(BIM)技术	高效围护结构； 可再生能源利用； 蓄冷蓄热系统； 碳排计算	其他用水采用了节水技术或措施； 合理使用非传统水源； 节水新工艺、新材料、新产品； 地下温泉水利用	既有建筑利用； 合理使用清水混凝土； 预制构件； 厨房、卫浴间采用整体化定型设计	专项声学设计； 室内空气质量监控系统； 控制室内空气污染浓度； 有效空气处理措施

表5.11　重庆市绿色公共建筑设计标识铂金级推荐技术路线

铂金级	节地与室外环境	节能与能源利用	节水与水资源利用	节材与材料资源利用	室内环境质量
控制项	项目选址； 场地安全； 场地排放要求； 建筑规划布局； 绿化植物； 绿化用地	建筑设计应符合节能设计标准强制性条文； 集中空调系统性能； 分户控制、计量； 不采用电直接加热设备； 系统能耗分项计量； 电气分项计量； 照明功率密度	水资源利用方案； 合理设置给排水系统； 采用节水器具； 循环供水系统	不采用禁止和限制使用的建材及制品； 不低于400MPa级的热轧带肋钢筋； 无大量装饰性构件	围护结构隔声性能； 室内声环境； 室内光环境； 室内热湿环境； 屋面、外墙防水； 围护结构内表面无结露； 围护结构热工性能
评分项	土地利用高要求； 设置绿化用地高要求； 合理开发利用地下空间高要求； 避免产生光污染； 场地声环境； 场地风环境高要求； 降低热岛强度高要求； 场地与公共交通设施具有便捷的联系； 人行通道无障碍设计； 合理设置停车场所； 便利的公共服务(3条)； 场地设计与建筑布局； 合理设置绿色雨水基础设施(3条)； 合理选择绿化方式，科学配置绿化植物； 合理规划地表与屋面雨水径流，场地年径流总量控制率不低于70%； 建筑信息模型(BIM)技术	建筑体形、朝向优化设计； 外立面围护结构可开启面积高要求； 外墙自保温； 高效冷热源设备； 高效输配系统； 空调系统优化高要求； 全空气空调系统可调新风比高要求； 降低部分冷热负荷和部分空间使用下的暖通空调系统能耗高要求； 照明节能控制措施； 所有区域满足要求照明功率密度值； 电梯节能控制措施； 节能型电气设备； 排风能量回收； 合理利用余热废热； 围护结构热工性能比建筑节能设计标准提高5%； 碳排计算	高性能管材管件，外埋地管道采取有效措施避免管网漏损，安装分级计量水表； 供水压力要求； 设置用水计量装置； 公共浴室设置恒温或温度显示淋浴器、设置付费设施或排水梯级利用(3选2)； 卫生器具用水等级标准规定的2级； 高效节水灌溉方式高要求； 冷却塔的蒸发耗水量占冷却水补水量的比例不低于80%或采用无蒸发耗水量的冷却技术； 冷却水补水使用非传统水源的量占其总用水量的比例不低于30%； 对进入景观水体的雨水采取控制面源污染的措施，利用生态水处理技术进行水体净化； 空调冷却水应采用循环供水系统高要求； 用水量占其他用水量的80%的用水采用了节水技术或措施； 合理使用非传统水源高要求	建筑结构体系优化； 建筑形体规则优化； 土建装修一体化低要求； 可变空间采用可重复使用的隔墙和隔断比例不小于50%但小于80%； 高强建筑结构材料高要求； 采用预拌混凝土； 全部采用预拌砂浆； 高耐久性建筑结构材料高要求； 可再利用和可再循环材料重量占建筑材料总重量的比例不小于15%； 预制构件用量达到15%； 绿色建材重量占建筑材料总重量的比例不小于30%但小于60%； 选用本地建筑材料	室内噪声级达到高要求标准限值； 隔声性能达到高要求标准限值； 优化建筑平面布局高要求； 视线无遮挡； 建筑采光设计高要求； 天然采光低要求； 可调节遮阳措施，透明部分面积的50%有可控遮阳调节措施； 90%及以上的主要功能房间的供暖、空调末端装置可独立启停和调节室温； 改善自然通风效果高要求； 优化室内气流组织高要求； 地下空间一氧化碳监测； 有效空气处理措施； 室内空气质量监控系统
可选项	降低碳排放； 合理选用废弃场地	可再生能源利用； 蓄冷蓄热系统	节水新工艺、新材料、新产品； 地下温泉水利用	既有建筑利用； 合理使用清水混凝土； 厨房、卫浴间采用整体化定型设计	专项声学设计； 控制室内空气污染浓度

5.2.2 绿色居住建筑技术路线梳理

根据《重庆市绿色建筑行动实施方案(2013—2020 年)》，主城区新建居住建筑，自 2015 年起执行一星级国家绿色建筑评价标准；到 2020 年，重庆城镇新建建筑全面执行一星级国家绿色建筑评价标准。结合《居住建筑节能 65%(绿色建筑)设计标准》[8](DBJ 50—071—2016)，针对重庆市气候特点、建筑节能等相关情况，为达到重庆市绿色建筑设计标识银级、金级、铂金级的要求，本节分别梳理了设计阶段的达标条文要求，其内容由控制项(对应现行重庆市《绿色建筑评价标准》中的控制项)、评分项(对应现行重庆市《绿色建筑评价标准》中的部分评分项)和可选项(对应现行重庆市《绿色建筑评价标准》中的部分评分项)构成。评分项和可选项内容是根据重庆市常见居住建筑绿色技术适宜性分析确定的。控制项和评分项中的条文每个工程项目均需满足，可选项中的条文供具体项目根据自身情况灵活选择。详细情况见表 5.12～表 5.14。

表 5.12 重庆市绿色居住建筑设计标识银级推荐技术路线

银级	节地与室外环境	节能与能源利用	节水与水资源利用	节材与材料资源利用	室内环境质量
控制项	项目选址； 绿化用地； 日照要求	建筑设计应符合节能设计标准强制性条文； 不采用电直接加热设备； 照明功率密度； 分户控制、计量	水资源利用方案； 合理设置给排水系统； 采用节水器具； 循环供水系统	无大量装饰性构件； 不低于 400MPa 级的热轧带肋钢筋	围护结构内表面无结露现象； 建筑照明数量和质量； 屋顶、东西外墙热工性； 室内声环境； 室内热湿环境
评分项	城市热岛； 光污染； 公共服务设施； 场地风环境； 场地声环境； 场地设计与建筑布局； 绿化植物； 机动车停车设施； 公共交通设施； 绿色雨水基础设施(2 条)； 场地雨水径流控制	建筑体形、朝向优化设计； 降低部分负荷下的空调能耗； 照明节能控制措施； 电梯节能控制措施； 节能型电气设备(变压器能效)； 外立面围护结构可开启面积	节水技术； 管网漏损； 供水压力要求； 用水计量； 高效节水灌溉方式； 景观水体设计	建筑形体规则优化； 建筑结构体系优化； 高强建筑结构材料； 高耐久性建筑结构材料； 现浇混凝土采用预拌混凝土； 可再循环利用材料	可调节遮阳； 优化室内气流组织； 良好视野； 建筑采光设计； 改善建筑室内天然采光效果； 地下空间一氧化碳监测
可选项	土地利用； 地下空间利用	外墙自保温； 排风能量回收； 暖通水泵、风机性能； 围护结构热工性能； 高效冷热源设备； 可再生能源	节水器具； 种植无须永久灌溉植物； 非传统水源； 地下温泉水利用	既有建筑利用； 预拌砂浆； 土建装修一体化； 预制构件； 厨房卫浴整体化设计； 绿色建材装配式建筑	采取可调节遮阳措施； 室内噪声控制； 房间隔声； 采取减少噪声干扰的措施

表 5.13　重庆市绿色居住建筑设计标识金级推荐技术路线

金级	节地与室外环境	节能与能源利用	节水与水资源利用	节材与材料资源利用	室内环境质量
控制项	项目选址； 场地安全； 场地排放要求； 建筑规划布局； 绿化植物； 绿化用地	建筑设计应符合节能设计标准强制性条文； 不采用电直接加热设备； 照明功率密度； 分户控制、计量	水资源利用方案； 合理设置给排水系统； 采用节水器具； 循环供水系统	不采用禁止和限制使用的建材及制品； 不低于 400MPa 级的热轧带肋钢筋； 无大量装饰性构件	围护结构隔声性能； 室内声环境； 室内光环境； 室内热湿环境； 屋面、外墙防水； 围护结构内表面无结露； 围护结构热工性能
评分项	土地利用低要求； 设置绿化用地低要求； 合理开发利用地下空间低要求； 避免产生光污染； 场地声环境； 场地风环境高要求； 降低热岛强度低要求； 场地与公共交通设施具有便捷的联系； 人行通道无障碍设计； 合理设置停车场所； 便利的公共服务(2项)； 生态补偿措施； 合理设置绿色雨水基础设施(2项以上)； 场地年径流总量控制率不低于 55%但低于 70%； 合理选择绿化方式，科学配置绿化植物	建筑体形、朝向优化设计； 外立面围护结构可开启面积高要求； 围护结构热工性能比建筑节能设计标准提高 5%； 优化供暖、通风与空调系统； 细分供暖空调区域对系统进行分区控制、合理选配空调冷热源机组台数与容量、水系统风系统采用变频技术且采取相应的水力平衡措施(2条)； 照明节能控制措施； 主要功能房间满足要求照明功率密度值； 电梯节能控制措施； 节能型电气设备	公共浴室设置恒温或温度显示淋浴器、设置付费设施或排水梯级利用(3选2)； 高性能管材管件，外埋地管道采取有效措施避免管网漏损，安装分级计量水表； 供水压力要求； 设置用水计量装置； 高效节水灌溉方式高要求； 冷却塔的蒸发耗水量占冷却水补水量的比例不低于 80%或采用无蒸发耗水量的冷却技术； 其他用水中采用了节水技术或措施的比例达到 50%； 冷却水非传统水源补水量占比不低于 10%； 利用水生动、植物进行水体净化； 合理使用非传统水源	建筑形体规则优化； 建筑结构体系优化； 高强建筑结构材料低要求； 高耐久性建筑结构材料； 现浇混凝土采用预拌混凝土； 可再利用材料和可再循环材料用量比例达到 6%； 预拌混凝土； 土建装修一体化； 采取减少噪声干扰的措施； 预拌砂浆达到 100%； 绿色建材重量占建筑材料总重量的比例不小于 30%但小于 60%； 选用本地建筑材料	可控遮阳调节措施的面积比例达到 25%； 优化室内气流组织低要求； 良好视野； 建筑采光设计低要求； 改善建筑室内天然采光效果，主要功能房间有合理的控制眩光措施； 地下空间一氧化碳监测； 供暖空调末端装置可独立启停的主要功能房间数量比例达到 70%； 采取减少噪声干扰的措施低要求； 室内噪声级达到高低要求平均值； 隔声性能达到高低要求的平均值； 优化建筑平面布局高要求
可选项	建筑信息模型(BIM)技术； 降低碳排放	排风能量回收； 暖通水泵、风机高性能； 高效冷热源设备； 利用可再生能源	节水器具； 地下温泉水利用； 节水新工艺、新材料、新产品； 高用水效率卫生器具	既有建筑利用； 预制构件； 厨房、卫浴间采用整体化定型设计； 节材新工艺、新材料、新产品； 废弃物原料再利用； 装配式建筑	室内空气质量监控系统； 有效空气处理措施； 控制室内空气污染浓度

表 5.14 重庆市绿色居住建筑设计标识铂金级推荐技术路线

铂金级	节地与室外环境	节能与能源利用	节水与水资源利用	节材与材料资源利用	室内环境质量
控制项	项目选址； 场地安全； 场地排放要求； 建筑规划布局； 绿化植物； 绿化用地	建筑设计应符合节能设计标准强制性条文； 不采用电直接加热设备； 照明功率密度； 分户控制、计量	水资源利用方案； 合理设置给排水系统； 采用节水器具； 循环供水系统	不采用禁止和限制使用的建材及制品； 不低于 400MPa 级的热轧带肋钢筋； 无大量装饰性构件	围护结构隔声性能； 室内声环境； 室内光环境； 室内热湿环境； 屋面、外墙防水； 围护结构内表面无结露； 围护结构热工性能
评分项	土地利用高要求； 设置绿化用地高要求； 合理开发利用地下空间高要求； 避免产生光污染； 场地声环境； 场地风环境高要求； 降低热岛强度低要求； 场地与公共交通设施具有便捷的联系； 人行通道无障碍设计； 合理设置停车场所； 便利的公共服务（3条）； 生态补偿措施； 合理设置绿色雨水基础设施（2条）； 合理规划地表与屋面雨水径流，场地年径流总量控制率不低于70%； 合理选择绿化方式，科学配置绿化植物	建筑体形、朝向优化设计； 外立面围护结构可开启面积高要求； 围护结构热工性能比国家现行有关建筑节能设计标准规定的提高幅度达到10%； 优化供暖、通风与空调系统； 细分供暖空调区域对系统进行分区控制、合理选配空调冷热源机组台数与容量、水系统风系统采用变频技术且采取相应的水力平衡措施（2条）； 照明节能控制措施； 所有区域满足要求照明功率密度值； 电梯节能控制措施； 节能型电气设备； 暖通水泵、风机高性能； 高效冷热源设备； 排风能量回收； 利用可再生能源低要求	公共浴室设置恒温或温度显示淋浴器、设置付费设施、或排水梯级利用； 高性能管材管件，外埋地管道采取有效措施避免管网漏损，安装分级计量水表； 供水压力要求； 设置用水计量装置； 高效节水灌溉方式高要求； 冷却塔的蒸发耗水量占冷却水补水量的比例不低于80%或采用无蒸发耗水量的冷却技术； 其他用水中采用了节水技术或措施的比例达到80%； 冷却水补水使用非传统水源的量占其总用水量的比例不低于30%； 结合雨水利用设施进行景观水体设计（2条）； 高用水效率卫生器具（用水效率等级达到3级）	建筑形体规则优化； 建筑结构体系优化； 高强建筑结构材料（2条）； 高耐久性建筑结构材料； 现浇混凝土采用预拌混凝土； 可再利用材料和可再循环材料用量比例达到6%； 预拌混凝土； 土建装修一体化； 采取减少噪声干扰的措施； 预拌砂浆达到100%； 绿色建材重量占建筑材料总重量的比例不小于30%但小于60%； 预制构件； 厨房卫浴整体化设计低要求； 选用本地建筑材料	可控遮阳调节措施的面积比例达到50%； 优化室内气流组织高要求； 良好视野； 建筑采光设计（2条）； 改善建筑室内天然采光效果，主要功能房间有合理的控制眩光措施； 地下空间一氧化碳监测； 供暖、空调末端装置可独立启停的主要功能房间数量比例达到70%； 采取减少噪声干扰的措施高要求； 主要功能房间的室内噪声级达到高要求标准限值； 房间隔声性能达到低限标准限值和高要求标准限值的平均值； 优化建筑平面布局高要求； 室内空气质量监控系统； 控制室内空气污染浓度
可选项	建筑信息模型（BIM）技术； 降低碳排放		节水器具； 地下温泉水利用； 节水新工艺、新材料、新产品	既有建筑利用； 节材新工艺、新材料、新产品； 废弃物原料再利用； 装配式建筑	

5.3 绿色建筑技术体系梳理小结

主城区内的公共建筑强制执行国家绿色建筑一星级要求和重庆市绿色建筑银级要求，创造了重庆特有的强制执行绿色建筑的标准路线，以推动绿色建筑的发展。面对如何有力实现大规模地推动绿色建筑的发展的目标，本章提供一个可供参考的范本，其中包括如“绿化用地”“系统能耗分项计量”“采用节水器具”“采用高强建筑结构材料”“改善自然通风效果”等较容易满足的技术，也有如“既有建筑利用”“可再利用和可再循环材料 50%以上”“绿色建材重量占建筑材料总重量的比例不小于 60%”“专项声学设计”等稍难的技术，可供具体项目根据自身情况灵活选择。

为了满足主城区新建居住建筑，自 2015 年起执行一星级国家绿色建筑评价标准、到 2020 年重庆城镇新建建筑全面执行一星级国家绿色建筑评价标准的要求，针对重庆市气候特点、建筑节能等相关情况，本章分别梳理了设计阶段银级、金级、铂金级的达标条文要求，为居住建筑的设计提供可参考的范本。其中包括如“日照要求”“分户控制、计量”“采用节水器具”“采用高强建筑结构材料”“建筑采光设计”等较为容易满足的技术，也有如“既有建筑利用”“高效冷热源设备”“厨房卫浴整体化设计”等稍难的技术，可供具体项目根据自身情况灵活选择。

参考文献

[1]程炳岩，郭渠，孙卫国. 重庆地区最高气温变化与南方涛动的相关分析[J]. 高原气象，2011，30(1)：164－173.

[2]周长艳，李跃清，卜庆雷，等. 盛夏川渝盆地东西部旱涝并存的特征及其大气环流背景[J]. 高原气象，2011，30(3)：620－627.

[3]郭渠，孙卫国，程炳岩，等. 重庆市气温变化趋势及其可能原因分析[J]. 气候与环境研究，2009，18(1)：52－59.

[4]唐云辉，高阳华. 重庆市高温分类与指标及其发生规律研究[J]. 西南农业大学学报，2003，25(1)：88－91.

[5]张文宇. 上海世博园大型地表水源热泵对黄浦江水环境的影响分析[D]. 上海：同济大学，2007.

[6]丁勇，李百战. 太阳能光热技术的建筑应用一以重庆地区为例[M]. 北京：科学出版社，2015：51.

[7]重庆市工程建设标准. DBJ 50—052—2016 公共建筑节能(绿色建筑)设计标准[S]. 重庆：重庆市城乡建设委员会，2016.

[8]重庆市工程建设标准. DBJ 50—071—2016 居住建筑节能 65%(绿色建筑)设计标准[S]. 重庆：重庆市城乡建设委员会，2016.

作者：重庆大学　丁勇，罗迪，吴佐

第 6 章 公共建筑节能改造技术途径与效果分析

6.1 引　言

为了推进节能减排工作，实现城镇绿色化发展，我国国务院于 2013 年发布《绿色建筑行动方案》(国办发〔2013〕1 号)，制定了新建绿色建筑与既有建筑节能改造两大工作目标，明确了全面落实推进强制性节能标准，科学制定城乡建设规划，促进绿色建筑建设，推动既有公共建筑节能改造，加快实施居住建筑节能改造等工作内容[1]。科技部《“十二五”绿色建筑科技发展专项规划》(国科发计〔2012〕692 号)中将既有建筑绿色化改造作为一项重点研究内容，其中包括安全性改造、环境改造与节能改造几方面的内容[2]。可见既有建筑节能改造既是绿色建筑发展大目标的要求，也是绿色建筑工作开展所明确的一项工作。

2011 年，为了推动建筑综合能效水平提升，我国财政部、住房和城乡建设部开始开展既有公共建筑节能改造国家级示范城市建设工作，重庆市作为全国首批公共建筑节能改造示范城市，于 2015 年底完成了第一批 98 个、共计 404 万 m^2 的既有公共建筑节能改造示范项目，平均节能率达到了 21.52%。随后，重庆市再次被列为第二批公共建筑节能改造示范城市，在 3 年内完成 350 万 m^2 既有公共建筑的节能改造，目前已完成既定任务。经过六年的实践，重庆市已经形成了一套成熟的阶段性公共建筑节能改造技术体系，下面依据重庆市公共建筑改造实践经验，总结分析公共建筑节能改造技术实施途径与效果。

6.2 照明系统节能改造

照明系统节能改造的主要实施途径为照明光源替换，重庆市所实施的既有公共建筑节能改造项目中 100%的项目进行了照明光源替换的改造，且全部使用 LED 光源来替换原有光源。LED 光源相比传统光源具有光效高、使用寿命长的优势。收集目前市面上常见的几类电光源产品参数，其特性见表 6.1。

表 6.1　常见电光源的光效与平均寿命

光源类型	光效/(lm/W)	平均寿命/h
普通白炽灯	8~12	1 500
卤素灯	15~20	1 800
普通直管荧光灯	50~70	7 000
白光 LED 灯	80~100	40 000

现阶段，LED 灯的光效约为普通白炽灯的 10 倍，为卤素灯的 4～6 倍，为普通荧光灯管的 1.1～1.5 倍。若保持光通量不变，通过采用 LED 光源替换不同类型的传统光源即可产生可观的节能效益，具体所能达到的节能效果取决于更换前后的光源特性。对 47 个采用了 LED 灯具替换原有灯具的项目的节能效果进行统计，LED 光源替换的单项节能率如图 6.1 所示。

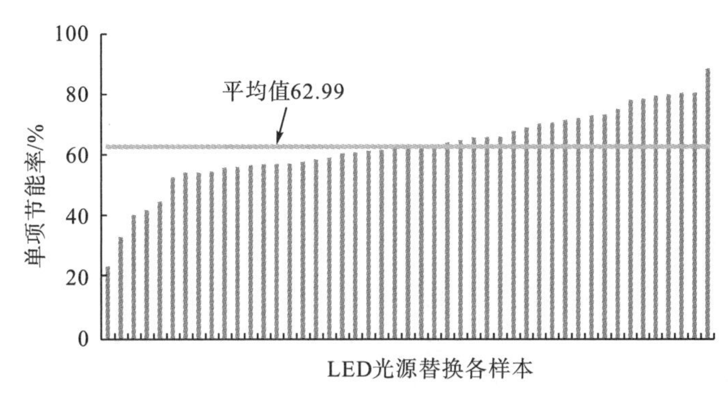

图 6.1　LED 光源替换的单项节能率

大部分项目的照明改造节能单项节能率为 50%～70%，平均单项节能率为 62.99%，节能效果较好。其中宾馆饭店建筑的节能效果最为显著，原因在于宾馆饭店建筑中安装有大量用于装饰性照明的传统卤素射灯，而 LED 射灯的光效是传统卤素射灯光效的 5 倍左右，理论上采用 LED 射灯替换卤素射灯可以产生 80%的节能效果。此外，对于个别年代久远，仍大量使用普通白炽灯的公共建筑，使用 LED 光源所产生的节能效果也比较理想。

LED 光源替换改造的节能效果评估相对简单，但应注意在实际工程中，对于有一定建造年份的公共建筑，由于灯具损坏的原因往往经历过多批次、小范围的灯具替换，以至于实际照明光源使用情况较复杂，与最初的照明设计存在较大的差距。仅依据建筑原始电气设计进行节能效果评估可能存在较大偏差，应尽量按照实际照明情况开展灯具统计工作，以保证改造实施后达到预期节能效果。

LED 光源替换改造易实施、节能效果好，但不可避免地在实际改造工程中也暴露了一些问题，主要体现在 LED 光源质量与照明二次设计两个方面。

6.2.1　LED 光源质量

一般来说，评价 LED 光源质量时主要考察的几个指标有功率因数、光效、显色指数、平均寿命，《普通照明用非定向自镇流 LED 性能要求》(GB/T 24908—2014)中对这些参数进行了相应规定[3]，部分要求见表 6.2。

表 6.2　《普通照明用非定向自镇流 LED 性能要求》(GB/T 24908—2014)中部分参数要求

评价指标	要求
功率因数	标称功率不大于 5W 时，不低于 0.4
	标称功率大于 5W 时，不低于 0.7

续表

评价指标	要求
初始光效	I级：100(色调 65/50/40)，95(色调 35/30/37)
	II级：85(色调 65/50/40)，80(色调 35/30/37)
	III级：70(色调 65/50/40)，65(色调 35/30/37)
显色指数	一般显色指数≥80
寿命	平均寿命不低于 25 000h

在进行 LED 灯具的选择时，应着重考虑以下几项指标。

1. 驱动电源类型

LED 光源所需求的驱动电流是低电压的直流电，必须依靠 LED 驱动电源将 220V 交流电转换为低电压的直流电才能正常运行。LED 芯片本身的寿命很长，目前可以达到 50 000h，但是 LED 驱动电源中的电解电容寿命相对来说较短，通常为 5 000 ～ 10 000h[4]，LED 整灯寿命主要受到电源寿命的限制。

对于民用建筑室内照明光源来说，恒流式电源有较好的亮度稳定性与安全性，是一种适宜的 LED 驱动电源；阻容式电源虽然成本低，但稳定性、安全性较差。一些节能改造工程中为了降低成本采用阻容式 LED 灯具，但从长远来看，阻容式电源的稳定性较差，对 LED 灯具的寿命也造成了削减，导致改造后维护、换灯成本的增加。

2. 功率因数

LED 驱动电源中存在容性负载，对于未采用功率因数校正或功率因数无有效校正的低功率驱动电源，其功率因数甚至会低于 0.5，大量使用低功率因数的 LED 灯具将可能导致严重的谐波电流，从而污染公共电网，增加线路损耗，降低供电质量，影响供电安全。对于照明能耗占比较高的建筑(如酒店等)其影响更加明显，有工程就曾因大量使用了功率因数过低的 LED 灯具作为节能改造的替换光源，导致建筑整体用电功率因数大幅度下滑。

3. 显色指数

显色指数是区别 LED 光源质量的另一个重要指标参数，在许多特殊场所对 LED 光源的显色指数有比较高的要求。对于这些场所的 LED 光源选择，应以保证建筑使用要求为前提，选择满足显色指数要求的光源。但通常提高 LED 显色指数所采取的方式为增加红光的比例，这同时会降低 LED 灯具的光效。图 6.2 是一家 LED 芯片供应商所提供的三种 LED 芯片在色温 4 000K 下，光效与显色指数之间的关系。

在相同色温水平下，当显色指数从 70 提升到 90 时，芯片的光效下降约 20%。《建筑照明设计标准》(GB 50034—2013)中规定，长期工作或停留的房间或场所，照明光源的显色指数不应小于 80[5]。在显色指数的选择上，一些项目出于提高节能率、节省投资的目的，忽略了实际照明需求，选择显色指数较低的光源，导致改造后无法满足照明效果要求的情况。

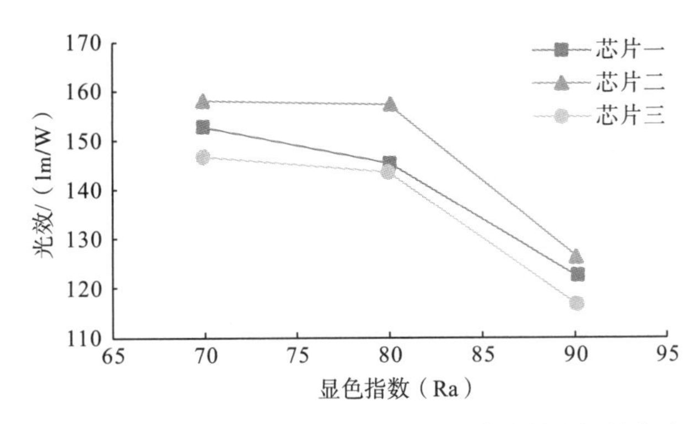

图 6.2　某品牌三种 LED 芯片光效与显色指数之间的关系

6.2.2　照明二次设计

在节能改造工程中，照明光源替换普遍被认为是最简单、最易于实施的技术。然而在实际工程中，照明改造的实施效果参差不齐，原因除了 LED 灯具本身质量之外，还有改造中照明二次设计的缺失。在进行光源替换时，由于改造前后所使用灯具性能的差别，需要对替换方案进行论证与实地测试。以最常见的 LED 灯具替换传统荧光灯为例，在实际工程中有如下几方面需要关注。

1. 照度均匀度

出于施工方便与成本控制考虑，许多工程中采取的是一替一式的替换光源，不替换原有灯具、不改变原有灯具位置、不改变原有光源数量，这种替换方式可能会导致改造后照明质量下降。原有灯具设计位置是基于传统荧光灯所考虑而确定的，而 LED 灯具相比传统荧光灯，光效高、发光角度小。使用 LED 灯具替换后由于发光角度的减少，其光照均匀度有降低的风险。

本节对 LED 光源替换传统光源后照度均匀度的变化情况进行了分析。根据《建筑照明设计规范》（GB 50034—2013）的规定，取 0.75m 为工作面、工作面标准照度值为 300Lux、壁面反射率为 0.5、地面反射率为 0.2、天花板反射率为 0.7、目标照度均匀度为 0.6[5] 的状态下的分析结果，改造前后的灯具参数与光环境分析结果见表 6.3。

表 6.3　改造前后的灯具参数与光环境分析结果

光源类型	T8 直管荧光灯	T8 直管 LED 灯
安装方式	支架	支架
整灯功率/W	36	30
安装数量/套	8	8
工作面平均照度/Lux	288	296
工作面最小照度/Lux	199	174
工作面最大照度/Lux	343	368
工作面照度均匀度	0.690	0.587

由表 6.3 可知，在保证照度基本不变的前提下，不改变原有灯具位置，采用 LED 灯具替换荧光灯后照度均匀度下降了约 0.1，改造前的照度均匀度满足《建筑照明设计规范》(GB 50034—2013)的要求，改造后的不满足。因此，在进行方案设计时应对替换后光照均匀度进行测试、论证，若无法满足标准的要求，应调整光源数量或灯具类型，并对光源位置进行重新设计。

也有部分工程在保持光通量相同的前提下，采用一替二、一替三的方式进行光源替换，其照度均匀度下降更为显著。对于灯具的增减，应该在保证照度与照度均匀度的前提下，进行合理论证后再确定，简单按一替一、一替二、一替三进行改造是缺乏考量的。

2. 眩光控制

如前所述，在一些改造工程中只替换光源，不改变原有灯具，这种改造方式可能存在的另一个问题就是眩光。传统光源的发光角度为 360°，LED 光源的发光角度一般在 120°左右[6]，在相同的光通量下后者有更高的发光强度，光通量更集中，与背景亮度差异更大，眩光感受更加明显。因此，虽然原有灯盘与孔洞的设计可以满足传统荧光灯的遮光控制要求，但对于高光效、小发光角度的 LED 光源仍有可能无法满足遮光要求，甚至于对一些改造前灯具遮光角就无法满足要求的项目，进行照明改造后整体的眩光感受非常强烈，这在办公建筑与文化教育建筑中尤为明显。在一些老旧学校建筑中，存在大量的老式吊装灯管，仅使用 LED 灯管替换原有灯管会造成整体眩光感受非常强烈。因此，出于对眩光控制的要求，应在改造工程中根据新光源特性更换原有灯具，以满足遮光角的要求。建议采用一体化的 LED 灯具，或采用漫反射暗装 LED 灯具，以及其他可以增加遮光角的措施。

3. 光源色温

人工光源具有光色的属性，体现在所发射光的色调。色温是表征光源光色的指标，对于不同功能类型的房间有不同的色温要求，《建筑照明设计标准》(GB 50034—2013)中对各类房间色温的规定见表 6.4。

表 6.4 光源色表特征及适用场所

相关色温	色表特征	适用场所
＜3 300	暖	客房、卧室、病房、酒吧
3 300～5 300	中间	办公室、教室、阅览室、商场、诊室、检验室、实验室、控制室、机加工车间、仪表装备
＞5 300	冷	热加工车间、高照度场所

此外，标准还要求当选用发光二极管灯光源时，长期工作或停留的房间或场所，色温不宜高于 4 000K。总体来说，对于民用建筑，色温的选择应该以暖色调与中间色调为主。

但在许多改造工程中，并没有严格按照标准中的要求来实施，除了缺少设计考量，还有出于降低成本、提高节能率的考虑。LED 芯片的色温与光效之间存在一定制约关系，一般来说高色温 LED 芯片光效较高，低色温 LED 芯片光效较低。某 LED 芯片供应商所提供的三种 LED 芯片产品参数中，当显色指数恒定为 80 时，芯片光效与色温的关系如图 6.3 所示。

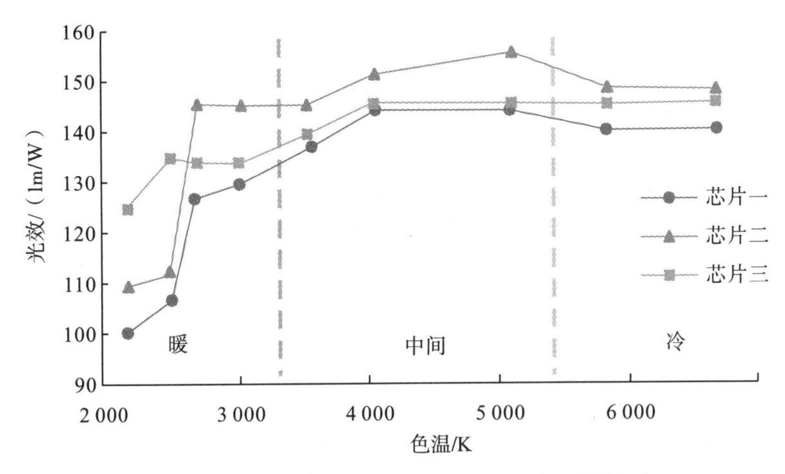

图 6.3 某品牌三种 LED 芯片光效与色温的关系

当色温在 5 000K 以下时，随着色温的提升芯片光效逐步升高，当色温超过 5 000K 时芯片光效又有所下降，在色温 5 000K 附近达到芯片光效最高值，而 5 000K 的色温属于标准所规定的中间色调并非常接近于冷色调。这一关系进一步反映在 LED 灯具的价格上，高色温的 LED 灯具要比低色温的价格稍低，一些项目出于成本考虑大量使用色温 5 000K 左右的灯具，使改造后建筑中充斥着大量蓝白光，整体光环境感受较差。

6.3 动力系统节能改造

动力系统包括非空调用水泵、非空调用风机、电梯等动力设备，工程中对动力系统的改造主要集中在电梯与厨房抽排风油烟机。

6.3.1 电梯能量回馈

与一般用电设备不同，在电梯的运行过程中包含电能与机械能之间的双向转换。电梯运行中产生的多余机械能会转换为直流电能储存在电路中，这部分电能如果不能及时释放，将会造成电路损坏，影响电梯正常运行。对于没有能量回馈装置的电梯，一般情况下是依靠电阻发热的方式消耗这部分电能，这一方面造成了电能的浪费，另一方面也加大了电梯散热量，绝大多数的电梯机房因此还必须设置专用的空调进行降温。有调研表明，用于降温的空调能耗甚至要比电梯本身的能耗还要高[7]。能量回馈装置则可以将这部分多余的电能收集并处理，转化为高质量电能并输送回电网，并减少电梯机房的散热量，降低电梯机房的空调能耗。对于电梯能量回馈装置节能效果目前缺少实测数据支撑，《重庆市公共建筑节能改造节能量核定办法》认为，具有能量回馈装置的变压变频调速电梯相比无变压变频调速电梯可以节能 40%[8]，并且还不包括所节约的空调能耗。

6.3.2 厨房抽排风机改造

对厨房抽排风机进行变频控制改造，通过气敏传感器反馈油烟的大小来调节抽排风机的启停与转速，从而实现节能。根据实际工程应用，单项节能效果约有35%，但由于抽排风机本身的能耗较低，总体节能效果并不显著，通常在改造中会结合实施一些降噪措施，改善厨房环境。

6.4 空调系统节能改造

6.4.1 分体式空调

分体式空调的改造方式为采用高能效空调设备替换低能效的老旧空调设备，其实施简单，施工周期短，节能效果取决于更新设备与原有设备的能效比。

一些建造年份在2010年以前的建筑，其使用的分体式空调能效等级划分来自《房间空气调节器能效限定值及能源效率等级》(GB 12021.3—2004)中的规定，若采用现行标准《房间空气调节器能效限定值及能效等级》(GB 12021.3—2010)的等级划分依据，并相应提升原有设备的能效等级，便可产生可观的节能效果。以制冷量小于4 500W的空调器来说，两部标准中对能效等级的划分见表6.5[9,10]。

表6.5 新旧能效标准中的等级划分

标准	能效等级				
	1级	2级	3级	4级	5级
GB 12021.3—2004	3.40	3.20	3.00	2.80	2.60
GB 12021.3—2010	3.60	3.40	3.20	—	—

以某改造项目为例，其将GB 12021.3—2004中的第4级能效空调替换为GB 12021.3—2010中的第2级能效空调，则对单台替换设备可以在理论上产生约17.6%的节能率。实际工程中，由于原有设备的老化，往往改造前的设备实际能效已经无法达到标称能效，节能效果比预期要高。对12个进行了分体式空调替换的项目节能率进行核算，结果如图6.4所示。

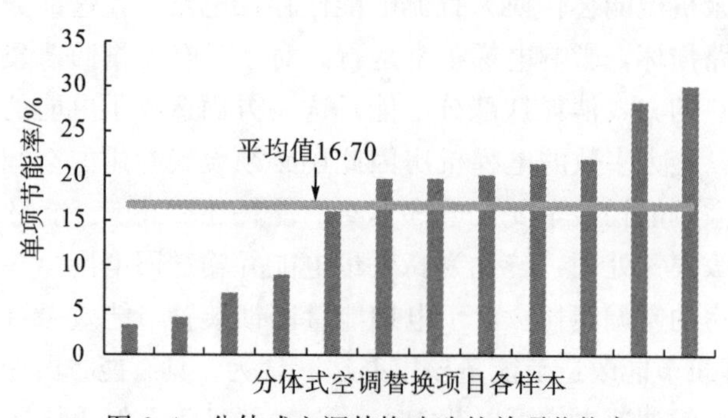

图6.4 分体式空调替换改造的单项节能率

6.4.2　集中式空调

对于采用集中空调的建筑，其改造策略则较为复杂，应妥善考虑系统的形式与运行状态，还要结合建筑的使用情况与负荷特性综合考虑；同时节能量也受多因素影响，改造潜力较难评估。一般来说，采用冷水机组+冷却塔的系统具有相对显著的节能潜力，这是由于一方面水系统输送能耗高，另一方面水系统较制冷剂系统运行特性更复杂，其中有更多对象可以进行调节优化从而达到节能的目的。

因而，集中式空调系统的改造对象主要为冷水机组+冷却塔系统，主要包括水系统改造、空调主机改造、末端风系统、冷却塔改造四个方面。

1. 水系统变流量改造

建造年代较早的公共建筑较多采用定流量系统，水泵设备的选型依据最大负荷而定，早期的设计甚至还在最大负荷工况下保留一定的富余量。此外，负荷计算方法的准确性和设备选型所受到的外界条件干扰也造成了水泵选型过大的情况存在。对于许多公共建筑，其空调水系统大部分时间都运行在小温差、大流量的工况下，造成水系统耗电输冷、热比高。

冷冻水系统改造的主要手段为通过应用水泵变频技术进行变流量改造，即通过对定流量系统加装变频控制系统来实现水流量对末端负荷的实时匹配调节，改造对象多为一次泵系统。对 32 个进行了水系统变流量改造的项目进行单项节能量核算，结果如图 6.5 所示。

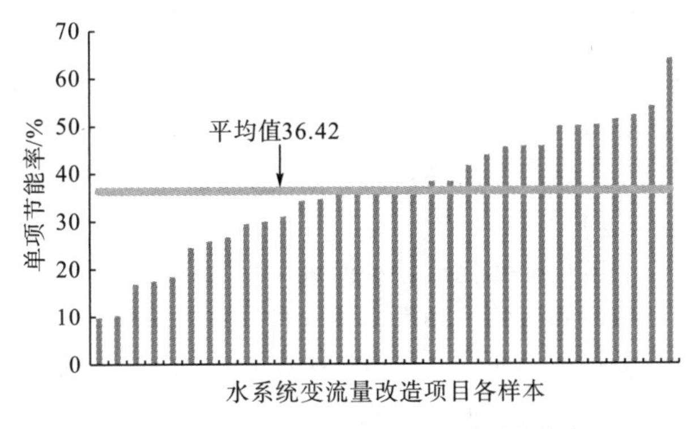

图 6.5　水系统变流量改造的单项节能率

由图 6.5 可以看到，不同项目之间变流量改造所取得的节能效果差距非常明显，节能率在 10％～60％分布，这反映了水系统变流量改造节能效益的不确定性。其中既有项目本身节能潜力的限制，也有变流量改造控制策略、系统设备情况的影响。若不对具体工程的空调系统状态进行深入调研分析，仅依靠工程经验或统计学结果不能准确预测节能效益，节能率的统计结果只能作为一个参考。

变流量改造对于水泵选型过大、末端负荷变化较大的空调水系统有良好的节能效果，但一些工程在未进行技术适宜性分析的情况下盲目应用，使某些项目的节能效益不明显，因此在进行变流量改造前应进行相应论证。

(1)系统规模。根据工程经验，对于空调系统规模较小、装机负荷较小的建筑，通常认为其所具有的节能潜力较小，改造投资回收期较长，技术经济性较差，改造前应进行充分的技术经济性讨论。

(2)系统运行状态。对集中空调系统运行记录进行核查，若冷冻水供回水温差长期大于5℃，则说明该水系统长期运行在较高负荷下，变流量改造节能空间较小，不适宜进行变流量改造。

(3)系统设备匹配。重新核算建筑冷负荷，按照5℃温差情况计算冷冻水流量，若实际流量小于冷冻水泵额定流量1/2以上，则应考虑更换小功率水泵与变流量改造结合，单纯的变流量改造将会由于在低流量工况下水泵效率的衰减而受到影响[11]，如图6.6所示，同时也会危害到水泵与系统的稳定。

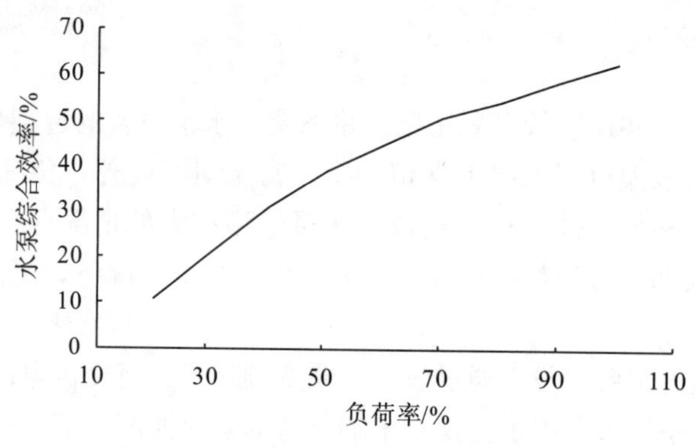

图6.6　水泵综合效率与负荷率的关系

空调水系统变流量常见的控制策略例，如温差控制、定压差控制、变压差控制的适用性、稳定性和优缺点都已经被许多研究者反复探讨[12-15]。但在目前大型公共建筑节能改造工程的实施中，这些策略并没有得到广泛的应用。对于温差控制来说，由于水系统中温差传递速度较慢，系统延迟性较高，且存在各个支路间负荷抵消的现象，无法保证调节的实时性与准确性；对于定压差控制和变压差控制来说，其应用的基本前提为水系统末端合理设置有可以响应负荷变化动作的阀门，但实际上大部分既有公共建筑中末端阀门设置情况非常不理想，阀门的可调性、通断性、动作准确性都无法保证，因而系统压差无法准确反映负荷变化。此外，实际应用中末端压力的变化惯性与控制器的调控策略所产生的系统振荡也是难解的问题。

因此，现阶段实际实施的变流量改造工程未采用理论意义上的温差或压差控制策略，而是采用一种基于大量工程经验与现场调试的预设调节控制策略，并辅以温差、压差监测系统来保证冷量供给充裕。其一般调控策略如下：对改造建筑的空调负荷进行一段时间的监测，并结合同类型建筑设定经验值，预设各个时段的水泵负荷率。通过试运行对预设的工况进行调节修正，监测预设工况下空调水系统的运行情况，在保证供回水温差、系统所需最小压差的情况下尽量降低水泵负荷率，该试运行调节的时期为1～2周。

该调控策略相比传统温差、压差控制策略，对系统设置要求较低，在末端阀门设备不完善的情况下也可以实施，减少了核查、修缮、调试末端阀门设备的成本，调节工况的预设也避免了系统的振荡。但该策略也有几个明显缺点，一方面，由于调控策略主要依靠经验值与现场调试设定，这就要求工程实施单位必须有大量实际改造经验与数据支撑，否则系统的调试将会花费大量时间、人力成本，且无法保证调控策略的科学、稳定；另一方面，不基于系统参数变化，仅依靠预设值调节，势必会存在部分时间内系统出力与实时工况的不匹配，造成节能效果的压缩或者供冷量不足。实际工程中往往为了保证空调系统的冷量富足，在该策略下会预留较大的流量富余，系统状态无法做到真正的与实时负荷相匹配，只能在保证温差、压差不偏离的条件下适当降低水泵负荷率，从而削弱了节能效果。

在我国水系统变流量改造发展初期，由于压差控制策略的应用条件与技术要求较高，一些建筑节能服务公司通过上述经验调控策略迅速打开市场，完成了集中空调变流量改造工程的起步。然而由于该调控方法所存在的各种根本上的限制，冷冻水变流量改造技术还是会向基于系统参数变化的方向发展，完善、成熟的变流量改造工程应该妥善解决以下几个关键问题。

(1)末端阀门的完善。实际工程中的末端阀门状态远比想象中的还要糟糕，一部分阀门在设计初期就无法满足变流量改造的要求，剩下的大部分阀门也在长期的使用中失去了有效的调节或通断能力。采用与室内末端设备联动的电动控制两通阀替换原有的老旧阀门，并保证一定的控制精度，来实现系统水压与负荷之间的联动变化，是实现压差控制的前提；对于实际工程实施来说，替换所有末端阀门设备的成本较高，可以通过划分主要空调区域，在各区域分支干管上安装电动控制阀，具体阀门设置数量依据工程实际需求确定。

(2)变频下限的设定。对于一次泵变流量系统，出于保护机组与确保末端供水压力两个目标，需要设定变流量的下限值，对应即为变频率的下限值。保护机组即保证通过机组的流量应大于机组运行的最小流量，根据机组的特性而设定。确保末端供水压力即保证一定的供水压力来满足管路中最不利环路的需求。由于实际施工与图纸存在偏差，理论水力计算不能保证可靠，确定最小供水压力可以采用现场测试的方法。先通过查阅图纸确定建筑中空调较不利区域，一般为距离设备机房较远的管路远端区域，调节冷冻水水泵的转速，并监测最不利空调区域的冷冻水供水压力，当供水压力降至保证需求的最低值时所对应的冷冻水泵的转速即为保证末端供水压力目标下的变频下限。变频下限的存在，很大程度上制约了变流量改造的节能效果，尤其是对于空调规模较大、冷冻水系统管路较长、最不利环路较突出的工程，其对节能效果的限制尤为明显；此外许多暖通空调系统设计中忽视水力平衡的设计需求，通过加装阀门来粗暴地解决水力平衡问题，也导致了部分空调区域恶劣的水力需求。在该情况下可以考虑调节部分管路的管径或采用加装二级管道泵的措施，降低系统最不利环路的供水压力需求，从而提高变频下限的设定，最大限度地达到节能效果。

2. 空调主机调控

空调主机的节能改造多为运行调控方面的设置，主要有以下几种手段。

1)机组群控策略

对制冷机组的群控策略进行优化，尽量保持机组在高效率工况下运行，调整各主机之间的运行时间，增加高效率制冷主机的运行时间。根据实际工程调研，许多建筑的空调群控策略往往比较简单，仅根据负荷情况启动不同数量的主机。以三台制冷主机为例，往往有一台主机常年运行，一台间歇运行，一台常年闲置。在这种情况下，应对主机的运行情况进行核查，平衡不同主机之间的运行时间，增加能效较高主机的运行时间，保证运行的机组尽量处于高效率的负荷区间。

2)调节机组供、回水温度设定值

依据室外温度或系统参数反馈调节机组的供水温度与回水温度设定值，从而降低机组的能耗。该方法在实际应用中有一个现实问题，如要实现供、回水温度设定值自控调节，建筑节能服务公司应向空调设备厂家取得制冷机组接口协议，其中会涉及维保、技术保密等问题。

3)主机清洗

一般来说，主机清洗工作应当作为建筑物业管理的一部分，但实际建筑运行中缺失比较严重，因此在一些工程中主机的常规清洗也可以取得一定的节能效果。

对于主机改造的节能效果评估是比较困难的，要依据实际工程的设备特性、运行状态而定。

3. 末端风系统变频

末端风系统的改造主要针对商场类建筑中的末端大风量风柜与风机，根据室内空气参数进行风机变频调节，相对来说改造技术较简单，容易实施。根据实际改造工程，风柜变频改造的单项节能率一般为20%～30%。

4. 冷却塔运行调节

冷却塔的改造手段有群控策略调节与冷却塔风机变频改造。相比于输配系统与制冷主机，冷却塔本身的能耗并不高，但冷却塔的运行工况会决定冷却水的回水温度，进一步影响冷水机组的效率，因此冷却塔的改造应在保证系统能效优先的前提下进行。

6.5 供配电系统节能改造

供配电系统改造与其他系统存在一定区别，供配电系统真正意义上的用电量很少，对供配电系统进行节能改造的主要目标为降低变压器损耗与线路损耗。应当格外注意的是，供配电系统的运行状态在很大程度上取决于用电设备的特性，如灯具的功率因数、电气线路的设计规划。供配电系统节能改造的效果主要基于理论计算，很难开展针对性的测试，目前仍无法有效量化评估供配电系统节能改造的实际效果。

6.5.1 三相负荷平衡

对供配电系统存在显著三相不平衡现象的建筑，部分改造工程中采用三相平衡调节器的做法进行改造。通过平衡三相负荷，降低三相四线制供配电系统中性线的电流，减少电网线路的损耗。但采用三相平衡调节设备存在以下问题。

(1)三相平衡调节设备投资成本较高，且设备本身也有一定的电能消耗，投资回收期较长，应进行充分的前期测试、论证，分析计算由于三相不平衡所增加的电耗与三相平衡调节设备的运行电耗，再考虑是否采用。

(2)三相平衡调节虽然在工业建筑中取得了一定的效果，但相比之下民用建筑的用电设备复杂，负荷特性变化大，三相负荷的平衡难度高，实际调节效果无法达到理论计算的水平。

重庆市在一些早期的节能改造项目中采用了三相平衡调节设备，但在投资较高的情况下未取得理想的效果，后续项目便未继续实施。国家标准《公共建筑节能改造技术规范》(JGJ 176—2009)中也指出，对于三相不平衡的回路宜采用重新分配回路上用电设备的方法，但因在实际工程中的操作性不高，也未得到推广实施。

6.5.2　无功补偿

用电设备中存在感性或容性负载，会影响整个供配电系统的功率因数，导致视在功率和负荷电流过高，一方面会增加变压器的损耗，另一方面也增加了线路损耗。在节能改造工程中通常会对建筑原有供配电系统进行诊断，若功率因数偏低，可采用增加无功补偿的手段。《公共建筑节能改造技术规范》(JGJ 176—2009)中建议无功补偿应采用自动补偿的方式，补偿后仍达不到要求的情况下，宜更换补偿设备。

6.6　特殊用能系统节能改造

特殊用能系统的改造手段有燃气灶改造与锅炉余热回收。

6.6.1　燃气灶改造

在有炊事需求的建筑中，可采用高燃烧效率的燃气灶心替换原有灶心，提高燃烧效率，节省燃气用量。对比一些改造项目所采用节能灶心与改造前灶心，通常可以节省20%～30%的燃气消耗量，在燃气用气量较大的建筑如宾馆饭店建筑中节能效果比较明显。对 7 个对燃气灶进行改造的项目核算单项节能率，结果如图 6.7 所示。

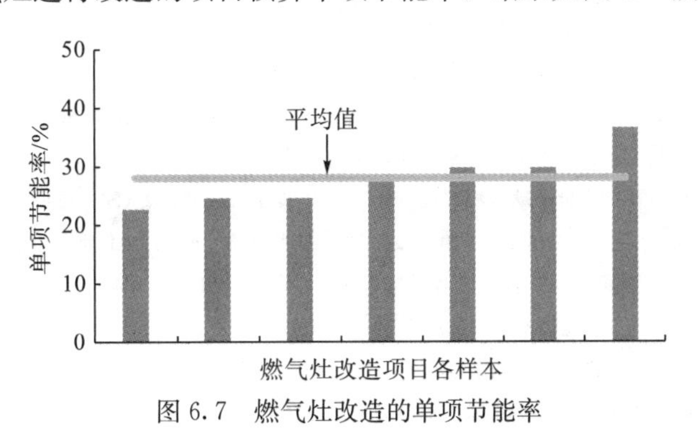

图 6.7　燃气灶改造的单项节能率

6.6.2 锅炉余热回收

锅炉余热回收主要针对生活热水锅炉与蒸汽锅炉，后者主要作为宾馆饭店建筑中的洗衣房使用。实际工程中的做法为设置专用储水箱，引导锅炉蒸汽通过换热设备加热水箱中的低温水，制备 30～40℃的温水作为生活热水。该技术措施实施简单，投资成本低，在宾馆饭店建筑中可以取得一定的节能效果。但应注意在制备低温热水时，可能存在一定的卫生隐患，宜采取一定的卫生控制措施。

6.7 结论

本章根据重庆市 123 个既有公共建筑节能改造项目的实施情况，总结了重庆市节能改造技术体系，分析了各项节能改造技术的效果与关键问题，并给出了相应工程建议，主要的结论如下：

(1)采用 LED 光源替换原有光源时，应着重关注 LED 光源质量与照明二次设计两个方面。灯具质量评价应重点考察电源类型、显色指数、功率因数，照明二次设计应重点考虑眩光、照度均匀度与色温选择。应在保证照明质量的前提下开展改造工作。

(2)集中式空调系统变流量改造是节能改造的一项核心内容，受限于水系统末端阀门状态，现阶段多基于工程经验值与现场调试设定变流量控制策略。要实现基于系统参数的变流量控制策略，需要解决末端阀门设置与水力平衡两个关键问题。空调主机的改造多以运行调控为主，冷却塔的改造应以保证主机能效为主要目标，不建议采用冷却塔风机变频改造。

(3)三相负荷平衡设备在实际应用中效果不明显，不建议采用；电梯能量回馈装置在降低电梯能耗的同时，还可以有效解决电梯机房散热问题；其他改造技术，如厨房抽排风机改造、燃气灶改造、锅炉余热回收投资低、易实施，在宾馆饭店建筑中具有一定的节能效益。

参考文献

[1]绿色建筑行动方案[J]. 中国勘察设计，2013，(02)：50－55.
[2]关于印发“十二五”绿色建筑科技发展专项规划的通知[J]. 太阳能，2012，(14)：9－13.
[3]中华人民共和国国家质量监督检验检疫总局，中国国家标准化管理委员会 GB/T 24908－2014 普通照明用非定向自镇流 LED 性能要求[S]. 北京：中国标准出版社，2014.
[4]林方盛，蒋晓波，江磊，等. LED 驱动电源综述[J]. 照明工程学报，2012，(S1)：96－101.
[5]中华人民共和国住房和城乡建设部. GB 50034－2013 建筑照明设计标准[S]. 北京：中国建筑工业出版社，2013.
[6]窦林平. 国内 LED 照明应用探讨[J]. 照明工程学报，2011，(06)：51－58.
[7]姚颖超. 电梯节能中能量回馈节能技术的有效运用[J]. 企业技术开发，2017，(04)：74－76.
[8]重庆市城乡建设委员会. 重庆市公共建筑节能改造节能量核定办法[Z]，2013.
[9]中华人民共和国国家质量监督检验检疫总局，中国国家标准化管理委员会. GB 12021.3—2010 房间空气调节器能

效限定值及能效等级[S]. 北京：中国标准出版社，2010.
[10]中华人民共和国国家质量监督检验检疫总局，中国国家标准化管理委员会. GB 12021.3—2004 房间空气调节器能效限定值及能源效率等级[S]. 北京：中国标准出版社，2004.
[11]丁勇，魏嘉. 冷冻水泵变频改造的节能性能分析[J]. 建筑节能，2015，(09)：1-7.
[12]孟彬彬，朱颖心，林波荣. 部分负荷下一次泵水系统变流量性能研究[J]. 暖通空调，2002，(06)：108-110.
[13]吴德胜，杨昌智. 变频变流量系统的节能分析与控制[J]. 制冷与空调(四川)，2007，(01)：24-27.
[14]张再鹏，陈焰华，符永正. 压差控制对变流量空调水系统水力稳定性的影响[J]. 暖通空调，2009，(06)：63-66.
[15]黄建恩，吕恒林，冯伟. 空调系统冷冻水循环水泵变频运行的变温差控制[J]. 环境工程，2011，(06)：103-106，131.

作者：重庆大学　丁勇，唐浩，刘学

第7章 重庆地区绿色生态城区建设技术体系梳理

2013年3月，住房和城市建设部发布《“十二五”绿色建筑和绿色生态城区发展规划》，指出要大力推动绿色生态城区建设发展，形成经济激励机制，逐步完善技术标准体系，不断提高创新研发能力，初步形成产业规模，实现城乡建设模式的科学转型。为此，重庆市和国家先后出台相关生态城区评价标准，秉承资源节约、环境友好发展理念，推进新型城镇化建设的可持续发展。

7.1 绿色生态城区标准建设

重庆市地方标准《绿色低碳生态城区评价标准》(DBJ50/T—203—2014)由重庆大学会同有关单位共同编制，并于2015年1月1日开始实施。国家标准《绿色生态城区评价标准》(GB/T 51255—2017)由中华人民共和国住房和城乡建设部组织编制，2017年7月31日正式发布，并定于2018年4月1日开始实施。两者在结构体系、管理要求、技术要点等方面存在一定异同，并且由于编制时间不同，两者内容要点也有所侧重。

7.1.1 参评对象

重庆市地方标准适用于重庆市新建、扩建和改建的城区，且城区规模一般不小于1.5km^2的绿色低碳生态城区的评价。国家标准要求获得上级批准的具有明确的规划用地范围的城区参与绿色生态城区的评价。它们可以对既有城区进行升级改造，也可以对新建城区进行规划建设。

7.1.2 评价等级

地方标准和国家标准标在评价体系方面有较大差异，但其本质要求基本一致。重庆市地方标准绿色低碳生态城区评价分阶段进行，分为重庆市绿色低碳生态城区评价(规划设计阶段)、年度核查和绿色低碳生态城区评价(验收阶段)三个阶段。参评城区应满足本标准所有控制项要求、各部分引导项最低合格项数要求和引导项最低总合格项数要求。国家标准评价分为设计评价、实施运管评价两个阶段。其评分体系与绿色建筑评分体系类似，参评城区在满足所有控制项的同时还要对评分项进行打分，每类指标评分项得分(得分项总分占参评项总分值的比例乘以100分)乘以相应阶段的权重再加上技术创新项的附加得分为总得分。根据总得分分别达到50分、65分、80分可将绿色生态城区分为一星级、二星级、三星级。

7.1.3　结构体系

重庆市地方标准和国家标准在章节划分等结构体系方面有较大出入。重庆市地方标准包括土地及空间利用、交通、建筑、基础设施、工业和城市管理六大指标，若城区评价时采用了创新性的技术措施，经认证后可作为创新项予以鼓励。地方标准共包含 70 项条文，其中控制项 31 条，引导项 39 条，具体条文分布如图 7.1 所示。国家标准则主要从土地利用、生态环境、绿色建筑、资源与碳排放、绿色交通、信息化管理、产业与经济、人文八大指标及技术创新方面做出相关规定。国家标准条文共 122 条(不包括技术创新章节一般项)，其中控制项 20 条(不包括技术创新章节一般项)，评分项 102 条，具体条文分布如图 7.2 所示。

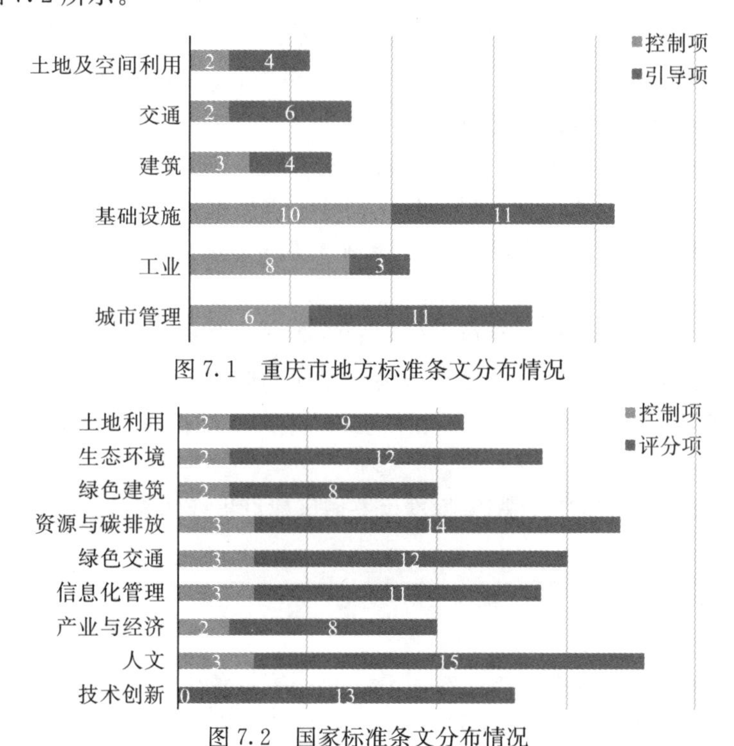

图 7.1　重庆市地方标准条文分布情况

图 7.2　国家标准条文分布情况

7.1.4　内容要求

重庆市地方标准遵循普遍性和针对性相结合、定性和定量相结合、现实性和前瞻性相结合、可操作性和经济性相结合的原则，从规划设计、施工、运营等方面，全面指导并推进重庆地区绿色低碳生态城区建设。

在土地及空间利用方面，对城区的容积率及 400m×400m 地块的比例做出强制要求，以优化路网设计，增强内部可达性；针对重庆地区特殊的山地、丘陵地貌，地势高低悬殊的特点，对于地上地下空间点、线、面的综合开发利用及交通衔接等方面做出了要求。

在交通方面，要求城区有完善的道路设施、合理的路网结构、良好的道路通行能力。强调以人为本，着重绿色交通出行，对于居民公交站点可达性、慢行道路设置、交通枢纽布局、充电服务设施等做出要求；同时标准中还对清洁能源汽车的专用停车位不低于15%的比例进行强制规定，鼓励和践行低碳出行。

在建筑方面，城区内一星级绿色建筑达到100%，二星级及以上绿色建筑不低于30%，新建建筑智能化普及率要求达到100%，满足绿色施工建筑比例不低于30%的要求，大型办公建筑能耗监测平台全覆盖，老旧小区水电气管网改造率100%，既有建筑节能改造节能率进一步提升。

在基础设施方面，城区建设对空气质量、声环境、水资源、自然生态、居民生活等方面设施做出要求。关于生态环境，城区建设合理规划绿地率、公园绿地面积，保护湿地；关于能源资源，要求合理利用可再生能源，发展天然气分布式能源系统，提高能源综合利用效率；关于环境质量，城区对空气质量监测、噪声管理、热岛强度等做出了相关要求；关于节水型城区建设，主要强调城区水质、污水处理、再生水管网设施及雨水处理技术等要点；对于居民生活，城区内垃圾的分类、收集、运输、处理应面面俱到，公共场所相关设施建设也应体现无障碍设计。

在工业方面，着重强调工业企业的资格资质，加快产业转型升级，鼓励高新技术产业的发展；着重工业区域的规划布局，建筑密度、容积率、行政办公建筑面积比例等合情合理，推行绿色工业建筑的发展；100%实现工业企业生产过程中废气、废水、固体废弃物的达标排放。

在城市管理方面，主要体现绿色、低碳的特征。要求对公众进行城区绿色低碳的宣传教育，鼓励市民绿色交通出行；城区内公共场所的照明系统、景观灌溉系统、停车系统、信息化服务系统都有相应要求；同时也鼓励城区实施低碳运营机制，实施碳计量，减少碳排放。

重庆市地方标准生态城区和国家标准生态城区建设指标体系分别见表7.1和表7.2。

7.1.5 标准对比

相较于重庆市绿色低碳生态城区标准建设，国家绿色生态城区评价标准编制工作延后两年左右，在此期间，爆发的一系列环境、社会等问题逐步体现在国家标准的建设中。除了两者共同涉及的空气质量、热岛效应、碳排放、海绵城市等内容，国家标准在混合开发利用、城区规划布局、绿色交通、城区管理、装配式建筑、城区基础设施建设、城区信息化管理、民生关怀、历史文化等内容方面更加注重，主要体现在以下几点：

(1)在土地混合开发利用方面，相较于重庆市地方标准中对400m×400m地块的比例的要求，国家标准中则对单位平方千米的建设用地的类别占比做出要求，保证土地的混合开发利用及邻里交通的可达性。

(2)在城区规划布局方面，国家标准强调根据当地地形、气候、风貌特色等条件，规划城区有利于节能的建筑朝向、开敞空间和通风廊道，根据资源环境等条件制定各项专项规划，对城区规划布局统筹管理。

表 7.1 重庆市地方标准《绿色低碳生态城区评价标准》（DBJ50/T—203—2014）指标体系

类别	范围	内容	要求	选项	阶段	条文
土地规划	城区	建设用地容积率	符合《重庆市城市规划管理技术规定》	控制项	设计、验收	4.1.1
		400m×400m 以下地块比例	不低于 50%	控制项	设计、验收	4.1.2
		地下空间	合理开发、整体利用	引导项	设计、验收	4.2.1
			线状与面状结合		设计、验收	
			地上地下功能协调		设计、验收	
	工业	平均容积率	符合《重庆市特色工业园区规划建设规范》等相关国家和地方标准规范的要求	控制项	设计、验收	8.1.2
		平均建筑密度	不低于 40%	控制项	设计、验收	8.1.3
		行政办公及生活设施服务用地	比例不高于 7%	控制项	设计、验收	8.1.4
建筑	新建	绿色建筑	新建项目的绿色建筑比例达到 100%	控制项	设计、验收	6.1.1
			新建达到二星级或金级的面积比例不低于 30%		设计、验收	
		新建居住建筑	成品住宅比例不低于 35%	引导项	设计、验收	6.2.1
		新建建筑智能化	普及率 100%	控制项	设计、验收	6.1.2
		能耗监测	新建政府和大型办公建筑覆盖率 100%	控制项	验收	6.1.3
	施工	绿色施工	满足国家标准《建筑工程绿色施工评价标准》GB/T 50640 和地方相关标准的比例不低于 30%	引导项	验收	6.2.2
	改造	老旧小区改造	改造率 100%	引导项	设计、验收	6.2.3
		既有建筑节能改造	节能改造率不低于 30%	引导项	设计、验收	6.2.4
			改造后的单位建筑面积能耗下降 20%以上		设计、验收	
	工业	绿色工业建筑	符合《绿色工业建筑评价标准》GB/T 50878 和地方相关标准要求的面积不低于 30%	引导项	设计、验收	8.2.1

续表

类别	范围	内容	要求	选项	阶段	条文
交通	道路	城区道路	交通设施功能完善，路网结构合理，道路通行能力高	控制项	设计、验收	5.1.1
		慢行车道设置	与机动车道之间应有隔离措施	引导项	设计、验收	5.2.2
			行道树绿化率不低于80%		设计、验收	
			透水性铺装		设计、验收	
			宽度为3.5m以下长度不低于总长度两倍	引导项	设计、验收	5.2.3
			宽度为3.5m以下占面积比例不低于30%		设计、验收	
	停车及配套设施	清洁能源停车位	不低于15%	控制项	设计、验收	5.1.2
		停车诱导系统	地下部分达标率100%	引导项	设计、验收	9.2.5
			地面部分覆盖率不低于50%		设计、验收	
		电动汽车快速充电网络	电动汽车充电站(桩)服务半径为0.9～1.2km	引导项	设计、验收	5.2.1
			有充电站(桩)的停车位比例不低于15%		设计、验收	
	换乘设置	人车分流	建立人行过街系统	引导项	设计、验收	4.2.3
		公共交通枢纽站	设置非机动车及机动车停放场所及相应设施	引导项	设计、验收	5.2.4
			轨道交通零换乘		设计、验收	
	居民步行可达性		步行500m范可达公交站点的区域面积的比例高于90%	引导项	设计、验收	5.2.5
	道路设施	道路交通标识系统	清晰规范	引导项	设计、验收	5.2.6
		公交站牌	电子化率100%	引导项	设计、验收	9.2.6
		路灯	智能化控制覆盖率不低于70%	控制项	设计、验收	9.1.5
	绿色交通	绿色出行	比例不低于80%	引导项	验收	9.2.9
		绿色照明	功能照明实现零无灯区	引导项	设计、验收	9.2.4
			道路装灯率100%，主干道的亮灯率98%，次干道、支路的亮灯率96%		设计、验收	
			设施的完好率应达到95%，景观照明设施的完好率应达到90%		设计、验收	
			道路路面亮度或照度、均匀度、眩光限制值、环境比及照明功率密度符合《城市道路照明设计标准》CJJ 45		设计、验收	
			照明质量达标率不小于85%		设计、验收	
			道路照明节能评价达标率100%		设计、验收	
			既有道路照明节能评价达标率不小于70%		设计、验收	
			高光效、长寿命光源的应用率不低于90%		设计、验收	

续表

类别	范围	内容	要求	选项	阶段	条文
能源与资源	能源	可再生能源	城区可再生能源建筑应用面积不低于城区新建建筑面积的 10%	引导项	设计、验收	7.2.1
		天然气分布式能源系统	全年综合能源利用效率高于 70%	引导项	设计、验收	7.2.2
	垃圾回收	生活垃圾	资源化利用率不低于 50%	引导项	设计、验收	7.2.3
		建筑垃圾	资源化利用率不低于 60%		设计、验收	
	水资源	再生水管网	覆盖率不低于 20%	引导项	设计、验收	7.2.9
	低碳		低碳运营管理机制	引导项	验收	9.2.10
			碳计量，减少碳排放	引导项	验收	9.2.11
环境与生态	海绵城市	综合径流系数	符合《室外排水设计规范》GB 50014 的要求	控制项	设计、验收	7.1.1
		技术	采用基于低影响开发方法(LID)的城市雨水管理技术	引导项	设计、验收	7.2.10
	水	地表水环境	质量达标率 100%	引导项	设计、验收	7.2.4
		景观水体	水质达标率 100%		设计、验收	
	绿化	乡土植物	比例不低于 80%	控制项	验收	7.1.4
		湿地	保护自然湿地、人工湿地	控制项	设计、验收	7.1.10
		城区绿地	绿地率不低于 30%	引导项	设计、验收	7.2.5
			人均公园绿地面积不低于 $12m^2$	引导项	设计、验收	7.2.6
		绿化景观	智能灌溉系统覆盖率不低于 50%	引导项	设计、验收	9.2.3
	大气	空气质量	优良率不低于 80%	引导项	验收	7.2.7
	垃圾处理	生活垃圾	分类收集运输率 100%	控制项	设计、验收	7.1.5
			无害化处理率 100%	控制项	设计、验收	7.1.6
		生活污水	集中处理率 100%	控制项	设计、验收	7.1.7
	声环境		满足《声环境质量标准》GB 3096 的达标区域覆盖率 100%	控制项	验收	7.1.3
	热岛强度		居住区夏季平均不高于 1.5℃	引导项	设计、验收	7.2.8
	电磁辐射		环境符合《电磁辐射环境保护管理办法》《电磁辐射防护规定》	引导项	设计、验收	9.2.1
			电磁波辐射强度达到《环境电磁波卫生标准》GB 9175 中角一级标准		设计、验收	
	环境管理	公众对环境的不满意率	低于 10%	控制项	验收	9.1.2
		绿色低碳知识宣传教育	普及率高于 90%	控制项	验收	9.1.3

续表

类别	范围	内容	要求	选项	阶段	条文
城区建设与管理	公共基础设施	公共服务设施配套建设	符合《重庆市居住区公共服务设施配套标准》《重庆市城市园林绿地系统规划编制要求(试行)》	控制项	设计、验收	4.1.1
		配套公共服务设施	与居住人口规模相适应	引导项	设计、验收	4.2.2
		无障碍设施	新建公共服务区建设率100%	控制项	设计、验收	7.1.9
			既有建筑居住区改造率不低于70%		设计、验收	
			人行道及人行横道路口设施率不低于80%		设计、验收	
		水、电、气智能表具	安装率不低于90%	控制项	设计、验收	9.1.4
	管网	供水管网漏损率	不高于8%	控制项	验收	7.1.2
		市政管网	普及率100%	控制项	设计、验收	7.1.8
		给、排地下管网	监测率不低于40%	引导项	设计、验收	9.2.2
		地下综合管廊	电力、通信、供水及区域供冷(热)等市政公用管线，实施统一规划、设计、施工和管理	引导项	设计、验收	7.2.11
	工业管理	平均投资强度	符合《重庆市特色工业园区规划建设规范》等相关国家和地方标准规范的要求	控制项	设计、验收	8.1.1
		企业质量	通过ISO 14001认证的工业企业比例100%	控制项	验收	8.1.5
		高新技术产业	增加值占工业增加值的比重不低于40%	引导项	验收	8.2.2
		工业类别	无高能耗高污染高排放的产业	引导项	设计、验收	8.2.3
		固体废弃物	处置率100%	控制项	设计、验收	8.1.6
		废水	排放达标率100%	控制项	设计、验收	8.1.7
		废气	排放达标率100%	控制项	设计、验收	8.1.8
	城市容貌		符合《中华人民共和国城市容貌标准》GB 50449	控制项	验收	9.1.1
	社区管理	社区	管理和服务信息化的社区率100%	引导项	验收	9.2.7
		就业住房	平衡指数不低于30%	引导项	验收	9.2.8

表 7.2　国家标准《绿色生态城区评价标准》（GB/T 51255—2017）指标体系

章节	选项		内容	要求	得分	得分规则	适用阶段	条文
土地利用	控制项		城区规划	应符合所在地城乡规划	—	—	设计、运管	4.1.1
			土地功能复合性	建设用地至少包括居住用地（R 类）、公共管理与公共服务设施用地（A 类）、商业服务业设施用地（B 类）三类	—	—	设计、运管	4.1.2
	评分项	混合使用	混合开发面积比例	单位平方千米混合用地单元的面积之和占城区总建设用地面积的比例达到 50%	5	递进赋分	设计、运管	4.2.1
				单位平方千米混合用地单元的面积之和占城区总建设用地面积的比例达到 60%	7			
				单位平方千米混合用地单元的面积之和占城区总建设用地面积的比例达到 70%	10			
			公共交通导向的地布局模式	轨道站点及公共交通站点周边 500m 范围内采取混合开发的站点数量占总交通比例达到 50%	5	递进赋分	设计、运管	4.2.2
				轨道站点及公共交通站点周边 500m 范围内采取混合开发的站点数量占总交通比例达到 70%	7			
				轨道站点及公共交通站点周边 500m 范围内采取混合开发的站点数量占总交通比例达到 90%	10			
			合理开发利用地下空间	地下空间与地上建筑、停车场库、商业服务设施或人防工程等功能空间紧密结合、统一规划	5	直接赋分	设计、运管	4.2.3
		规划布局	城区市政路网密度	路网密度达到 $8km/km^2$	5	递进赋分	设计、运管	4.2.4
				路网密度达到 $10km/km^2$	7			
				路网密度达到 $12km/km^2$	10			
			公共服务设施便捷性	幼儿园、托所服务半径 300m 范围内，所覆盖的用地面积占居住区总用地面积的比例达到 50%	3	叠加赋分	设计、运管	4.2.5
				小学服务半径 500m 范围内，所覆盖的用地面积占居住区总比例达到 50%	3			
				中学服务半径 1000m 范围内，所覆盖的用地面积占居住区总比例达到 50%	3			
				社区养老服务设施或社区卫生中心半径 500m 范围内，所覆盖的用地面积占居住区总比例达到 30%	3			

续表

章节	选项		内容	要求	得分	得分规则	适用阶段	条文
土地利用	评分项	规划布局	公共服务设施便捷性	社区商业服务设施半径 500m 范围内，所覆盖的用地面积占居住区总用地面积的比例达到 100%	3			
			公共开放空间	单个公共开放空间的面积不小于 $300m^2$	—	递进赋分	设计、运管	4.2.6
				公共开放空间 500m 服务范围覆盖城区的比例达到 40%	5			
				公共开放空间 500m 服务范围覆盖城区的比例达到 50%	7			
				公共开放空间 500m 服务范围覆盖城区的比例达到 70%	10			
			生态用地和城市绿地	绿地率达到 36%	5	递进赋分	设计、运管	4.2.7
				绿地率达到 38%	7			
				绿地率达到 40%	10			
			建筑朝向	有利于节能的建筑朝向范围内的居住建筑面积占城区居住建筑总面积的比例达到 80 %	2	递进赋分	设计、运管	4.2.8
				有利于节能的建筑朝向范围内的居住建筑面积占城区居住建筑总面积的比例达到 85%	3			
				有利于节能的建筑朝向范围内的居住建筑面积占城区居住建筑总面积的比例达到 90%	5			
			连续的开敞空间和通风廊道	兼顾当地地理位置、气候、地形、环境等基础条件，考虑全年主导风向	5	直接赋分	设计、运管	4.2.9
				利用山体林地、河流、湿地、绿地、街道等形成连续的开敞空间和通风廊道，且宽度不小于 50m				
			城市设计管理机制	建立城市设计管理机制	5	叠加赋分	设计、运管	4.2.10
				编制完成城区范围内重点街区和地段的城市设计	5			
生态环境	控制项		管理措施指标	制定城区地形地貌、生物多样性等自然生境和生态管理措施指标	—	—	设计、运管	5.1.1
				制定城区大气、水、噪声、土壤等环境质量控制措施和指标			设计、运管	5.1.2
			污水处理	雨、污分流排水体制	—	—	设计、运管	5.1.3

续表

章节	选项		内容	要求	得分	得分规则	适用阶段	条文
生态环境	控制项		污水处理	生活污水收集处理率达到 100%	—	—		
			垃圾处理	无害化处理率达到 100%	—	—	设计、运管	5.1.4
			污水处理	无黑臭水体	—	—	运管	5.1.5
	评分项	自然生态	生物多样性保护	综合物种指数达到 0.50	1	混合赋分	设计、运管	5.2.1
				综合物种指数达到 0.60	3			
				综合物种指数达到 0.70	5			
				本地本土植物指数达到 0.60	1			
				本地本土植物指数达到 0.70	3			
				本地本土植物指数达到 0.80	5			
			绿化	绿化覆盖率达到 37%	1	混合赋分	运管	5.2.2
				绿化覆盖率达到 42%	3			
				绿化覆盖率达到 45%	5			
				园林绿地优良率 85%	1			
				园林绿地优良率 90%	3			
				园林绿地优良率 95%	5			
			节约型绿地建设	制定相关鼓励政策、技术措施和实施办法	5	混合赋分	设计、运管	5.2.3
				节约型绿地建设率达到 60%	5			
				节约型绿地建设率达到 70%	6			
				节约型绿地建设率达到 80%	8			

续表

章节	选项		内容	要求	得分	得分规则	适用阶段	条文
生态环境	评分项	自然生态	湿地保护	规划阶段完成基地湿地资源普查，并以完成当年为基准年	5	混合赋分	设计、运管	5.2.4
				城区湿地资源保存率达到80%	1			
				城区湿地资源保存率达到85%	3			
				城区湿地资源保存率达到90%	5			
			海绵城区建设	规划设计阶段，编制完成“城区海绵城市建设规划或海绵城市建设实施方案”	10	混合赋分	设计、运管	5.2.5
				运营管理阶段，提供城区海绵城市建设达到设计目标的竣工与运营报告	6			
				运营管理阶段，提供海绵城市建设运行效果监测和评估数据，且城区年雨水径流总量控制率达到《海绵城市建设技术指南》要求的下限值	4			
			防洪设计	符合《防洪标准》GB 50201 及《城市防洪工程设计规范》GB/T 50805 的规定	5	直接赋分	设计、运管	5.2.6
		环境质量	土壤	规划设计阶段，完成土壤污染环境评估，对存在污染土壤制定治理方案	3	混合赋分	设计、运管	5.2.7
				规划设计阶段，完成土壤污染环境评估，场地无污染土壤	5			
				运营管理阶段，完成土壤治理并达标，或土壤无污染	5			
			地表水环境质量	城区最低水质指标达到《地表环境量准》GB 3838 Ⅳ类	5	递进赋分	设计、运管	5.2.8
				城区最低水质指标达到《地表环境量准》GB 3839 Ⅲ类及以上	10			
			空气质量监测系统	年空气质量优良日达到240天	1	混合赋分	设计、运管	5.2.9
				年空气质量优良日达到270天	3			
				年空气质量优良日达到300天	5			
				PM2.5 平均浓度达标天数达到200天	1			
				PM2.5 平均浓度达标天数达到220天	3			
				PM2.5 平均浓度达标天数达到280天	5			

续表

章节	选项		内容	要求	得分	得分规则	适用阶段	条文
生态环境	评分项	环境质量	热岛效应	城市热岛效应强度不大于 3.0℃	3	递进赋分	设计、运管	5.2.10
				城市热岛效应强度不大于 2.5℃	5			
			声环境	噪声质量达到现行国家标准《声环境质量标准》GB 3096 的规定的达标覆盖率达到 80%	1	递进赋分	设计、运管	5.2.11
				噪声质量达到现行国家标准《声环境质量标准》GB 3096 的规定的达标覆盖率达到 90%	3			
				噪声质量达到现行国家标准《声环境质量标准》GB 3096 的规定的达标覆盖率达到 100%	5			
			垃圾处理	建立家庭有害垃圾收集、运输、处理体系	5	叠加赋分	设计、运管	5.2.12
				生活垃圾密闭化运输	5			
绿色建筑	控制项		新建建筑	全部达到绿色建筑一星级及以上标准	—	—	设计、运管	6.1.1
				达到绿色建筑二星级及以上标准的建筑面积比例不低于 30%				
				新建大型公共建筑（办公、商场、医院、宾馆）达到绿色建筑二星级及以上标准的面积比例不低于新建大型公共建筑总面积的 50%				
				政府投资的公共建筑 100%达到绿色建筑二星级及以上评价标准				
			专项规划	依据上位规划，制定绿色建筑专项规划，明确城区内绿色建筑的发展目标、主要任务及保障措施	—	—	设计、运管	6.1.2
	评分项		导则与指南	根据城区气候特色和地区资源现状，结合建筑不同功能，编制总体的绿色建筑导则与各类绿色建筑适用技术指南	10	直接赋分	设计	6.2.1
			星级要求	新建二星级及以上绿色建筑面积占总建筑面积的比例达到 35%	10	递进赋分	设计、运管	6.2.2
				新建二星级及以上绿色建筑面积占总建筑面积的比例达到 40%	15			
			既有建筑	通过绿色建筑星级认证的面积比例达到 10%	5	递进赋分	设计、运管	6.2.3
				通过绿色建筑星级认证的面积比例达到 20%	10			
			装配式建筑	装配整体式建筑面积占新建建筑面积比例达到 3%	5	递进赋分	设计、运管	6.2.4

续表

章节	选项	内容	要求	得分	得分规则	适用阶段	条文
绿色建筑	评分项	装配式建筑	装配整体式建筑面积占新建建筑面积比例达到 5%	10			
			装配整体式建筑面积占新建建筑面积比例达到 8%	15			
		管理文件	主管部门在项目审批各阶段建立绿色建筑项目建设的技术指南、建设导则等管理文件	10	直接赋分	设计、运管	6.2.5
		绿色施工	城区获得绿色施工示范工程的建筑数量 1 项	5	递进赋分	运管	6.2.6
			城区获得绿色施工示范工程的建筑数量 2 项	10			
		绿色运营	取得绿色建筑运营标识的数量占竣工项目数量达到 5%	5	递进赋分	运管	6.2.7
			取得绿色建筑运营标识的数量占竣工项目数量达到 10%	10			
			取得绿色建筑运营标识的数量占竣工项目数量达到 15%	15			
		后评估	主管部门编制绿色建筑后评估管理测试办法，并对绿色建筑项目建设效果进行后评估	10	直接赋分	运管	6.2.8
资源与碳排放	控制项	专项规划	制定能源利用专项规划，统筹利用各种能源	—	—	设计、运管	7.1.1
			在方案、规划阶段制定城市水资源综合利用规划，实施运营管理阶段制定用水现状调研、评估和发展规划报告，统筹、综合利用各种水资源	—	—	设计、运管	7.1.2
		碳排放	提交详尽合理的碳排放计算与分析清单，制定分阶段的减排项目和实施方案	—	—	设计、运管	7.1.3
	评分项 能源	分项计量	实行用能分项计量，且纳入城市（区）能源管理平台	4	叠加赋分	设计、运管	7.2.1
			采用区域能源系统时，对集中供冷或供热实行计量收费	4			
		可再生能源	可再生能源利用总量占城区一次能源耗量的比例达到 2.5%	5	递进赋分	设计、运管	7.2.2
			可再生能源利用总量占城区一次能源耗量的比例达到 5.0%	8			
			可再生能源利用总量占城区一次能源耗量的比例达到 7.5%	10			
		余热废热资源	利用余热、废热，组成能源梯级利用系统	6	混合赋分	设计、运管	7.2.3
			采用以供冷、供热为主的天然气热电冷联供系统时，系统的一次能源效率不低于 150%	6			

续表

章节	选项		内容	要求	得分	得分规则	适用阶段	条文
资源与碳排放	评分项	能源	建筑设计能耗	设计能耗降低 10%的新建建筑面积比例达到 25%	5	递进赋分	设计、运管	7.2.4
				设计能耗降低 10%的新建建筑面积比例达到 50%	7			
				设计能耗降低 10%的新建建筑面积比例达到 75%	10			
			用能设备	道路照明、景观照明、交通信号灯等采用高效灯具比例达到 80%	4	叠加赋分	设计、运管	7.2.5
				市政给排水的水泵及相关设备等采用高效设备的比例达到 80%	4			
		水资源	生活用水量	不高于现行国家标准《城市居民生活用水量标准》GB/T 50331 中的上限值与下限值的平均值	5	直接赋分	运管	7.2.6
			供水管网漏损率	不大于 8%或低于《城市供水管网漏损控制机评定标准》CJJ 92 规定的修正值 1%	3	递进赋分	设计、运管	7.2.7
				不大于 7%或低于《城市供水管网漏损控制机评定标准》CJJ 92 规定的修正值 1%	4			
				不大于 6%或低于《城市供水管网漏损控制机评定标准》CJJ 92 规定的修正值 2%及以上	5			
			再生水供水系统	再生水供水能力和与之配套的再生水供水管网再生水覆盖率均达到 20%	3	递进赋分	设计、运管	7.2.8
				再生水供水能力和与之配套的再生水供水管网再生水覆盖率均达到 30%	6			
			非传统水源	利用率达到 5%	5	递进赋分	设计、运管	7.2.9
				利用率达到 8%	8			
		固体废弃物和材料资源	建材	获得评价标识的绿色建材的使用比例达到 5%	3	混合赋分	设计、运管	7.2.10
				获得评价标识的绿色建材的使用比例达到 10%	4			
				使用本地生产的建筑材料达到 60%	2			
			再生资源回收利用	主要再生资源回收利用率达到 70%	3	直接赋分	设计、运管	7.2.11
			生活垃圾和建筑废弃物资源化利用	生活垃圾资源化率达到 35%	3	叠加赋分	设计、运管	7.2.12
				建筑废弃物管理规范化，综合利用率达到 30%	3			

续表

章节	选项		内容	要求	得分	得分规则	适用阶段	条文
资源与碳排放	评分项	碳排放	政策规定	城区专设组织机构及人员负责管理节能减排工作，有效执行绿色低碳节能减排的管理规定，有明确的减排政策	10	直接赋分	设计、运管	7.2.13
			减碳目标	城区单位 GDP 碳排放量、人均碳排放量和单位地域面积碳排放量三个指标达到所在地和城区的减碳目标	10	直接赋分	设计、运管	7.2.14
绿色交通	控制项		措施与指标	城区的交通规划应对降低交通碳排放量与提高绿色交通出行指导性措施与总体控制指标	—	—	设计、运管	8.1.1
			专项规划	在规划设计阶段应制定城区或执行所在城市步行、自行车、公共交通、智能交通等专项规划	—	—	设计	8.1.2
			自行车系统	城区应建立相对独立、完整的步行及自行车系统，并采取有效管理措施	—	—	设计、运管	8.1.3
	评分项	绿色交通出行	绿色出行交通体系	绿色交通出行率达到 65%	5	递进赋分	设计、运管	8.2.1
				绿色交通出行率达到 70%	10			
				绿色交通出行率达到 75%	15			
			公共交通系统	公共站点 500m 覆盖率达到 100%，轨道交通站点 800m 覆盖率达到 70%	4	叠加赋分	设计、运管	8.2.2
				城市万人公共交通保有量达到 15 标台以上	3			
				沿地面公共交通主要走廊设置公交专用道	3			
				公共交通系统具有人性化服务设施	2			
			自行车交通系统	城区自行车道连续，并没有障碍物影响车道宽度	5	叠加赋分	设计、运管	8.2.3
				城区自行车道具有合理的宽度，并与机动车道设绿化分隔带，形成林荫路	3			
				城区自行车道具备完善的道路配套设施	2			
			步行系统	城区步行系统连续，并满足无障碍要求	5	叠加赋分	设计、运管	8.2.4
				城区步行系统与周边功能、环境、景观、公共空间结合	3			
				城区步行系统具备完善的配套设施	2			

续表

章节	选项		内容	要求	得分	得分规则	适用阶段	条文
绿色交通	评分项	道路与枢纽	道路建设	道路规划充分结合原有自然条件	5	叠加赋分	设计、运管	8.2.5
				市政道路采用降低交通噪声的措施	3			
			通行效率	城区道路采取有效措施提高通行效率	5	直接赋分	设计、运管	8.2.6
			交通枢纽	城区在主要交通节点修建交通枢纽，实现多种交通方式的整合和接驳	5	直接赋分	设计、运管	8.2.7
		静态交通	机动车停车场及电动车充电设施	城区主要公共活动场所、交通枢纽配建公共机动车停车场	2	叠加赋分	设计、运管	8.2.8
				机动停车位数量满足配建指标要求，在高密度开发区同时控制停车位数量上限	3			
				停车场采用地下停车或立体停车的停车位占总停车位的比例达到90%	3			
				新建住宅配建停车位100%预留电动车充电设施安装条件：大型公建配建停车场与社会公共停车场10%及以上停车位配建电动车充电设施	2			
			自行车停车设施及公共自行车租赁网络	城区在公共枢纽和公共活动场所设置自行车停车设施	5	叠加赋分	设计、运管	8.2.9
				城区形成完善的公共自行车租赁网络，每个公共自行车租赁网点有足够的配车和停车设施，取、还车方便，设备运转良好	5			
		交通管理	减少机动交通量	制定有效减少机动交通量的管理措施	5	直接赋分	设计、运管	8.2.10
			环保能源动力车	制定鼓励使用环保能源动力车的措施	5	直接赋分	设计、运管	8.2.11
			停车换乘	制定停车换乘的管理措施	5	直接赋分	设计、运管	8.2.12
信息化管理	控制项		能源与碳排放	建立城市或城区能源与碳排放信息管理系统，并正常运行	—	—	设计、运管	9.1.1
			绿色建筑	建立城市或城区绿色建筑信息管理平台，实行绿色建筑建设的信息化管理	—	—	设计、运管	9.1.2
			智慧公共交通	建立城市或城区智慧公共交通信息平台，并正常运行	—	—	设计、运管	9.1.3
	评分项	城区管理	公共安全系统	城区具有公共安全系统	7	叠加赋分	设计、运管	9.2.1
				城区具有消防监管系统	6			

续表

章节	选项		内容	要求	得分	得分规则	适用阶段	条文
信息化管理	评分项	城区管理	公共安全系统	城区具有综合应急指挥调度系统	1			
			环境监测	环境监测信息化，与城市环境监测信息系统对接	14	直接赋分	设计、运管	9.2.2
			水务	实行水务信息管理，与城市水务信息管理系统对接	14	直接赋分	设计、运管	9.2.3
			道路监控与交通管理	实行道路监控与交通管理，与城市道路监控与交通管理系统对接	12	直接赋分	设计、运管	9.2.4
			停车	实行停车信息管理，与城市停车信息化管理系统对接	5	直接赋分	设计、运管	9.2.5
			市容卫生	实行市容卫生信息化管理	12	直接赋分	设计、运管	9.2.6
			园林绿地	实行园林绿地信息化管理	7	直接赋分	设计、运管	9.2.7
			地下管网	具有地下管网信息管理系统，与城市地下管网管理系统对接	4	直接赋分	设计、运管	9.2.8
		信息服务	通信服务	信息通信服务设施完善	6	直接赋分	运管	9.2.9
			绿色生态城区市民信息服务	具有绿色生态城区市民信息服务系统	8	直接赋分	运管	9.2.10
			道路与景观的照明节能控制	实行道路与景观的照明节能控制，并实行实时监控	4	直接赋分	设计、运管	9.2.11
产业与经济	控制项		产业低碳规划	有明确产业低碳发展目标，确定产业发展方向及产业结构，制定产业引入与退出措施	—	—	设计、运管	10.1.1
			工业类别	对工业类别有负面清单管控要求，严控三类工业企业进入	—	—	设计、运管	10.1.2
	评分项	资源环境友好	生产总值能耗	单位地区生产总值能耗低于所在省（市）目标且相对基准年的年均进一步降低率达到 0.3%	5	递进赋分	设计、运管	10.2.1
				单位地区生产总值能耗低于所在省（市）目标且相对基准年的年均进一步降低率达到 0.5%	10			
				单位地区生产总值能耗低于所在省（市）目标且相对基准年的年均进一步降低率达到 0.8%	15			
			生产总值水耗	单位地区生产总值水耗低于所在省（市）目标且相对基准年的年均进一步降低率达到 0.3%	5	递进赋分	设计、运管	10.2.2
				单位地区生产总值水耗低于所在省（市）目标且相对基准年的年均进一步降低率达到 0.5%	10			

续表

章节	选项		内容	要求	得分	得分规则	适用阶段	条文
产业与经济	评分项	资源环境友好	生产总值水耗	单位地区生产总值水耗低于所在省（市）目标且相对基准年的年均进一步降低率达到 0.8%	15			
			三废	工业废气、废水 100%达标排放，危险固体废弃物 100%进行无害化处理处置	10	直接赋分	运管	10.2.3
		产业结构优化	产业结构	第三产业增加值比重达到 55%以上，或高新技术产业比重达到 20%以上，或战略新兴产业增加值比重达到 8%以上	10	递进赋分	设计、运管	10.2.4
				第三产业增加值比重达到 60%以上，或高新技术产业比重达到 30%以上，或战略新兴产业增加值比重达到 11%以上	15			
				第三产业增加值比重达到 65%以上，或高新技术产业比重达到 35%以上，或战略新兴产业增加值比重达到 15%以上	20			
			循环经济产业链	形成完整的中长期循环经济发展规划，符合本地区特色，具有可行性	4	叠加赋分	设计、运管	10.2.5
				城区产业间形成相互关联，或产业副产品实现相互利用	3			
				形成完整或较为完整的循环经济产业体系	3			
		产业准入与准出	投资强度	工业用地投资强度高于《工业项目建设用地控制指标》准入值达到 10%	4	递进赋分	设计、运管	10.2.6
				工业用地投资强度高于《工业项目建设用地控制指标》准入值达到 15%	7			
				工业用地投资强度高于《工业项目建设用地控制指标》准入值达到 20%	10			
			制度与指标	新建、改建、扩建项目实行节能、节水、碳排放评估制度，重点项目能耗、水耗、碳排放达到国家或行业定额先进值水平	10	直接赋分	运管	10.2.7
		产城融合发展	职住平衡比 JHB	JHB＜0.5 或 JHB＞5	0	递进赋分	设计、运管	10.2.8
				0.5≤JHB＜0.8 或 1.2＜JHB≤5	4			
				0.8≤JHB≤1.2	10			
人文	控制项		公众参与	规划设计、建设与运管阶段保障公众参与	—	—	设计、运管	11.1.1
			导则	编制绿色生活与消费导则	—	—	设计、运管	11.1.2

续表

章节	选项		内容	要求	得分	得分规则	适用阶段	条文
人文	控制项		保护历史	有效保护历史文化街区、历史建筑及其他历史遗存	—	—	设计、运管	11.1.3
	评分项	以人为本	公众参与多样性	公众参与组织形式多于四种	4	叠加赋分	设计、运管	11.2.1
				公众参与的参与主体包括政府机构、非政府/非营利机构、专业机构和居民	4			
			公益性公共设施免费开放	公益性公共设施免费开放率达到70%	5	递进赋分	运管	11.2.2
				公益性公共设施免费开放率达到80%	6			
				公益性公共设施免费开放率达到90%	8			
			养老服务设施和体系	每千名老年人床位数达到30张	3	递进赋分	设计、运管	11.2.3
				每千名老年人床位数达到35张	5			
				每千名老年人床位数达到40张	7			
			弱势群体就业	设置针对失业和残障人士的就业介绍和技能培训服务体系	6	直接赋分	运管	11.2.4
			无障碍设施	20%过街天桥和过街隧道设置无障碍电梯或扶梯	2	叠加赋分	设计、运管	11.2.5
				所有人行横道设置盲人过街语音信号灯	2			
				合理设置夜间行人按钮式信号灯	2			
		绿色生活	节能	制定管理措施，公共建筑夏季室内空调温度设置不低于26%，冬季室内空调温度设置不高于20℃	3	叠加赋分	运管	11.2.6
				制定优惠措施，鼓励居民购置一级或二级节能家电	3			
			节水	制定用水阶梯水价，促进居民开展行为节水	3	叠加赋分	运管	11.2.7
				制定优惠措施，鼓励居民购置节水器具	3			
			绿色出行	针对不同使用人群，制定公交优惠制度	3	叠加赋分	运管	11.2.8
				针对不同使用人群，制定公共自行车租赁优惠制度	3			

续表

章节	选项		内容	要求	得分	得分规则	适用阶段	条文
人文	评分项	绿色生活	生活垃圾	制定促进居民开展垃圾分类的管理措施	2	叠加赋分	运管	11.2.9
				指定垃圾袋制度，实施居民生活垃圾袋收费	2			
				制定限制商品过度包装的管理办法	2			
		绿色教育	绿色教育与实践	针对青少年开展绿色教育和绿色实践	3	叠加赋分	运管	11.2.10
				设置绿色行动日活动，构建多样的宣传教育模式与平台	3			
			绿色校园	城区内中小学生和高等学校获得绿色校园认证的比例达到20%	3	递进赋分	设计、运管	11.2.11
				城区内中小学生和高等学校获得绿色校园认证的比例达到50%	3		设计、运管	
			展示与体验平台	构建绿色生态城区展示与体验平台	6	直接赋分	设计、运管	11.2.12
			社会责任感	城区政府部门和企业展现绿色社会责任感	6	直接赋分	设计、运管	11.2.13
		历史文化	既有建筑	对非文物保护单位，但有一定历史文化特色的既有建筑，做好保护与更新利用	8	直接赋分	设计、运管	11.2.14
			非物质文化遗产	对城区非物质文化遗产进行保护、传承与传播，保留城区有价值的历史文化记忆	8	直接赋分	设计、运管	11.2.15
技术创新	加分项		农业区域	规划都市农业区域，每块区域面积不小于$1000m^2$，且所有地块用地面积占整个城区的比例不小于1‰	1	直接赋分	设计、运管	12.2.1
			径流排放量	开发建设后径流排放量接近开发建设前自然地貌时的径流排放量或年径流总量控制率达到《海绵城市建设技术指南》要求的高值	1	直接赋分	设计、运管	12.2.2
			再生水供水系统	合理建设市政再生水供水系统，再生水供水能力和与之配套的再生水供水管网覆盖率均超过50%，或非传统水源利用率超过10%	1	直接赋分	设计、运管	12.2.3
			可再生能源及清洁能源	可再生能源及清洁能源利用总量占城区一次能源消耗量的比例达到10%	1	直接赋分	设计、运管	12.2.4
			智能微电网	城区内合理推行智能微电网工程建设	1	直接赋分	设计、运管	12.2.5
			绿道系统	城区设置绿道系统，总长度达到5km	1	直接赋分	设计、运管	12.2.6

续表

章节	选项	内容	要求	得分	得分规则	适用阶段	条文
技术创新	加分项	绿色建筑	城区新建建筑三星级比例达到或超过 30%	1	直接赋分	设计、运管	12.2.7
		绿色工业建筑	绿色工业建筑比例占新建工业建筑的比例高于 20%	1	直接赋分	设计、运管	12.2.8
		地下综合管廊	新建城区合理规划并建设地下综合管廊	1	直接赋分	设计、运管	12.2.9
		碳交易	建立绿色投融机制，加强资本市场运作，逐级分解减排目标，鼓励碳交易	1	直接赋分	设计、运管	12.2.10
		绿色发展专项基金	设立绿色发展专项基金，用于城区生态建设及生态科研经费投入及成果转化	1	直接赋分	设计、运管	12.2.11
		大数据	运用大数据技术对城区的环境、生态、能源、建筑等运行数据进行分析，以提高城区的运营质量	1	直接赋分	设计、运管	12.2.12
		因地制宜	结合本土条件因地制宜地采取节约资源、保护生态环境、保障安全健康的其他创新，并有明显效益，采取一项	1	直接赋分	设计、运管	12.2.13
			结合本土条件因地制宜地采取节约资源、保护生态环境、保障安全健康的其他创新，并有明显效益，采取两项及以上	1	直接赋分	设计、运管	

(3)在绿色交通方面，由于重庆地区特殊地形地貌，地方标准着重公共交通设施、电动汽车充电装置的设置，而国家标准更加强调绿色交通出行，慢行道路及相关配套设施建设，鼓励自行车租赁及环保能源动力车的使用。

(4)在城区管理方面，国家标准不仅对各项指标做出要求，还制定大气、水、噪声、土壤、生态等控制措施和规划，在各阶段制定绿色建筑导则与技术指南，制定能源水资源专项规划，制定碳排放计算分析清单，制定绿色交通专项规划，制定绿色生活与消费导则等，将具体规划与措施落实到文字方面，以便后期管理维护。

(5)国家标准在绿色建筑章节提出新建建筑装配率达到40%以上，响应国家大力发展装配式建筑的政策理念。

(6)在城区基础设施建设方面，国家标准要求基础设施如道路景观照明、市政管网等采用高效的系统和设备。

(7)在城区信息化管理方面，国家标准提倡建立城区的公共安全系统、环境监测信息系统、水务信息管理系统、道路监控和交通管理系统、停车信息化管理系统，并与城市相关系统相对接，同时也对园林绿地、市容卫生、地下管网等进行监测。

(8)在民生关怀方面，国家标准更加强调和注重公民对于城区绿色低碳行为的参与度，通过城区绿色平台展示和绿色理念的宣传教育，节水、节能、减少生活垃圾，倡导绿色生活方式。

(9)在历史文化方面，国家标准中提出对历史文化的保护与传承。

此外，国家标准和地方标准中评分体系和条文结构体系在形式上也都存在较大差异，而国家标准中生态城区的评价体系则与绿色建筑评价相一致。因此，随着国家绿色生态城区标准的发布，重庆地区绿色生态城区评价标准在进行修编时，应充分吸纳和参考上述国家标准中相关条文的要求，因地制宜，合理选择内容进行补充和完善。

7.2　从绿色建筑到绿色生态城区

规划设计阶段的绿色生态城区应具备以下条件：已按照绿色、生态、低碳理念编制完成总体规划、控制性详细规划，以及建筑、市政、交通、能源、水资源等专项规划，并建立相应的指标体系。区内新建建筑全面执行国家绿色建筑标准一星级以上标准等；运营管理阶段的绿色生态城区应具备以下条件：城区除了主要道路、管线、公园绿地等基础设施建成投入使用，重要的是要具备涵盖绿色生态城区主要实施运营数据的监测或评估系统等。

从上述要求中可以看出，绿色生态城区中相当一部分内容包含绿色建筑的建设，只有在绿色建筑达标且全覆盖的情况下，生态城区才具备申报的条件。那么绿色生态城区和绿色建筑之间有怎样的联系呢？重庆市地方标准中绿色生态城区、国家标准绿色生态城区和绿色建筑的技术体系见表7.3。

表 7.3　绿色生态城区与绿色建筑内容对比

分类	《绿色建筑评价标准》	《绿色低碳生态城区评价标准》	《绿色生态城区评价标准》
土地利用	集约利用土地； 地下空间利用； 建筑规划布局	建设用地容积率； 400m×400m 以下地块比例； 地上地下空间协调利用	土地功能复合性； 混合开发面积比例； 公共交通导向的地布局模式； 合理开发利用地下空间
交通	出入口步行通道连接公共交通站点； 无障碍设计； 公共服务设施可达性； 机动停车和管理措施	人行过街系统建立； 路网结构； 道路通行能力； 清洁能源汽车停车位； 电动汽车快速充电网络； 慢行与机动车道隔离措施； 慢行道路设置； 交通枢纽换乘设施； 公共交通站点可达性； 道路交通标识； 绿色出行比例	专项规划； 绿色交通出行率； 公共交通系统； 自行车交通系统； 步行系统； 机动车停车场； 电动车充电设施； 自行车停车设施； 公共自行车租赁网络； 环保能源动力车； 停车换乘管理； 交通枢纽； 降低道路噪声； 公共交通站点可达性
生态环境	热岛控制； 绿化方式； 无公害病虫害防治技术； 绿化管理	乡土植物； 保护湿地； 绿地系统； 公园绿地； 空气质量； 海绵城区建设	生物多样性保护； 绿化覆盖率； 园林绿地优良率； 节约型绿地建设； 湿地保护； 海绵城区建设； 防洪设计； 土壤质量； 地表水； 空气质量监测系统； 热岛效应； 声环境
水资源	生活热水； 节水器具； 空调水管网； 绿化灌溉； 雨水渗透措施； 雨水管理措施； 雨水处理措施； 雨水回用系统； 中水处理系统； 人工湿地	各类型场地综合径流系数； 老旧小区供气、供水、供电管网； 供水管网漏损率； 污水集中处理； 地表水环境质量； 再生水管网覆盖率； LID 的城市雨水管理技术	生活污水处理； 无黑臭水体； 年雨水径流总量控制率； 地表水环境质量； 生活用水量； 供水管网漏损率； 再生水管网覆盖率； 非传统水源利用率； 工业废水排放处理
信息化	智能照明控制； 电梯群控； 信息化物业管理； 智能化安全防范系统； 智能化管理监控系统； 智能化通信网络系统	能耗监测； 给、排地下管网监测； 水、电、气智能表具； 停车诱导系统； 公交站牌电子化率； 道路路灯智能化控制； 道路传感终端安装率	能源与碳排放信息管理系统； 绿色建筑信息管理平台； 智慧公共交通信息平台； 公共安全系统； 消防监管系统； 综合应急指挥调度系统； 环境监测信息化； 水务信息管理； 道路监控与交通管理； 停车信息管理； 市容卫生信息化管理； 园林绿地信息化管理； 地下管网信息管理系统； 信息通信服务； 市民信息服务系统； 道路与景观的照明节能控制

续表

分类	《绿色建筑评价标准》	《绿色低碳生态城区评价标准》	《绿色生态城区评价标准》
绿色宣传教育	绿色设施使用手册； 绿色教育宣传工作记录	绿色低碳知识宣传教育普及率； 公众对环境的不满意率	公众参与多样性； 绿色教育与实践平台； 绿色校园； 展示与体验平台； 社会责任感

综合对比绿色生态城区与绿色建筑技术体系可以发现，绿色生态城区是绿色建筑的延续，是绿色建筑的区域化发展，它的本质和绿色建筑相一致。绿色建筑的场地要符合城乡规划，选址应安全、无污染，建筑的规划布局应满足日照要求，合理开发地下空间，集约利用土地。这些要求扩展到绿色生态城区，就是要合理规划各功能用地比例，合理规划城区建筑朝向，以点、线、面形式开发地上地下空间；在绿色交通方面，绿色建筑要求公共交通站点至场地的便捷性、人车分流的合理性及停车位置的合理设置，反映到生态城区的建设方面，就是要合理规划城区路网结构，提高道路通行能力，同时为了践行低碳理念，还要合理规划慢行车道及配套设施，增加清洁能源汽车充电机；在生态环境方面，绿色建筑对建筑周围小区的绿地率、人均绿地面积、乡土植物的种植等方面做出了要求，而生态城区则是扩大到整个城区提出要求；绿色建筑在信息化管理方面主要体现在建筑运营管理阶段，实现建筑内部物业、安防、通信管理，当建筑内部的管理系统实现与城区管理系统的对接后，再与城市整个系统平台对接，即体现了生态城区的要求。生态城区条款在满足绿色建筑相关要求的同时，更加体现了低碳、人文、经济等理念。

将绿色建筑与国家标准中的生态城区相比较可以看出，国家标准中生态城区建设更加注重绿色建筑全过程的实施与后期的评估，不仅要求城区内一星级绿色建筑比例达到100%，还要求建设管理部门在各阶段建立绿色建筑技术指南、建设导则等管理文件，要求绿色建筑按照运营要求落实项目的实施运管，要求建设主管部门建立绿色建筑后评估机制。也就是说，相较于绿色建筑侧重于绿色建筑技术的应用，生态城区的建设对于绿色建筑的要求更倾向于建筑的后期运营管理，也因此制定了很多相关的指导性条款，指导建筑全生命周期的绿色运营。那么绿色建筑在今后的发展建设中，也应该更加注重建筑的后评估，不仅保证技术上的达标，还应保证技术上的落实及后期的管理，全方位监控建筑声光热参数、空气品质、水电气消耗、消防应急、能源资源利用、垃圾处理等，实现绿色建筑的信息化发展，促进生态城区的建设。

总之，绿色生态城区的开发建设不是单一的追求环境生态，而是从规划阶段开始就立足于区域经济、社会、环境、资源多领域，构建生产、生活、生态平衡的建设形态。也正是由于生态城区建设是一个长期的过程，项目在建设工程中往往会偏离既定的设计目标，怎样保证建设期内及运营阶段的绿色生态低碳运行，也是需要考虑的一个重要方面。因此，它不仅需要建筑、规划等专业的加入，还需要环保、经济、社会学等领域的人士共同参与，为不同人群考虑不同的利益，实现社会、经济与自然的和谐统一。

作者：重庆大学　丁勇，高浩然

第8章　重庆地区住宅冬季供暖能源供应研究

8.1　重庆地区冬季气候环境特点①

重庆地区地处我国西南部的长江上游，青藏高原与长江中下游平原的过渡地地带，地势由西向东逐渐升高，由南北向长江河谷逐级降低，地形以丘陵、低山为主，约占土地面积的85%，由此有“山城”之称。重庆市在我国的建筑热工气候分区中属于夏热冬冷地区，具有典型的夏热冬冷地区的气候特征。

8.1.1　典型气象年

根据《中国建筑热环境分析专用气象数据集》中提供的重庆地区典型气象年的气象参数[1]，重庆年平均气温16~18℃，最热月平均气温26~29℃，最冷月平均气温4~8℃，全年平均相对湿度多在70%~80%，属于高湿地区。典型气象年各月室外干球温度和相对湿度分布如图8.1所示，可见最冷月为1月，月平均干球温度8.1℃，冬季(12月~翌年2月)平均气温9.2℃，相对湿度均在80%以上。各月太阳总辐射分布如图8.2所示，可见重庆地区的太阳能资源时间分布极为不均，在冬季太阳辐射水平低，平均不足100MJ/m^2，不到夏季平均辐照水平的1/4，冬季太阳能资源匮乏。

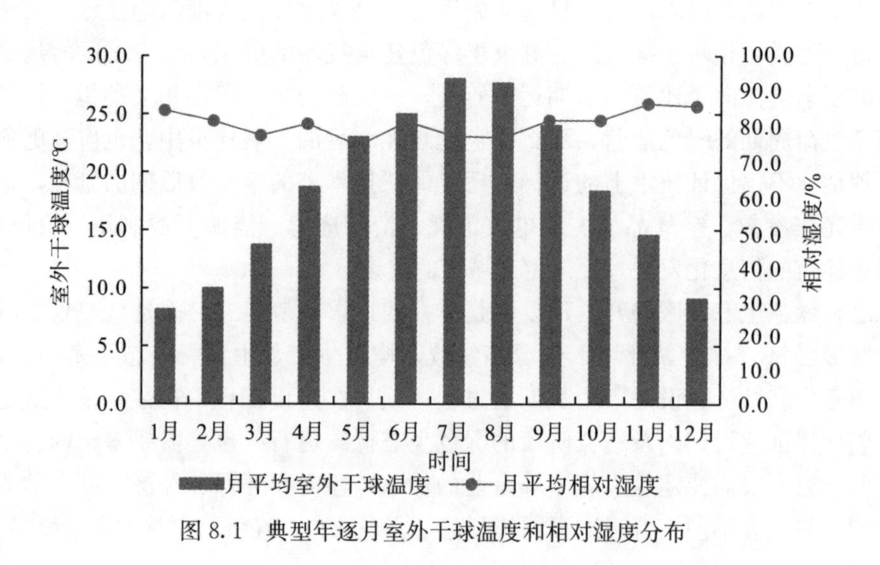

图8.1　典型年逐月室外干球温度和相对湿度分布

① 本报告受重庆市建设科技计划项目“重庆地区住宅供暖能源供应方式”资助。

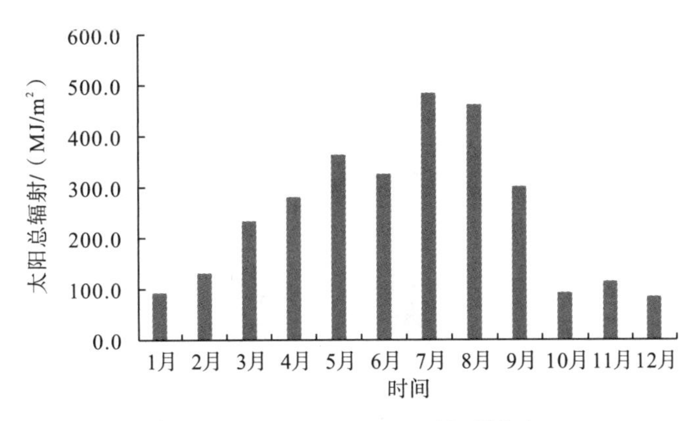

图 8.2　典型年逐月太阳总辐射分布

8.1.2　实测冬季气象参数

对重庆地区冬季实际的室外气象参数进行监测，图 8.3 是 2015 年 12 月～2016 年 2 月实测冬季室外日平均干球温度分布，可见冬季室外平均干球温度为 10.0℃，最低温度为 1.2℃，最高可达到 23℃；整个冬季室外温度呈阶段性分布，12～1 月中旬室外日平均温度稳定在 11℃左右；1 月下旬～2 月上旬为重庆冬季最冷的时间段，室外日平均温度 6.8℃，2 月中下旬又上升至 11℃左右。

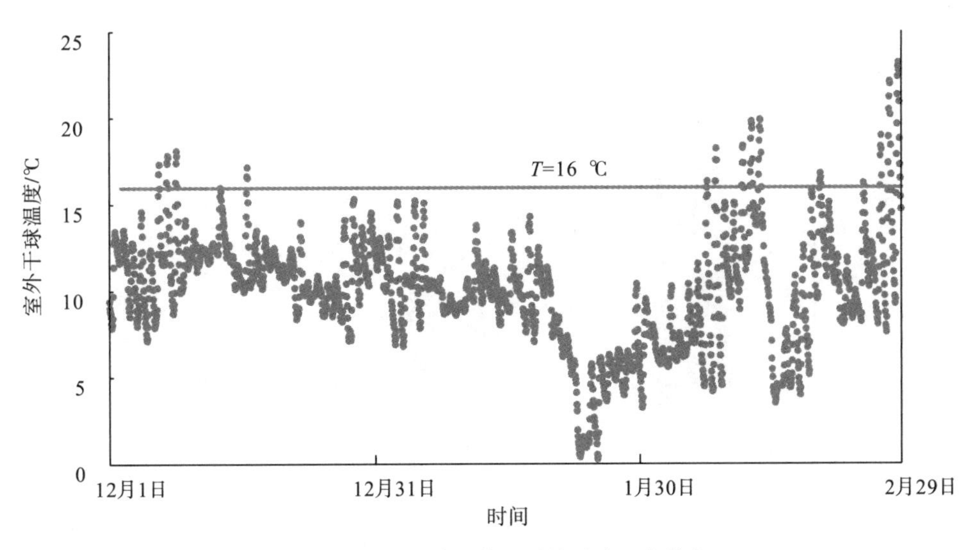

图 8.3　实测冬季室外日平均干球温度分布

图 8.4 是冬季室外气温各级温度分布频数(按照 5℃每级进行划分)，可见整个冬季超过 88%的时间室外温度分布在 5～15℃的范围内，仅有 7%的时间(153h)室外温度低于 5℃；室外温度超过 15℃的时间占 5%。

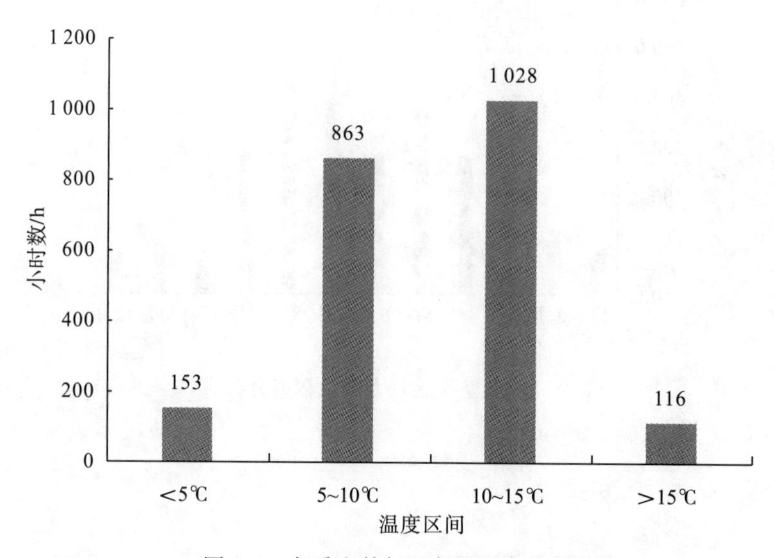

图 8.4 冬季室外气温各级温度分布频数

图 8.5 是冬季室外气温日较差分布，整个冬季有 58 天的时间室外气温日较差值小于 5℃；仅有 7 天的时间室外气温日较差值大于 10℃；介于 5～10℃的时间有 26 天。

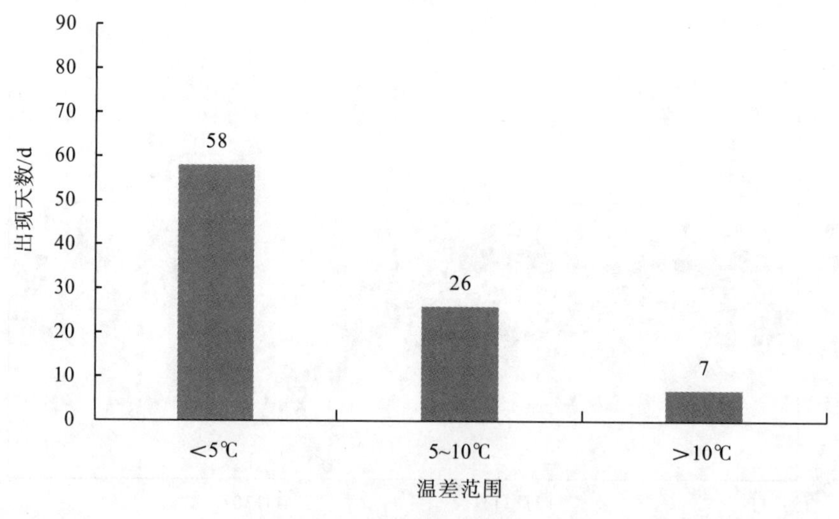

图 8.5 冬季室外气温日较差分布

实测冬季日总太阳辐照量和相对湿度分布如图 8.6 所示，可见冬季平均日总太阳辐射量为 3.52MJ/m^2，最低为 0.36MJ/m^2，最高为 12.42MJ/m^2，整体辐照水平低。平均相对湿度为 82.2%，最高达到 97%，整个冬季处于高湿环境。

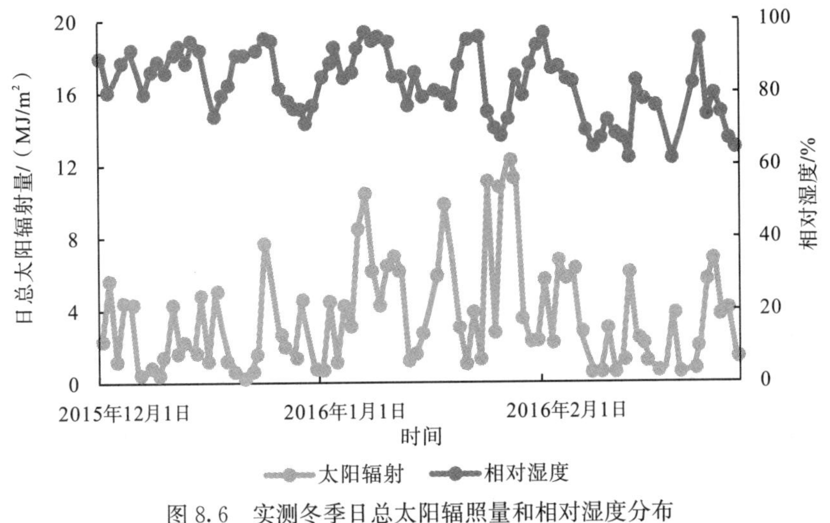

图 8.6　实测冬季日总太阳辐照量和相对湿度分布

8.2　典型居住建筑的供暖热负荷特性分析

建筑热负荷是指为了为使室内温度稳定，供暖设备单位时间内向室内供给的热量。负荷分布特性是供暖方式与设备选择的基础，也是影响供暖能源供应方式的重要因素，只有与负荷特性相匹配、满足负荷特性要求的供暖模式才是适宜的。因此进行重庆地区居住建筑冬季供暖能源供应方式的选择和适宜的供暖模式研究，首先应进行供暖负荷特性分析。选取重庆地区某典型居住建筑，采用清华大学开发的建筑环境设计模拟分析软件——DeST-h 对某一户的供暖热负荷进行模拟分析。

8.2.1　模拟工具简介

DeST 是建筑环境及供热通风与空气调节(heating，ventilation and air conditioning，HVAC)系统模拟的软件平台，该平台以清华大学建筑技术科学系环境与设备研究所十余年的科研成果为理论基础，将现代模拟技术和独特的模拟思想运用到建筑环境的模拟和 HVAC 系统的模拟中去，为建筑环境的相关研究和建筑环境的模拟预测、性能评估提供了方便、实用、可靠的软件工具，为建筑设计及 HVAC 系统的相关研究和系统的模拟预测、性能优化提供了一流的软件工具。DeST-h 是应用于居住建筑的住宅版本，可用于居住建筑热特性的影响因素分析、居住建筑热特性指标的计算、居住建筑的全年动态负荷计算、住宅室温计算、末端设备系统经济性分析等领域[2]。在以下分析计算中使用了其负荷计算功能。

8.2.2　模型建筑基本信息

所选取模型建筑为重庆地区某典型高层住宅，该建筑共 18 层，标准层层高 3.2m。该建筑围护结构的热工性能参数见表 8.1。该建筑基本能满足重庆市《居住建筑节能

65%(绿色建筑)设计标准》(DBJ 50—071—2016)中有关围护结构热工性能的要求。选取标准层某一户(三室两厅，120m^2)，采用 DeST-h 进行冬季热负荷计算分析，在软件中建模效果如图 8.7 所示。

表 8.1 围护结构的基本热工性能参数

围护结构部位	构造形式	热工参数
外墙	水泥砂浆(10.0mm)+难燃型膨胀聚苯板 18~22(30.0mm)+烧结页岩多孔砖砌体(200.0mm)+水泥砂浆(20.0mm)	K=0.87W/(m^2·K) D=3.27 太阳辐射吸收系数 ρ=0.70
外窗	塑钢窗框+中空 LOW-E 玻璃(5mm+9mm+5mm)	K=2.7W/(m^2·K) SHGC=0.48
户门	节能外门	K=2.0
屋面	水泥砂浆(20.00mm)+细石混凝土(30.00mm)+挤塑聚苯板(30.00mm)+水泥砂浆(20.00mm)+SBS 改性沥青防水卷材(4.00mm)+水泥砂浆(20.00mm)+页岩陶粒混凝土 1 300(50.00mm)+钢筋混凝土(120.00mm)+水泥砂浆(20.00mm)	K=0.75W/(m^2·K) D=3.62 太阳辐射吸收系数 ρ=0.7
楼板	细石混凝土(内配筋)(30.0mm)+泡沫混凝土 431~530(30mm)+钢筋混凝土(120.0mm)+水泥砂浆(5.0mm)	K=1.9W/(m^2·K) D=2.01
分户墙	水泥砂浆(20.00mm)+烧结页岩空心砖(200.00mm)+水泥砂浆(20.00mm)	K=1.55W/(m^2·K) D=2.63

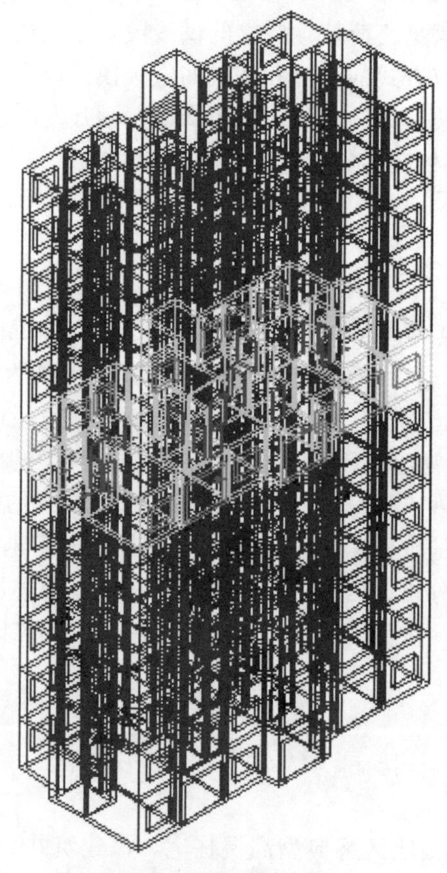

图 8.7 建筑模型效果图

8.2.3　模型参数设置

对于负荷计算来说，模拟结果的准确性主要受到相关模型参数和边界条件设置的准确性的制约。因此，除了在软件中将围护结构的热工性能参数设置成与实际相接近外，其他主要影响居住建筑冬季供暖热负荷模拟结果的主要参数包括：①供暖室内计算温度；②换气次数；③内热源得热；④户间传热；⑤供暖区域；⑥供暖时间；⑦供暖模式。下面依次介绍各参数的取值以及依据。

(1)供暖室内计算温度：重庆市《居住建筑节能 65%(绿色建筑)设计标准》(DBJ 50—071—2016)中规定，主要功能房间宜采用 16～22℃，而《夏热冷地区居住建筑节能设计标准》(JGJ 134—2010)中规定，卧室、起居室室内设计温度应取 18℃。因此，本次模拟的供暖室内计算温度取 18℃。

(2)换气次数：《夏热冷地区居住建筑节能设计标准》(JGJ 134—2010)中规定换气次数宜取 1.0 次/h，因此本次模拟的换气次数取 1.0 次/h，既能保证人对新风量的要求，又能控制能源消耗。

(3)内热源得热：本次模拟中忽略内热源得热的影响，因为居住建筑中单位建筑面积内部得热量不一，且炊事、照明、家电等散热是间歇性的，这部分自由热可作为安全量，在确定热负荷时不予考虑。

(4)户间传热：在夏热冬冷地区，长期以来受气候条件、经济水平和生活习惯的影响，分散式的供暖方式和间歇供暖的习惯是该地区冬季供暖的最大特点，因此户间传热不可忽略，相应地，在软件中该户住宅的相邻房间均设置为非供暖区域。

(5)供暖区域：将除卫生间和厨房外的其他区域均设置为供暖区域，供暖面积为 $104m^2$。

(6)供暖时间：根据《夏热冷地区居住建筑节能设计标准》(JGJ 134—2010)中的相关规定，供暖计算期应为当年 12 月 1 日至翌年 2 月 28 日。

(7)供暖模式：供暖模式可分为连续供暖和间歇供暖，对于建筑物冬季供暖热负荷计算，现行的各种供暖设计手册和设计规范基本都是按照连续供暖模式，采用稳态负荷计算法或单位面积供热指标法进行计算，缺乏系统的针对间歇供暖模式的负荷计算方法和负荷特性分析，因此，在本次模拟中将分别计算连续和间歇供暖状态下的热负荷，间歇供暖按 19:00 到第二天 7:00 设置。间歇供暖热负荷的最大特点在于开机负荷的存在，热负荷是指维持建筑物内某一温度所需要提供的热量，而在供暖开始阶段，供暖系统向室内供热使室内温度逐渐升高至设计温度，这一过程需要消耗的热量远大于室内处于设计温度下的热负荷值，又被称为开机负荷或启动负荷。而这一过程经历的时间与建筑围护结构热工性能、供暖方式等都有关系。

8.2.4 负荷特征分析

1. 连续供暖模式

1)逐时负荷分布情况

根据软件输出的负荷模拟计算结果，整理得到连续供暖条件下的供暖季逐时热负荷分布，如图 8.8 所示。其中最大负荷出现在 2 月 7 日早晨 6：00，最大热负荷为 4.92kW，折算到单位面积为 47.3W/m^2(供暖面积 104m^2)，最小负荷出现在 2 月 14 日 15：00，最小负荷为 0.11kW，整个供暖季的平均负荷水平为 3.21kW，折算到单位面积为 30.9W/m^2。而《实用供热空调设计手册》中推荐的居住建筑单位面积供暖热指标为 46.5～70W/m^2，可见在建筑围护结构热工性能全部满足 65％节能标准的条件下，重庆地区居住建筑的冬季供暖热负荷处于一个较低的水平。与此同时，从图中可以明显看到冬季供暖热负荷随室外气候条件的变化呈阶段性变化。在 12 月上旬，平均热负荷水平较低，仅为 24.7W/m^2，从 12 月中下旬开始到 1 月底，平均热负荷达到了最高值 35.1W/m^2，而后随着气温的回升热负荷开始降低，到 2 月中旬降低至 14.5W/m^2，在 2 月下旬热负荷又开始提升到 12 月初的水平，约为 22.2W/m^2。

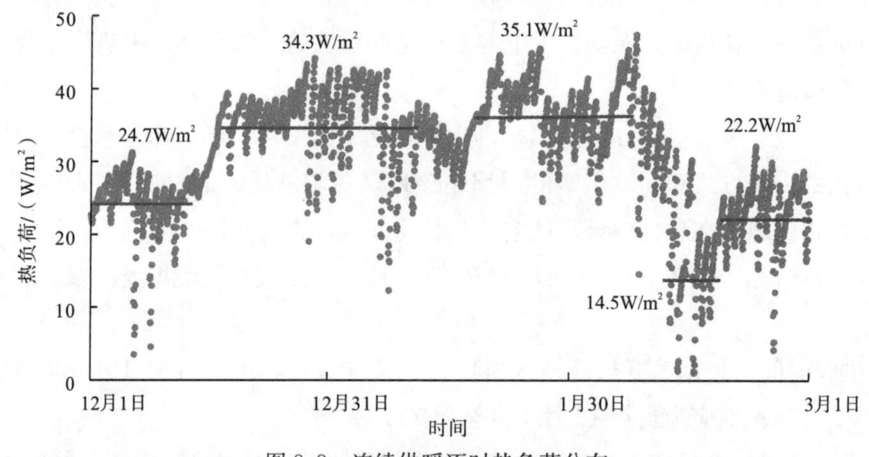

图 8.8 连续供暖逐时热负荷分布

2)热负荷与室外温度的关系

显而易见，建筑的热负荷会随着室外温度的降低而升高，那么在重庆地区，二者之间的关系到底是怎样的呢？以逐时室外干球温度为横坐标，对应的建筑的逐时热负荷为纵坐标，散点图如 8.9 所示。可见供暖热负荷与室外温度呈较强的负线性相关关系，冬季超过 90％时间的热负荷水平分布在图中所示的上限温度为 13℃、下限温度为 5℃的区域内，在该区域内最高热负荷为 46.5W/m^2，最低为 15.4W/m^2，超出图中所示区域温度 5℃下限和 13℃上限对应热负荷的时间占比分别为 2.4％和 5.2％。线性拟合得热负荷与室外干球温度的关系的两条边界线如下：

$$Q=-2.8T+60.6$$

$$Q=-2.8T+52.0$$

式中：Q 为热负荷，W/m^2；T 为室外空气干球温度,℃。由此可知在该范围内，同一室外温度对应的热负荷水平极值相差 8.6W/m^2。

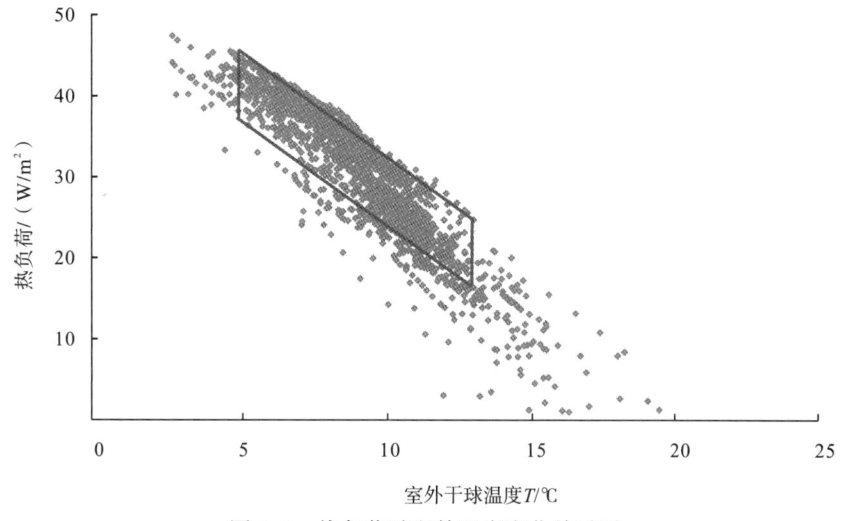

图 8.9　热负荷随室外温度变化关系图

3)不同天气状况下的负荷变化特性

在不同天气条件下，太阳辐射强度不同。太阳辐射主要通过两种方式影响室内热环境，在白天太阳辐射中的直射辐射直接通过透光围护结构(如玻璃)进入室内形成得热，另一部分则被外围护结构吸收，蓄积热量，受围护结构热惰性的影响，这部分热量会缓慢地影响热环境，且太阳辐射强度高也会带来室外气温波动，昼夜温差大，呈周期性波动。分别分析在不同天气条件下的热负荷日分布变化，选取室外日平均温度接近，太阳辐射强度差异较大的两天分别代表进行对比，见表 8.2。逐时负荷分布如图 8.10，可见在晴天供暖热负荷呈周期性波动，整体的热负荷水平均较低，而阴雨天全天各时刻的热负荷水平接近。

表 8.2　不同天气条件的环境参数

日期	平均气温/℃	平均太阳辐射/(W/m^2)
1 月 7 日	8.03	106.5
1 月 9 日	7.82	14.1

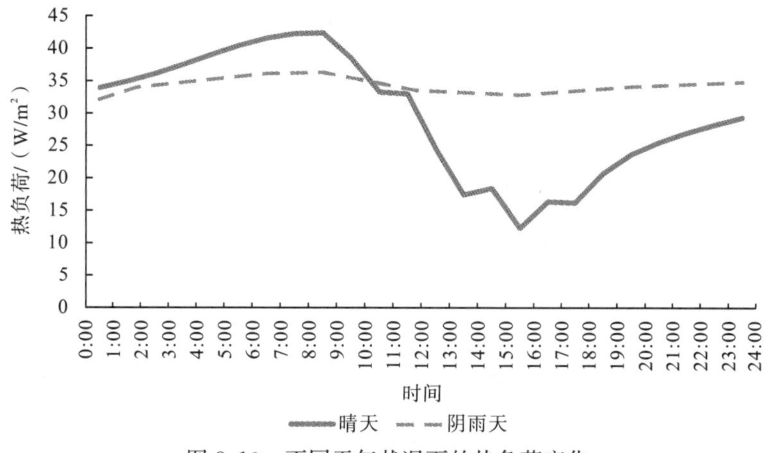

图 8.10　不同天气状况下的热负荷变化

4)日变化特性

再结合所选取日期(1 月 7 日，晴天)的室外气候环境变化分析热负荷的日变化特性，图 8.11 是该日的室外温度和太阳辐射强度变化图，可见全天室外温度也是呈周期性分布，最低温度出现在上午 7：00，最高温度出现在下午 15：00；太阳辐射强度全天变化巨大，在 13：00 达到峰值。而最大热负荷出现在上午 8：00，最小热负荷出现在下午 15：00。可以看出，热负荷的变化与室外空气温度的变化呈明显的对应性，虽然重庆地区冬季晴天的太阳辐射远高于阴天，但由于整体水平仍然较低，其对热负荷变化的影响相较于室外空气温度而言不太显著。

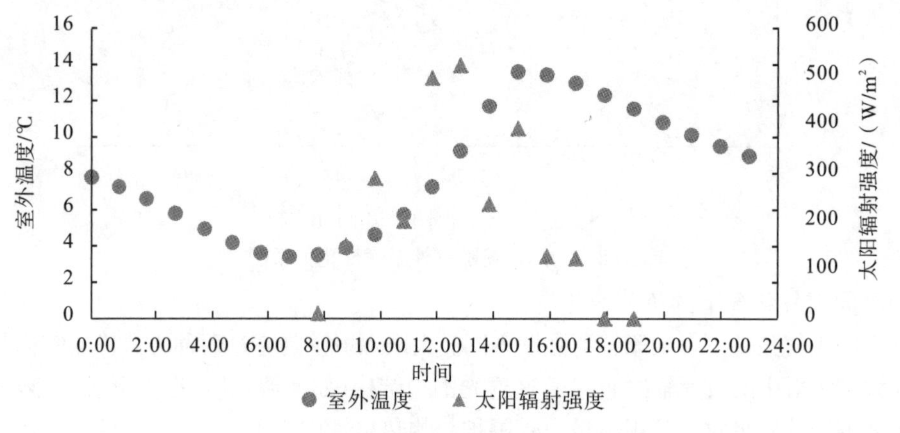

图 8.11 室外温度和太阳辐射强度日变化

5)负荷分布频率

前面提到，由于热负荷受室外温度影响较大，整个供暖季的热负荷不会一直处于系统设计所选取的最大负荷水平，而是在大部分时间内处于部分负荷状态。为分析重庆地区居住建筑冬季供暖的部分负荷分布情况，以最大热负荷为基准，其他时刻的热负荷相对于最大热负荷的百分比作为统计指标，将分布负荷分为 0～25％、25％～50％、50％～75％和 75％～100％四档，统计各部分负荷出现的频率(小时数)，结果如图 8.12 所示。

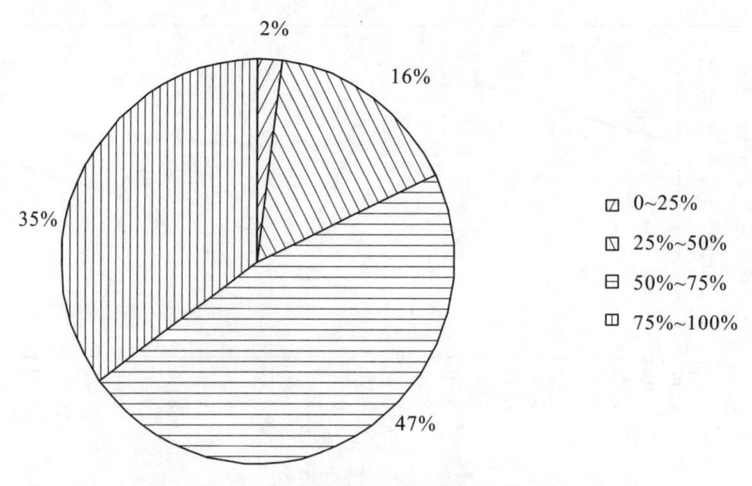

图 8.12 连续供暖条件下的部分负荷分布频率

可见整个冬季部分负荷出现最多的区段是50%～75%，约为47%，接近一半的时间；75%～100%负荷比例出现的时间约为35%；25%～50%负荷比例约占16%；而低于25%负荷比例的时间最少，仅占2%。统计超过50%负荷比例的时间约占82%。造成此种分布的主要原因在于重庆地区冬季室外最低温度和最高温度相差较小，且大部分时间内太阳辐射强度较低，气温日较差也较小，相应的逐时热负荷相差不大。

2. 间歇供暖模式

1)逐时负荷分布情况

为分析间歇供暖条件下的室内热负荷变化情况，设置供暖时间为19：00～7：00，即夜间供暖模式，模拟计算冬季逐时热负荷分布如图8.13所示。其中最大负荷出现在2月5日晚上19：00，即开始供暖的时刻，最大热负荷为14.72kW，折算到单位面积为141.5W/m^2(供暖面积104m^2)；最小热负荷0，分别出现在2月12日、14日和16日晚上19：00，即开始供暖的时刻，这是由于这几日的室外平均温度高，在设置的供暖开始时刻室内温度可以达到设置的18℃。整个供暖季的平均负荷水平为5.31kW，折算到单位面积为51.05W/m^2，可以明显发现，在间歇供暖条件下的负荷水平，无论是最大负荷还是平均负荷都要明显高于连续供暖模式下的热负荷水平值。

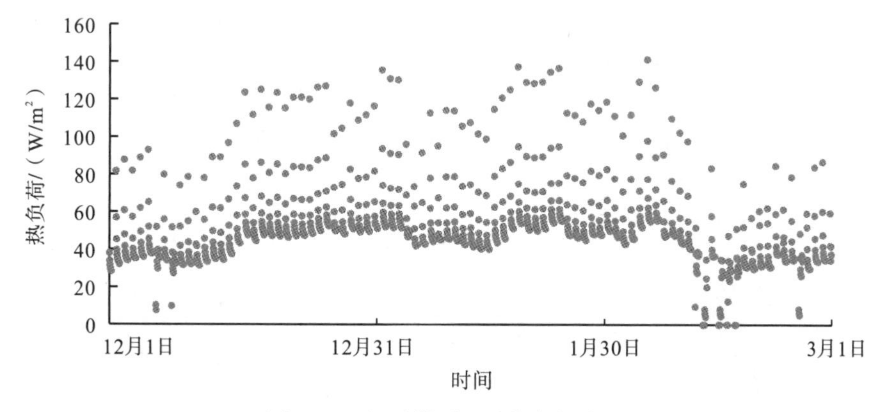

图8.13　间歇供暖逐时热负荷分布

2)负荷变化特性

选取最冷月连续一周(1月5日～1月11日)逐时热负荷分布为研究对象，对比连续供暖模式和间歇供暖模式负荷分布特性的区别，如图8.14所示。从负荷变化趋势来看，在这一周内，间歇供暖模式热负荷在供暖开始时刻最大，平均达到102.0W/m^2，之后急剧降低，经历约4h后趋于稳定，前4h的平均热负荷为71.4W/m^2，后8h的平均热负荷为47.5W/m^2。而连续供暖条件下，在对应的19：00～7：00时段，由于夜间室外温度逐渐降低，热负荷也相应逐渐增大，但整体变化幅度很小。前4h的平均热负荷为31.6W/m^2，和间歇供暖相比降低55%，后8h的平均热负荷为36.5W/m^2，相比降低23%。可见在间歇供暖前期热负荷是要远高于连续供暖，而稳定后的热负荷水平稍高于连续供暖，但差别不大。

将连续供暖与间歇供暖导致的负荷差别反映到整个冬季的供暖能耗上，假设供热系统制热性能系数(coefficient of perfermance，COP)为 2.6，在此设定条件下，连续供暖冬季能耗约为 33.3kW·h/m²，间歇供暖冬季能耗约为 27.56kW·h/m²，相比降低约 17%。

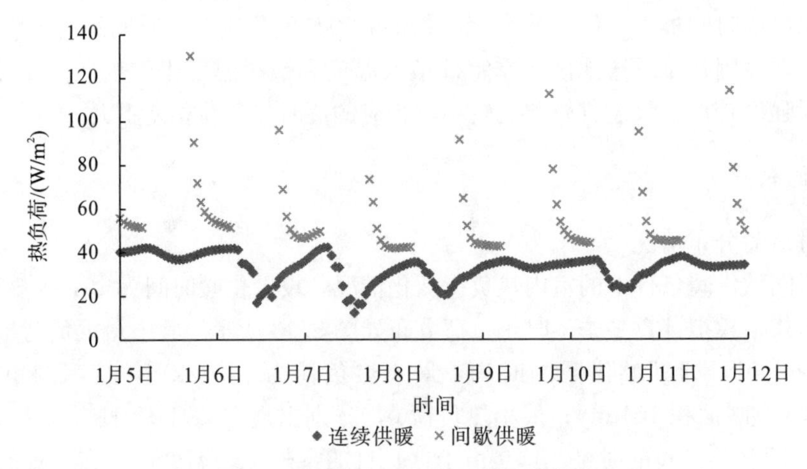

图 8.14 间歇供暖与连续供暖逐时热负荷对比

3)负荷分布频率

同样对间歇供暖条件下的部分负荷分布频率进行统计，以最大负荷 14.72kW 为基准，结果如图 8.15 所示。可见整个冬季部分负荷出现最多的区段是 25%～50%，为 68%，；0～25%负荷比例约占 19%；而超过 50%负荷比例的时间最少，仅占 13%，可见在间歇供暖条件下，供暖开始几小时内的大负荷在整个冬季热负荷所占的比例还是相对较少，在进行供暖系统设计时，应主要考虑稳定阶段的热负荷水平。

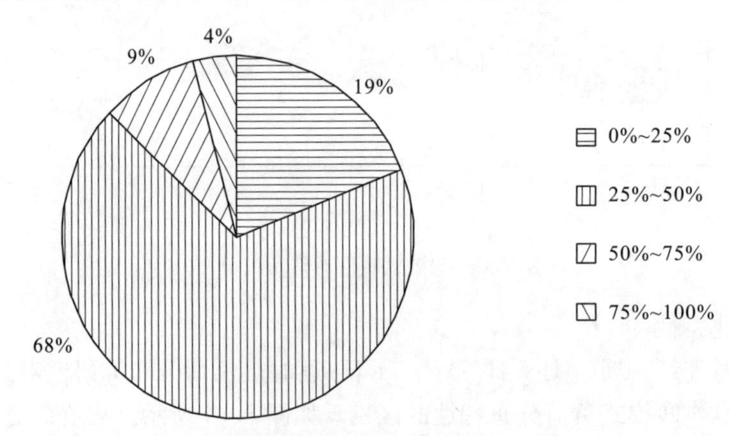

图 8.15 间歇供暖条件下的部分负荷分布频率

8.3 不同供暖热源形式特性分析

从能源供应方式来分，供暖的热源主要分为煤、电、天然气、地热能、空气热能、太阳能及其他余热废热等，而锅炉和热泵则是不同热源类型用于供暖的具体技术手段，具体包括燃煤锅炉、燃气锅炉、燃气壁挂炉、电锅炉、地源热泵、水源热泵、空气源热泵、太阳能吸收式热泵等形式。然而其中部分热源形式由于其自身存在许多缺陷，应用受到诸多限制，如燃煤锅炉的污染问题、电锅炉能效问题、太阳能应用地域要求、工业余热废热利用难度大等，因此，以下以目前非集中供暖地区应用较广泛的燃气锅炉、热泵等热源形式为例，分析其各自的应用特性，并从技术性和经济性两方面进行比较。

8.3.1　天然气

天然气是矿物燃料中较清洁的能源，而且是一次能源，其杂质含量极少，具有显著的环保性。但目前天然气在中国一次能源消费中的比例仅为 5.8%，人均用气量仅为国际水平的三分之一。而随着国家能源消费结构转变和节能减排等因素的推动，天然气的应用占比将大幅度提升。根据“十三五”规划，我国到 2020 年天然气比重力争达到 10%，能源局又提出到 2030 年天然气在我国一次能源消费中的比重将达到 15%左右，足见天然气在我国能源规划中的重要地位。

重庆市是中国陆上天然气较为富集的地区之一，已探明天然气储量 3 650 亿 m^3，其中，可采储量达 2 678 亿 m^3，占全国 10%左右，年产量达 60 多亿 m^3，并且资源总量还在不断递增。同时重庆也是目前全国天然气用量较多的城市之一，且用量规模还在持续高速增长中。而重庆地区的天然气价格相对较低(全国各大城市民用天然气价格见表 8.3)，这些得天独厚的外部条件给重庆地区天然气的广泛应用创造了良好条件。

表 8.3　全国各大城市居民用天然气阶梯气价表　　单位：元/m^3

城市	重庆	北京	上海	武汉	杭州	成都
第一档	1.72	2.28	3	2.53	3.10	1.89
第二档	1.89	2.5	3.3	2.78	3.72	2.27
第三档	2.24	3.9	4.2	3.54	4.65	2.84

天然气用于供暖的主要技术途径包括燃气锅炉、燃气壁挂炉及直燃机等。燃气锅炉通过燃烧天然气释放热量制取一定温度的供暖用热水，该设备运行维护简单，初投资成本相对较低，且热效率一般在 90%以上，是目前夏热冬冷地区许多既有公共建筑的冬季供暖热源形式；燃气壁挂炉，又称为燃气采暖热水炉，一般用于家庭冬季供暖，与散热器或地辐射地板配合使用供暖效果好，目前市场上的大部分产品的热效率为 80%～94%，且可兼供生活热水。而对于直燃机，以最常见的直燃型溴化锂吸收式冷热水机组为例，其具备制冷、制热和提供卫生热水三种功能，在夏季，通过燃气燃烧释放的热量驱动吸收式制冷机进行制冷，制冷效率高，而在冬季，采用分隔式供热，燃烧加热溴化锂，其产生的蒸气将换热管内的供暖和卫生热水加热，相当于一台真空锅炉，因此其供暖热效率与一般的锅炉相接近。该设备具有维修简单、节能环保性好、噪声振动小、部分负荷条件下效率高等优点，但也存在设备初投资价格高、机房占地大、配套系统要求高、运行维护管理不当而引起效率下降等缺点，总体而言目前该技术的应用较少。此外，烟气余热回收在此类直接燃烧利用天然气的设备中节能潜力大，其通过将高温烟气中所含的余热及水蒸气冷凝热回收利用，该类设备的热效率可提高 5%以上，甚至超过 100%。

虽然天然气存在上述诸多优势，但在现阶段如将天然气大规模用于冬季供暖还主要面临以下两个问题：①大规模使用带来的天然气供气不足，在冬季不仅供暖用天然气供应不足，还影响到居民的日常生活用气。北方地区近几年大力推进“煤改清洁能源行动”，其中很大一部分是采用天然气替代传统的燃煤供暖，但随着应用规模不断扩大，今年该地区“限时供气”的相关报道屡见不鲜，对居民的日常生活造成了很大影响。②大规模应用会导致现有的燃气管网的输运能力不足。在夏热冬冷地区，大多数城市城区的燃气管网规划设计时并没有将居民冬季供暖用气包含在内，短期内天然气的大量需求与管网的输送能力不匹配，而改造和新建燃气管网不仅初投资巨大，也会对社会造成较大干扰。

8.3.2 电能

电能是应用最为广泛的二次能源形式，目前我国的电力结构是以火电为主，2014年，火电占比 65.4%，水电占比 23%，其他形式的电能仅占 11.6%。而火电则主要以燃煤发电为主。采用电能直接加热进行供暖的方式主要包括传统的电暖器、电热膜和电锅炉等。电暖器由于随开随关，使用方便，设备投资和运行成本低，一直是重庆地区普通居民冬季供暖的首选，从传统的“小太阳”到现在的电热油汀和电热膜取暖器，各种形式推陈出新，但是这种局部供暖的方式舒适性较差。电热膜辐射供暖则是十几年前兴起的新型供暖方式之一，是将半导体材料和半透明聚酯薄膜制成的红外辐射供暖材料铺设在墙壁或顶棚中，利用红外线辐射进行供暖，直接提升人体和室内表面的温度，室内温度分布均匀，舒适性好。电锅炉则是直接使用电能加热供暖热水和生活热水，其热效率一般在 95%以上[3]。

在我国目前火力发电占到总发电量 65%以上的情况下，考虑到发输电的效率，电热供暖的一次能源利用率仅 30%，因此，在现行的相关节能标准中都严格限定了采用电直接加热设备供暖的应用条件。例如，在重庆市《居住建筑节能 65%(绿色建筑)设计标准》(DBJ 50—071—2016)中规定，只有满足下列条件之一才可以使用电直接加热设备作为供暖和空调热源：①整套住房夏季不用空调，冬季只需要局部为主进行短期供暖的居住建筑；②临时性供暖、短暂性供暖、各户供暖同时性小的居住建筑；③电力充足、供电政策支持地区的居住建筑。

8.3.3 空气热能

空气热能用于供暖主要依靠空气源热泵。空气源热泵自 20 世纪 20 年代问世起，直至 60 年代全球能源危机的爆发才得到全面重视，经过近百年的发展，至今各项技术已经趋于完善并得到广泛应用。其基本原理是依靠消耗部分电能，通过热力循环，将空气中难以直接利用的低品位热能(空气)提升为可利用的高品位热能，如图 8.16 所示。空气热能已经与太阳能、地热能一样被纳入可再生能源应用范畴，而近年来北方地区“煤改清洁能源”行动及长江流域冬季供暖方案等涉及供暖的重大国计民生问题都将空气源热泵作为重要的技术途径之一。相应的，从国家到地方都出台了各项激励措施和补贴政策来推动空气源热泵的应用。

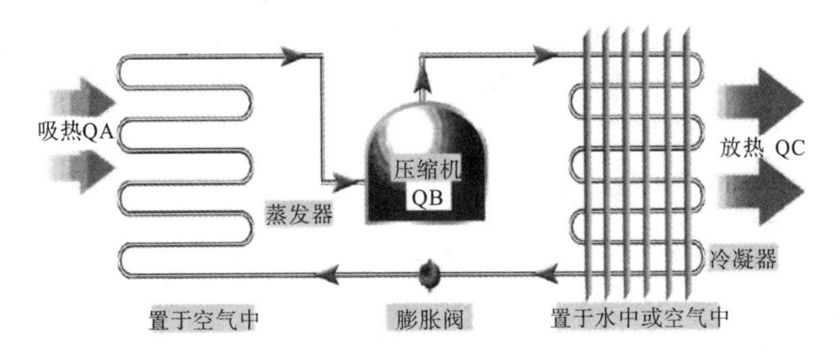

图 8.16 空气源热泵的工作原理

利用空气源热泵供暖相比于其他热源形式，其主要优势在于：①节能效果显著。从一次能源利用的角度来看，空气源热泵的名义制热性能系数一般在3左右，以煤电的发输电效率30%计算，其一次能源利用率可达到0.9，远高于利用电能直接供暖的一次能源利用率0.25～0.3，与燃气供暖的水平相近。②安装和运行方便，安全性好。空气源热泵设备体积相对较小，一般安装在建筑物顶楼或侧面，不需要单独的机房。与燃气燃烧设备相比也减少了防火防爆的要求，安全性大大提高。但空气源热泵在夏热冬冷地区应用的最大弊端在于冬季受室外气候环境影响很大，低温高湿条件下制热性能下降显著，蒸发器极易结霜，有相关测试和研究表明结霜状态下机组制热性能系数可降低至1.5以下[4]，而目前常规机组的除霜融霜措施效果有限，造成了空气源热泵的供热应用效果不佳。此外，空气源热泵机组还存在噪声严重、使用寿命较短、初投资较高等问题，以上缺点也限制了空气源热泵的推广和应用。

为进一步探究空气源热泵在重庆地区冬季供热运行的实际效果，本节在2017年1月对某空气源热泵热水机组的运行效果进行了实测，现选取某一典型日进行分析。图8.17是该日室外温湿度的变化情况，机组从第一天上午9:00开启，直到第二天上午9:00结束运行，设定45℃供水，室外温度从10.3℃降低至3.5℃，相对湿度则从50%左右升高至80%以上。

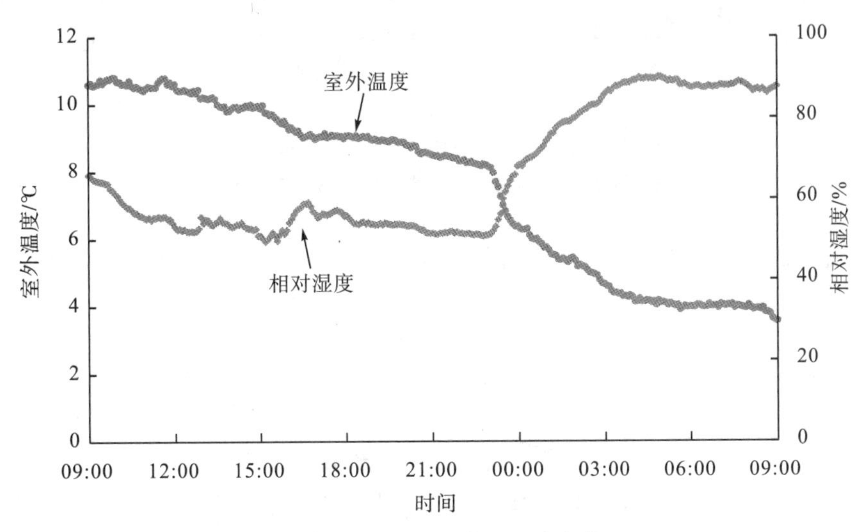

图 8.17 测试日室外温湿度变化

图 8.18 是在此期间机组供回水温度变化情况，可见开机后约 1h 供水温度达到设定值，平均供水温度 42.6℃，平均回水温度 41.0℃，由于系统流量较大，平均供回水温差仅 1.6℃，温差变化范围为 0.9～3.4℃。

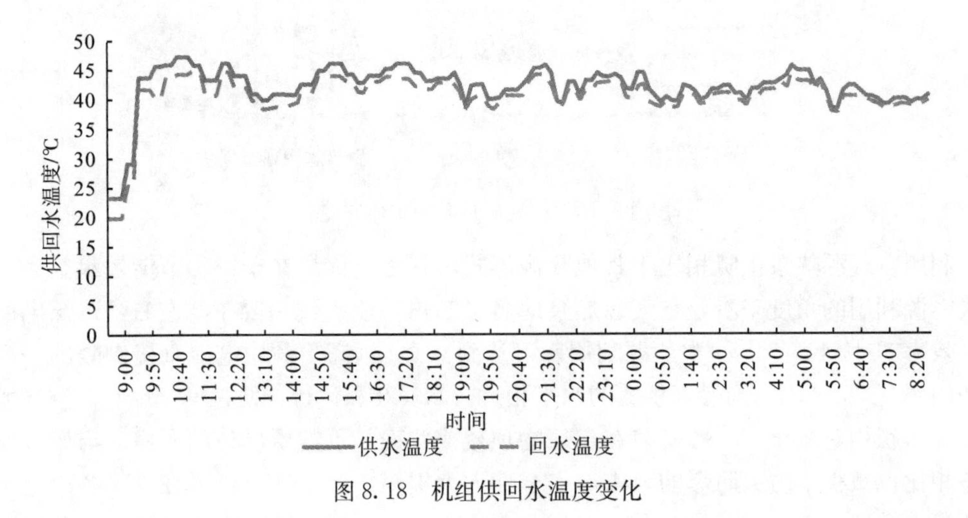

图 8.18 机组供回水温度变化

图 8.19 是经测试和计算所得的机组逐时的制热量与耗电量变化，系统运行前 3h 启动阶段的平均小时制热量为 6.55kW・h，平均小时耗电量 1.76kW・h，后 21h 的平均制热量为 2.9kW・h，平均小时耗电量为 0.98kW・h。

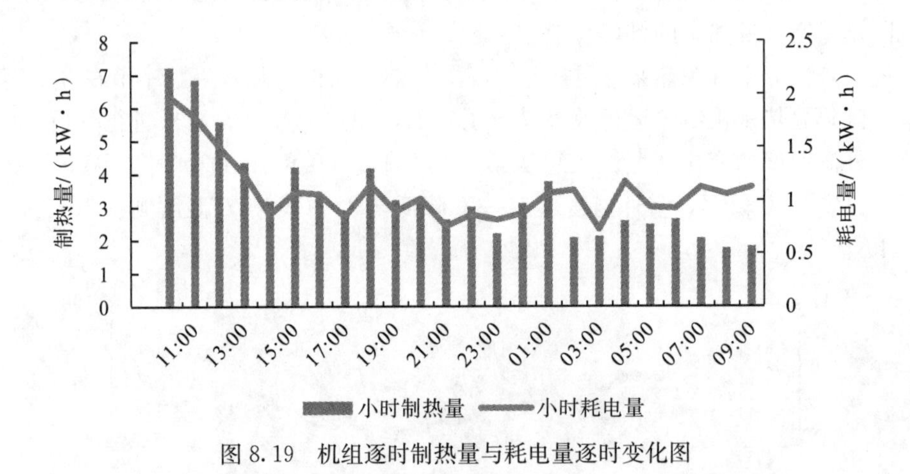

图 8.19 机组逐时制热量与耗电量逐时变化图

对于机组的制热性能水平采用小时制热性能系数 COP_h 和日平均制热性能系数 COP_d 来进行评价，计算公式如下：

$$COP_h = \frac{Q_h}{W_h}$$

$$COP_d = \frac{Q_d}{W_d} = \sum_{n=1}^{24} \frac{Q_h}{W_h}$$

式中，Q_h 为机组小时制热量，kJ；W_h 为机组小时耗电量，kJ；Q_d 为机组日制热量，kJ；W_d 为机组日耗电量，kJ。

计算逐时 COP_h 变化如图 8.20 所示，COP_h 为 1.6～4，随室外温度降低、相对湿度的升高而降低，而该日平均制热性能系数 COP_d 为 3.1。

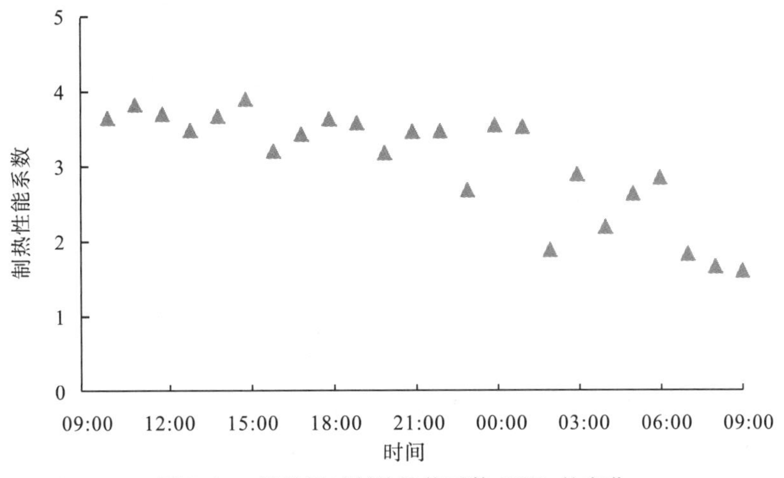

图 8.20　机组逐时制热性能系数 COP_h 的变化

进一步分析 COP_h 与室外温度的变化关系，如图 8.21 所示，明显可见室外温度在 6℃以上时，机组的制热性能较为稳定，平均制热性能系数为 3.5；而当室外温度低于 6℃时，机组的平均制热性能系数波动较大，平均水平为 2.5，最高达到 3.5，最低为 1.6(室外温度 3.5℃，相对湿度 87%的条件下)，实际观察到在该室外温湿度条件下，机组蒸发器翅片管上开始出现结霜现象，可见结霜对机组制热性能影响较大。总体而言，随着室外温度的降低，机组制热性能系数逐渐下降，且在结霜区的下降速率要高于非结霜区。

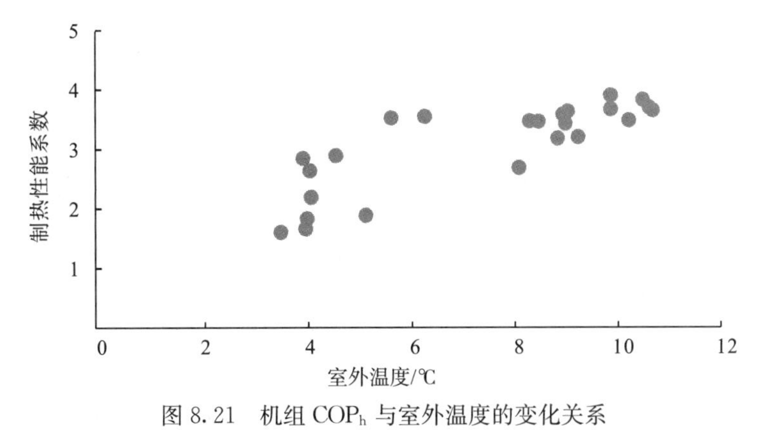

图 8.21　机组 COP_h 与室外温度的变化关系

8.3.4　地热能

地热能在建筑中的应用主要以浅层地热资源为主，利用地源热泵技术(包括地表水源热泵和地埋管地源热泵等)可有效提升地热能品质用于冬季供暖。重庆地区浅层地热能资源丰富，长江与嘉陵江交汇而过，冬季江水温度较稳定，在 12～16℃，地表 5m 以下地层温度波动较小，最低约 12℃，浅层地热资源的可利用性高，热泵机组冬季制热性能系数 COP 均在 3.0 以上，最高可超过 5.0[5]。由于系统造价高且分户供暖热负荷水平低，地源热泵只适合用作区域集中供暖，以楼栋或小区作为供暖单位。而夏热冬冷地区人们习惯间歇供暖的特点会导致系统的负荷率低，如没有有效的控制调节措施，制热效率也会大打折扣。此外，户间传热及热量分户计量等都是限制其大规模应用的重要因素。

8.3.5 不同热源形式与负荷特征的匹配性分析

从上述分析中可以得知，在连续供暖条件下，建筑的冬季供暖逐时热负荷与室外温度的变化呈负相关关系。下面对上述几种热源形式，以其最常见的应用方式，分析在不同供暖热负荷条件下的匹配性问题。

不同热源与负荷特征的匹配性主要受两方面的影响：其一，负荷变化主要是由室外温度波动引起的，而热源设备的制热性能可能会受室外温度变化的影响；其二，热源设备本身在不同负荷率条件下的制热效率也会有差别。对于电直接加热供暖设备一般可不考虑此影响，在此只分析两种常见的热泵设备：空气源热泵热水机组以及地埋管地源热泵系统。

我们知道，对电驱动的蒸汽压缩式冷水(热泵)机组一般是采用综合部分负荷性能系数(integrated part load value，IPLV)来评价机组综合的部分负荷条件下的性能，计算公式如下[6]：

$$\mathrm{IPLV}=a\times A+b\times B+c\times C+d\times D$$

式中，A 为100%负荷时的性能系数COP，kW/kW；B 为75%负荷时的性能系数COP，kW/kW；C 为50%负荷时的性能系数COP，kW/kW；D 为25%负荷时的性能系数COP，kW/kW；a 为100%负荷时的计算权重系数,%；b 为75%负荷时的计算权重系数,%；c 为50%负荷时的计算权重系数,%；d 为25%负荷时的计算权重系数,%。

权重系数的计算公式如下：

$$a=\frac{\sum_{j=1}^{k_1}\mathrm{LR}_j\,n_j}{\sum_{j=1}^{k_\infty}\mathrm{LR}_j\,n_j}\qquad b=\frac{\sum_{j=k_1+1}^{k_2}\mathrm{LR}_j\,n_j}{\sum_{j=1}^{k_\infty}\mathrm{LR}_j\,n_j}$$

$$c=\frac{\sum_{j=k_2+1}^{k_3}\mathrm{LR}_j\,n_j}{\sum_{j=1}^{k_\infty}\mathrm{LR}_j\,n_j}\qquad d=\frac{\sum_{j=k_3+1}^{k_4}\mathrm{LR}_j\,n_j}{\sum_{j=1}^{k_\infty}\mathrm{LR}_j\,n_j}$$

式中，LR_j 为单台机组的负荷率，即机组输出的制冷(热)量与名义工况的制冷(热)量之比；$j=1\sim k_1$，$j=(k_1+1)\sim k_2$，$j=(k_2+1)\sim k_3$，$j=(k_3+1)\sim k_\infty$ 分别为4个不同负荷率对应的频数，即机组在0～25%、25%～50%、50%～75%、75%～100%负荷率下的运行时间；$j=1\sim k_\infty$ 为不同负荷率的总频数，$a+b+c+d=1$。

相应的权重综合考虑了建筑类型、气象条件、建筑负荷分布及运行时间，是根据4个部分负荷工况的累积负荷百分比得出的。值得注意的是，IPLV反映的是在规定工况下的部分负荷性能值，虽然与部分负荷分布时间比例的关系很大，但并不完全认为权重是4个部分负荷对应的运行时间百分比。在此我们做简化处理，用非标准部分负荷性能系数(non-standard part load value，NPLV)来反映实际工况条件下机组的部分负荷性能，计算方法与IPLV相同，将以上4个权重系数近似看作4个部分负荷对应的运行时间百分比。因此根据前面的负荷特性分析结果，计算得权重系数分别取值 $a=35.4\%$、$b=46.7\%$、$c=15.6\%$、$d=2.3\%$。

1. 空气源热泵热水机组

空气源热泵热水机组的制热性能与室外环境的变化密切相关，从热泵制热循环的原理可知，蒸发温度和冷凝温度是影响热泵制热性能的重要因素，而蒸发温度与室外环境有关，当室外温度降低时，蒸发温度也随之降低。蒸发温度的降低带来蒸发压力的降低，压缩机吸气比容增大，进入压缩机制冷剂的质量流量减少，单位制冷剂制热量相应地减少。同时压缩机压比增大，导致输气系数下降，压缩机的耗功增加，热泵的制热性能系数也随之降低[7]。除了室外温度直接影响机组的制热运行状态之外，室外温度变化引起的机组负荷率变化也会影响机组的制热性能，特别是对于最常见的采用定频压缩机的机组。

对于户式空气源热泵热水机组，图8.22是某品牌机组的制热能力与室外干球温度的修正关系。以45℃出水温度为例，室外干球温度为0～10℃时，制热性能的衰减近似可以看成线性的，当温度超过10℃时，制热能力随室外干球温度升高而提升的幅度缓慢减小。为得到该机组的部分负荷制热性能系数，根据前面所拟合的建筑热负荷与室外干球温度的线性关系，以室外干球温度最低2.8℃条件下的最大热负荷作为100%负荷率，得出75%、50%及25%负荷率所对应的室外干球温度分别为6.8℃、10.7℃和14.7℃。考虑机组的融霜修正系数为0.9，则分别对应的机组COP见表8.4。计算对应的NPLV为2.94。

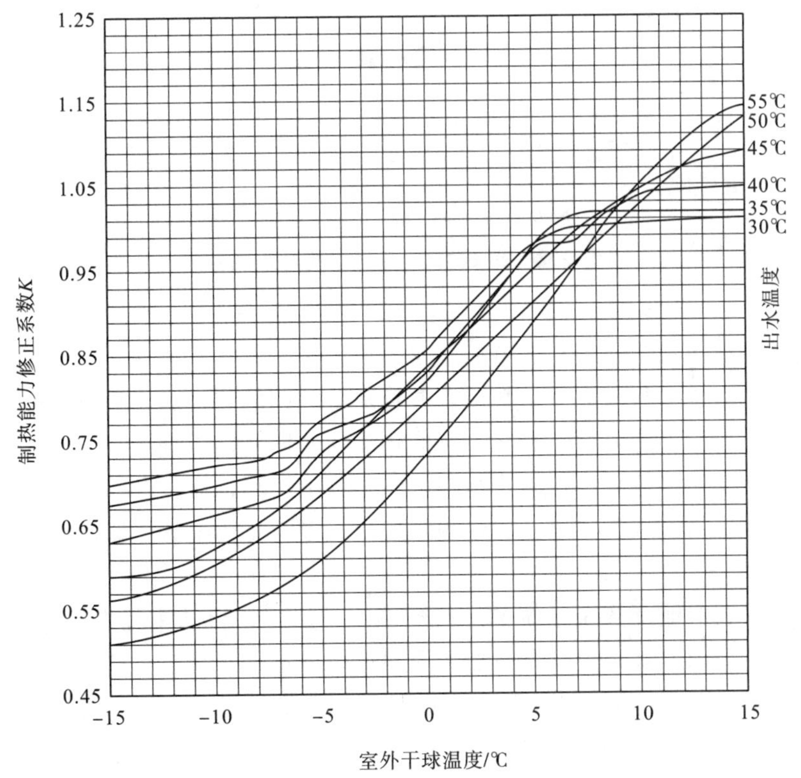

图8.22 某品牌空气源热泵制热能力修正系数随室外干球温度的关系

表 8.4 不同负荷率对应的室外干球温度及 COP

负荷率	100%	75%	50%	25%
室外干球温度/℃	2.8	6.8	10.7	14.7
COP	2.48	3.12	3.36	3.46

2. 地埋管地源热泵系统

与地埋管地源热泵系统的制热性能最直接相关的是浅层土壤的温度变化。重庆地区全年浅层地温的实测结果如图 8.23 所示，从图中可以明显看出，地表温度随着室外温度的波动呈周期性变化，但随着地层深度的加深，当达到 −5m 时，地层温度波动就已经降到很小，最高约为 22.2℃，最低约为 12.1℃，且存在明显的波峰波谷的相位延迟。当地层深度达到 −15m 时，该地层温度的波动已基本不存在，其温度均分布在 19.9～20.1℃[8]。因此，对于地埋管地源热泵系统，冬季供暖可不考虑土壤温度的变化对系统性格的影响。

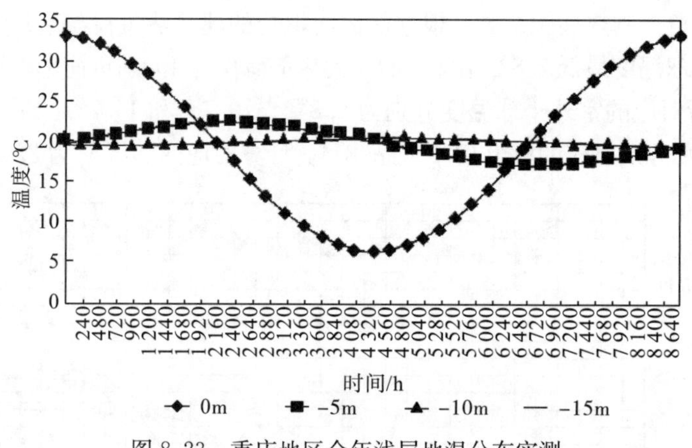

图 8.23 重庆地区全年浅层地温分布实测

地埋管地源热泵系统还容易受负荷总量累积的影响，冬季制热运行时，通过地埋管换热器从附近的岩土中吸收大量的热量，并且随着时间的累计日益增强，热传递过程将会变慢，地埋管的换热能力逐渐衰减，而换热能力的恢复需要向周围岩土中放热。在夏热冬冷地区，夏季地源热泵系统制冷运行，向土壤中放热，而在冬季制热运行从土壤中吸热，因此比较容易实现历年累计热量为零或接近零，总体上该因素的影响较小，在此可不考虑。

负荷率同样会对地源热泵系统的运行性能产生影响，目前市场上的地源热泵机组，普遍采用无级调节的方式来使机组适配不同的负荷需求。对某工程所采用的螺杆式地源热泵机组不同负荷率条件下的 COP 的实测结果如图 8.24 所示，可见机组的高效区集中在 50%～75% 负荷率。用上述 NPLV 来评价该机组的部分负荷制热性能，计算可得 NPLV 为 5.0。

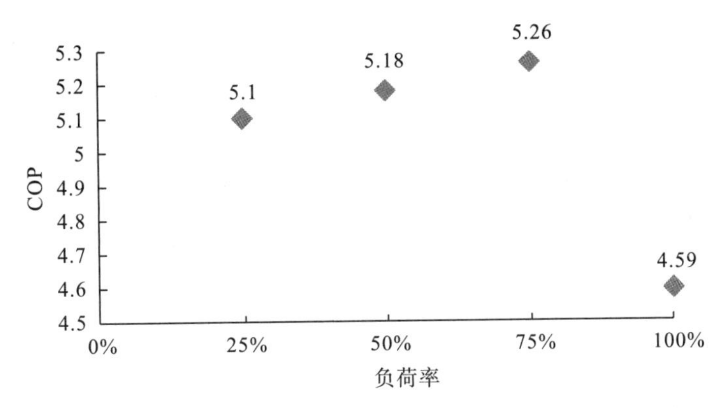

图8.24 不同负荷率条件下的地源热泵机组制热性能COP值

8.3.6 不同热源形式的对比及节能环境效益分析

综合上述各种供暖热源形式的特点，整体汇总见表8.5。

表8.5 各种供暖能源供应方式特点比较

能源类型	应用类型	应用条件	供暖形式	能源利用效率	是否兼顾供冷	主要优点	主要局限性	可行性
天然气	燃气壁挂炉	有天然气供应	分散式	0.85～0.9	否	使用方便，舒适性好，还可供生活热水	能效较低，大规模应用带来管网输配能力不足	一般
电能	电暖器、电热膜	所有	分散式	0.3	否	使用、安装方便	能源利用效率低	一般
空气热能	空气源热泵集中空调、多联机	具备空气源热泵安装条件	分散式	0.8～1.1	是	理论能效高，适宜分户供暖模式	低温、高湿条件下制热性能降低	较好
地热能	地源热泵、水源热泵	浅层地热资源可用	区域集中	1.2	是	理论能效高	负荷率低导致实际能效低、热量计量等	一般

为更加直观和清晰地反映各种热源形式用于重庆地区居住建筑冬季供暖的能源消耗情况，以重庆市某居住建筑的一户住宅为例来量化计算供暖季总能耗。根据整个冬季连续供暖模式的负荷模拟结果，使用单位面积标煤耗量作为能耗计算标准。此外，还对各种热源形式的环境效益分析，主要包括二氧化碳排放量、二氧化硫排放量及粉尘排放量等，计算方法如下：

供暖季总能耗：

$$Q_{\mathrm{t}} = \frac{Q_{\mathrm{H}}}{\eta_{\mathrm{t}} q_{\mathrm{c}}} = \frac{\sum q_{\mathrm{i}} T}{\eta_{\mathrm{t}} q_{\mathrm{c}}}$$

或

$$Q_{\mathrm{t}} = \frac{D Q_{\mathrm{H}}}{3.6 \mathrm{EER}_{\mathrm{sys}}} = \frac{D \sum q_{\mathrm{i}}}{3.6 \mathrm{EER}_{\mathrm{sys}}}$$

式中，Q_{t}为供暖总能耗，kgce；Q_{H}为供暖期间累计制热量，kJ；q_{i}为单位时间内的制热

量，kJ；T 为制热运行时间，s；η_t为以天然气为热源时的运行效率，取 0.80；q_c为标煤热值，MJ/kgce，取 29.307MJ/kgce；D 为发电标煤耗值，kgce/(kW·h)，取 0.305kgce/kWh；EER_{sys}为以电为热源时的系统能效系数，电直接供暖取 0.9，空气源热泵系统取 2.5，地源热泵系统取 3.0。

二氧化碳排放量：

$$Q_{CO_2} = Q_t \times V_{CO_2}$$

二氧化硫排放量：

$$Q_{SO_2} = Q_t \times V_{SO_2}$$

粉尘排放量：

$$Q_{fc} = Q_t \times V_{fc}$$

式中，Q_t为供暖总能耗，kgce；Q_{CO_2}为供暖系统的二氧化碳排放量，kg；V_{CO_2}为标煤的二氧化碳排放因子，取 2.47；Q_{SO_2}为供暖系统的二氧化硫排放量，kg；V_{SO_2}为标煤的二氧化硫排放因子，取 0.02；Q_{fc}为供暖系统的粉尘排放量，kg；V_{fc}为标煤的粉尘排放因子，取 0.01。

计算结果见表 8.6，可以很明显地看出，直接采用电能供暖的能耗最高，达到了 8.68kgce/m^2，相应的二氧化碳、二氧化硫及粉尘排放都是最高的，而天然气作为热源的能耗水平低于电热源的一半，稍高于空气热能和地热能。采用空气源热泵利用空气热能进行供暖的能耗水平为 3.12kgce/m^2，而采用地热能作为供暖热源的能耗水平最低，仅为 2.23kgce/m^2。因此，采用热泵技术充分利用自然界中的可再生能源供暖，其节能和环境效益明显，符合重庆市低碳绿色和节能减排的发展政策。

表 8.6　各种热源形式的能耗及环境效益

热源形式	能耗/(kgce/m^2)	二氧化碳排放/(kg/m^2)	二氧化硫排放/(kg/m^2)	粉尘排放/(kg/m^2)
天然气	3.93	9.70	0.08	0.04
电能	8.68	21.43	0.17	0.09
空气热能	3.12	7.71	0.06	0.03
地热能	2.23	5.51	0.04	0.02

8.4 不同供暖末端形式特性分析

8.4.1 风机盘管

风机盘管是空调系统常用的末端设备之一，其依靠风机运转，加强散热器与室内空气间的对流换热作用，从而达到向室内供冷和供暖的目的。其具有布置灵活、使用方便、热响应迅速、可调性好和运行经济等优点。风机盘管按照外观可分为立式和卧式，按安装形式可分为明装和安装，名义工况风量为 250～2 300m^3/h，供冷量为 1.5～15kW，供热量一般是供冷量的 1.5 倍。风机盘管的主要缺点在于噪声大，房间气流组织差，需配合新风系统保障室内空气品质。此外，其在冬季运行时会出现室内相对湿度低、舒适度差的情况。

1. 常规风机盘管

常规风机盘管的主要构件包括盘管和风机，其中盘管一般采用 2～3 排铜管铝片的肋管式热交换器，风机多采用前向离心风机或贯流风机。风机压头低，通过三挡变速开关变换风量对供冷热量进行调节。风机盘管供暖的名义工况为供水温度 60℃，而采用空气源热泵作为供暖热源时的设计工况为 45℃/40℃。相比于其他供暖末端，风机盘管强制对流换热方式的热响应时间短，在 30min 内房间即可达到设定温度。

此外，风机盘管一般按照夏季工况进行选型设计，在此基础上进行冬季工况的校核，使其能满足供暖要求。但在夏热冬冷地区，夏季冷负荷一般远大于冬季热负荷，因此往往出现风机盘管冬季供热能力过剩的问题。

2. 供暖型风机盘管

供暖型风机盘管(图 8.25)又称为强制对流散热器，由传统风机盘管改造而来，在结构形式上与传统风机盘管存在较大差别，主要由 U 形翅片管和小风量贯流风机组成，去除了冷凝盘，可利用 45～60℃的低温热水通过强制对流向室内供暖。表 8.7 为某品牌供暖型风机盘管的散热量对照表[9]。

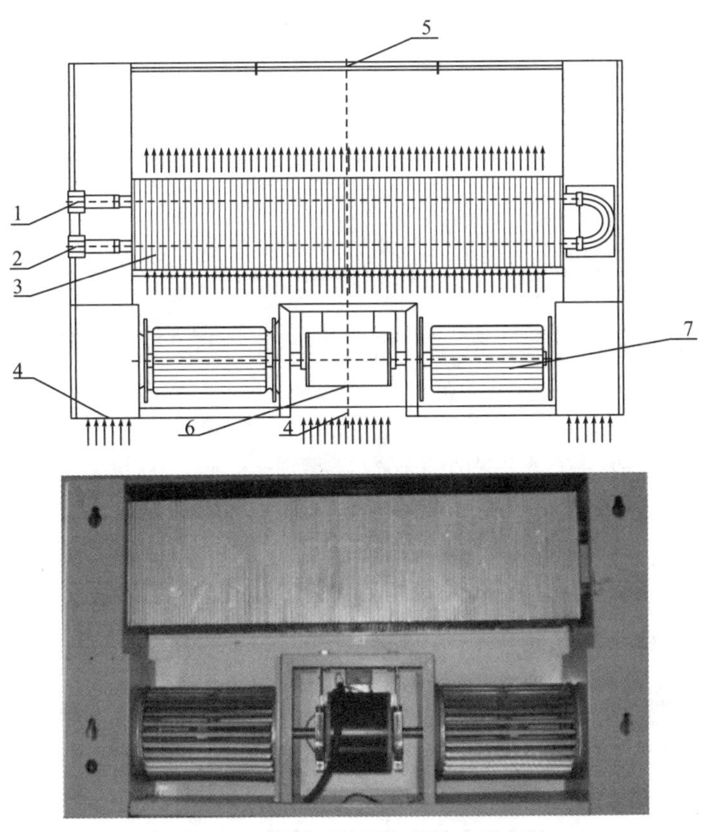

图 8.25　供暖型风机盘管构造示意图

1—进水口；2—出水口；3—翅片；4—进风口；5—出风口；6—电动机；7—风机

表 8.7 某品牌供暖型风机盘管的散热量对照表

供水温度/℃	回水温度/℃	室内温度/℃	流量/(kg/h)	散热量/W
60.05	50.23	18.03	79.61	845.55
55.05	46.49	18.02	80.05	740.04
50.09	42.75	18.02	80.54	635.42
45.51	39.26	18.11	80.74	541.06

3. 小温差风机盘管

小温差风机盘管中的小温差是指通过风机盘管的冷热水与室内空气的换热温差小，其采用特殊的强化传热措施加强换热器与室内空气的对流换热，降低供暖所需的热水温度。相关实验表明，在夏热冬冷地区，供暖末端采用小温差风机盘管，供水温度降低至35℃完全可以满足室内供暖需求[10]。但目前相关产品的市场化程度较低。空气源热泵-小温差风机盘管供暖系统的室内外温度分布如图 8.26 所示。

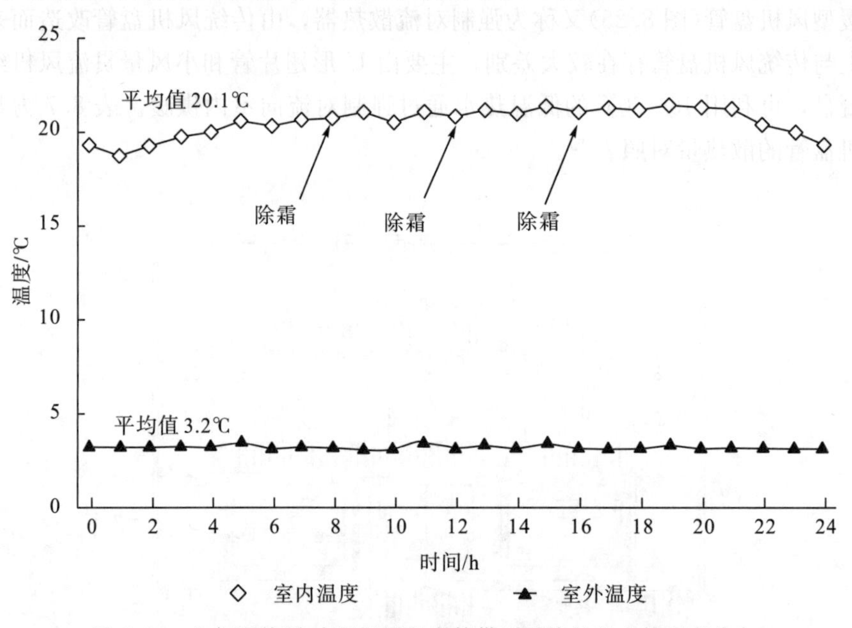

图 8.26 空气源热泵-小温差风机盘管供暖系统的室内外温度分布

8.4.2 低温辐射供暖系统

1. 低温热水辐射供暖系统

低温热水辐射供暖系统，是指以温度不超过 60℃的热水为热媒，利用预埋在地面的加热盘管辐射放热向室内供暖的系统。低温热水辐射供暖系统的主要优点包括：①在辐射和对流的双重作用下，人体的舒适感强；②较少占用室内空间，不影响室内装饰；③室内温度分布较均匀，温度梯度小，无效热损失减少；④不会导致室内空气剧烈流动，无吹风感，舒适性和卫生条件提高；⑤相比对流供暖，在相同舒适条件下可降低室内设计温度2～3℃；⑥可有效利用低温热源。正因为具有以上优点，低温热水辐射供暖系统被越来越多地应用于居住建筑供暖，但相应的其造价也要高于传统对流供暖系统。

2. 毛细管网辐射供暖系统

毛细管网辐射供暖是埋管型辐射供暖的一种特殊形式，以3～4mm导热塑料管布置成间距10～40mm的密布管网。由于管径和管间距都很小，散热面积是传统地板辐射供暖系统的数倍。相关研究表明，其供水温度达到33～35℃即可满足室内16℃的供暖要求，相比传统地板辐射可下降8～10℃，节能效果显著，与低温热源适宜性好。

毛细管网辐射供暖系统室内温度分布较均匀，针对该系统的室内温度分布的测试结果(图8.27)表明，在稳定运行阶段，供水温度为35～45℃的条件下，室内0.1～1.7m高度(人体活动区)垂直高度的温度梯度很小，均在1℃/m的范围内[11]。此外，地板表面温度分布均匀且趋于稳定(图8.28)，但在超过35℃的供水工况条件下，地板表面平均温度都超过了《辐射供暖供冷技术规程》(JGJ 142—2012)中关于辐射供暖表面平均温度的限值(表8.8)，可见过高的供水温度反而会影响室内人体的舒适和健康。

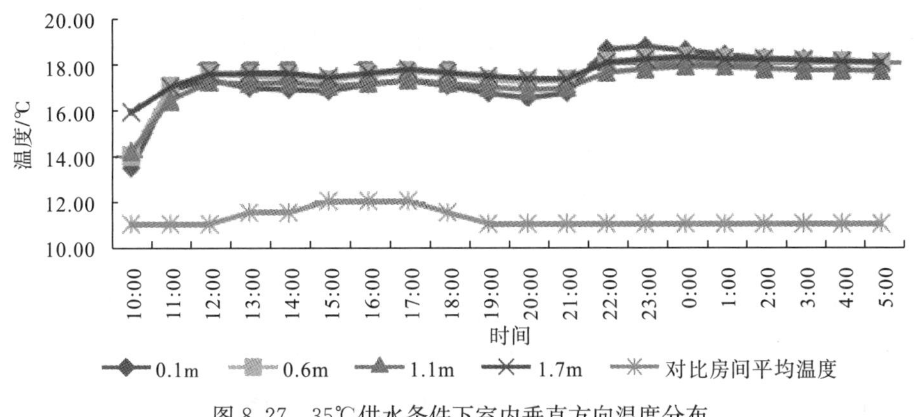

图8.27　35℃供水条件下室内垂直方向温度分布

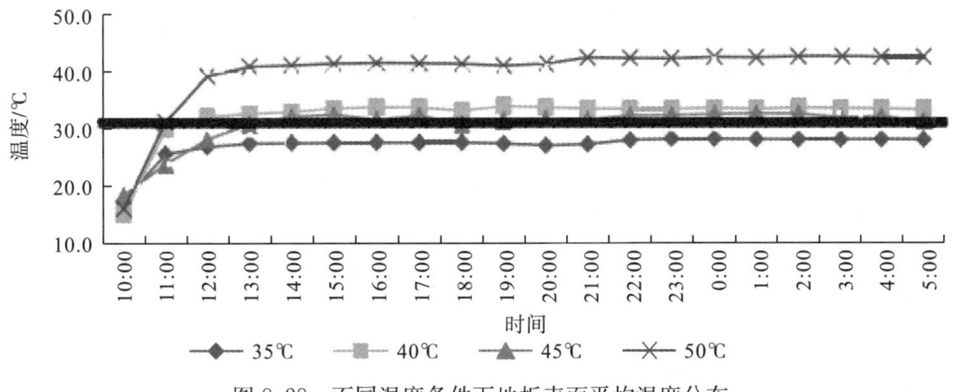

图8.28　不同温度条件下地板表面平均温度分布

表8.8 标准中关于辐射表面平均温度限值的规定

位置	适宜温度/℃	温度上限值/℃
人员经常停留的地面	24～26	28
人员短期停留的地面	28～30	32
无人停留的地面	35～40	42

毛细管网辐射供暖系统同样也存在着在启动阶段热响应时间过长的问题，室内温度需要较长时间才能达到设定温度。热响应时间与供水温度、室外温度及围护保温隔热性能有关。如图8.29所示，在35℃的供水温度和7.9℃的室外空气平均温度条件下，热响应时间(从14.2℃的初始温度上升至16℃的设计温度)约为100min[11]。该温度随着室外温度和供水温度的升高呈下降趋势。

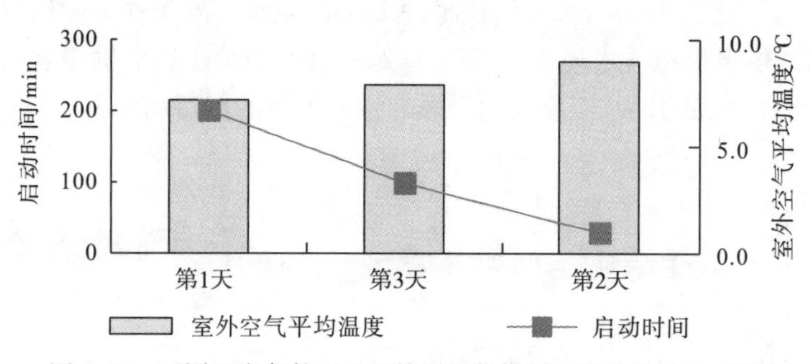

图8.29 不同温度条件下毛细管网辐射供暖系统的热响应时间

3. 低温电热辐射供暖系统

低温电热辐射供暖系统即电热膜供暖系统，与低温热水辐射供暖系统类似，都是以整个地面作为散热面，通过辐射换热和对流换热加热周围的空气和围护结构，减少了四周表面对人体的冷辐射，具有垂直温差小、热舒适性高等优点。作为电直接加热的供暖热源的方式，其优缺点已在前面提过，在此不再叙述。

8.4.3 散热器

散热器按照传热方式可分为对流型和辐射型。对流型的结构特点在于散热元件安装在外罩内，散热表面隐蔽，传热以对流方式为主；而辐射型的结构特点在于散热表面暴露，传热以辐射方式为主。散热器按使用材料可分为金属和非金属，我国目前常用的是金属散热器，主要材料有铸铁、钢、铝、铜和金属复合型。非金属散热器的抗腐蚀性要好于金属散热器，但传热性能较差，有塑料、陶瓷等类型，主要应用于一些特殊要求场合。散热器通过对流和辐射的换热方式将热媒的热量散发到房间内，其具有使用安装方便、供暖效果较好等优点，是北方集中供暖室内最常使用的散热设备。

1. 对流型散热器

全部或主要靠对流传热方式而使周围空气受热的散热器称为对流散热器，其结构特征是散热元件安置在外罩内。如图 8.30 所示，对流型散热器的基本构成分为两部分：带肋片的金属管构成的散热元件和外围护罩。散热元件管片接触热阻、肋片几何形状及其分布、元件安放位置、外罩高度、结构深度和密封程度，甚至格栅通气率等，都会影响散热器的性能。对流型散热器具有以下优点：①技术成熟；②质量小，安全性好；③价格相对较低；④调控简单，布置方便；⑤热利用效率高，对流器外罩隔绝了大部分的辐射散热，降低了对流器与外墙面之间的无效热损失[12]。

图 8.30　对流型散热器实物图

2. 辐射型散热器

以对流和辐射方式向供暖房间散热的散热器，称为辐射型散热器(图 8.31)。其结构特征是散热表面暴露。板型、柱型、柱翼型、扁管型、闭式串片型、搭接焊管卫浴型和各种形式的铸铁散热器都是辐射器[12]。

图 8.31　辐射型散热器实物图

3. 低温散热器

当供暖热媒温度低于设计温度时，散热器的传热温差减小，无论是对流型还是辐射型散热器，其散热能力都会出现一定的衰减，对流型的衰减要大于辐射型，且相关研究表明，对于常见散热器类型，其低温运行时的性能曲线可近似看作其高温运行时性能曲线的延长线，误差在5%以内[13]，如图8.32所示。因此，当采用低温热源(供热水温度在60℃以下，如空气源热泵)且室内供暖末端选择散热器时，就必须考虑到散热器在低温条件下的散热量衰减问题，否则无法保证供暖效果。

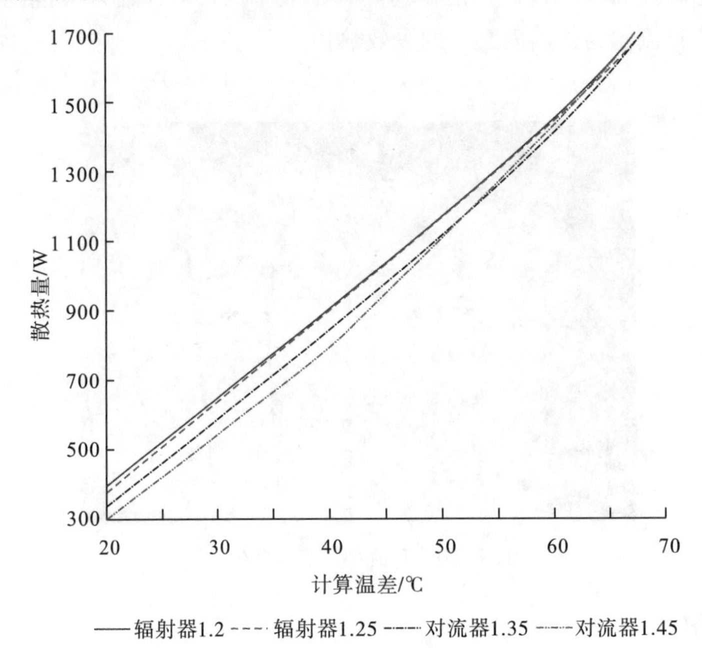

图8.32 不同散热器散热量与计算温差修正关系

目前改善散热器低温供暖性能的方法有两种，首先是增加散热器的片数。工程设计中散热器面积的计算公式如下：

$$F = \frac{Q}{K(t_p - t_n)} \beta_1 \beta_2 \beta_3 \beta_4$$

式中，F为散热器的散热面积，m^2；Q为散热器的散热量，W；t_p为散热器内热媒的平均温度，℃；t_n为室内供暖设计温度，℃；K为散热器的传热系数，$W/(m^2 \cdot ℃)$；β_1、β_2、β_3、β_4为散热器组装片数修正系数、连接形式修正系数、安装方式修正系数、流量修正系数。

低温条件下，散热器的传热系数和平均传热温差均减小，在此条件下要保证散热量，只有增加传热面积，即增加散热器面积。北方地区空气源热泵配合散热器供暖的相关测试实例表明，在供水温度38～40℃的条件下，散热器供暖能保证室内温度为16～18℃。但增加散热器面积会使散热器的体积大大增加，不利于散热器的布置和装饰装修。改善散热器本身的结构形式也是提升其低温性能的另一条途径。例如，毛细管低温散热器以毛细管网为热芯，以自然对流为主要散热器，可使用不低于30℃的热水进行供暖，设计工况为 45℃/40℃。相关研究表明，其在夏热冬冷地区 45℃供水温度的条件下应用，可以保证冬季室内平均温度在 18℃以上，地面到 1.5m 处的温度梯度在 3℃以内，满足热舒适要求，且配合蓄热材料节能效果良好，但此类产品目前商业化程度还较低，市场上较少见。

8.4.4　典型末端形式供暖特性的模拟分析对比

为更直观地反映不同供暖末端本身的特点及供暖效果的差异，采用计算流体力学(computational fluid dynamics，CFD)方法，利用 Fluent Airpak 软件对不同供暖末端室内的热环境进行模拟分析。Fluent Airpak 是面向工程师、建筑师和室内设计师的专业领域工程师的专业人工环境系统分析软件，特别是 HVAC 领域。它可以精确地模拟所研究对象内的空气流动、传热和污染等物理现象，它可以准确地模拟通风系统的空气流动、空气品质、传热、污染和舒适度等问题，并依照 ISO 7730 标准提供舒适度、预期平均评价(predicted mean vote，PMV)、预期不满意百分率(predicted percentage of dissatisfied，PPD)等衡量室内空气质量(indoor air quality，IAQ)的技术指标。

1. 数学物理模型

本次模拟的对象目标选取的是一个长 6m、宽 4m、高 2.8m 的实际供暖房间，整个房间的供暖热负荷为 1 200W，仅南向和西向为外墙，其他全部为内墙，外墙传热系数为 0.87W/(m^2 · K)。在此适当简化，假定门窗的密封性好，边界条件与墙体相同，且不考虑太阳辐射，模型如图 8.33 所示。

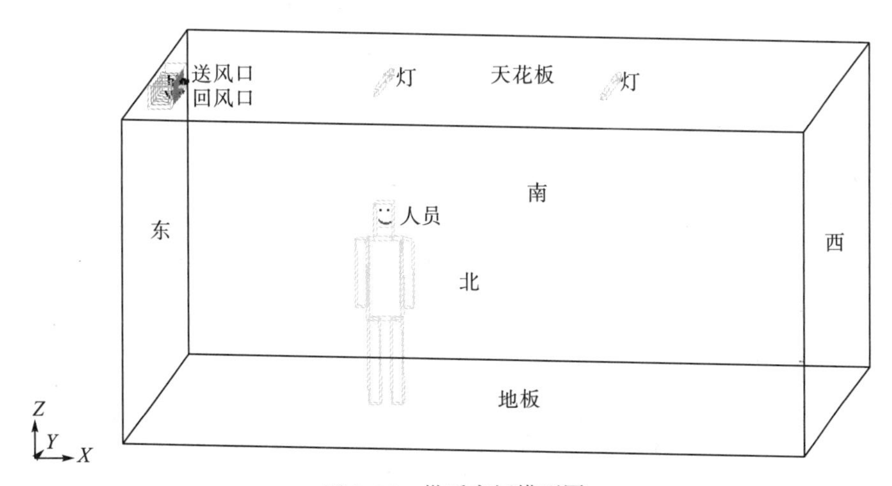

图 8.33　供暖房间模型图

建筑供暖房间内的空气流动属于有限空间内的自然对流，室内空气主要通过对流换热来提升温度。假定室内空气流动为不可压缩的低速湍流，且符合 Bossinesq 假定(即除了密度之外的其他物性参数全部是常数，忽略流体的黏性耗散，且仅考虑动量方程中与体积力有关的项，其余各项中的密度也为常数)，采用不可压缩气体的标准 $k-\varepsilon$ 湍流模型：

$$\rho \frac{Dk}{Dt} = \frac{\partial}{\partial x_i}\left[\left(\mu + \frac{\mu_t}{\sigma_k}\right)\frac{\partial k}{\partial x_i}\right] + G_k + G_b - \rho\varepsilon - Y_M + S_k$$

$$\rho \frac{D\varepsilon}{Dt} = \frac{\partial}{\partial x_i}\left[\left(\mu + \frac{\mu_t}{\sigma_\varepsilon}\right)\frac{\partial \varepsilon}{\partial x_i}\right] + C_{1\varepsilon}\frac{\varepsilon}{k}(G_k + C_{3\varepsilon} + G_b) - C_{2\varepsilon}\rho\frac{\varepsilon^2}{k} + S_\varepsilon$$

湍流黏性系数：

$$\mu_t = \rho C_\mu \frac{k^2}{\varepsilon}$$

式中，ρ 为流体密度量；μ_t 为流体沿 t 方向分量；G_k 为由于平均速度梯度引起的湍流动能；G_b 为由浮力引起的湍动能 κ 的产生项；Y_M 为可压湍流中脉动扩张的贡献；μ 为湍动黏度；$C_{1\varepsilon}$、$C_{2\varepsilon}$、$C_{2\varepsilon}$ 为经验常数；σ_k 和 σ_ε 为分别与湍流能 k 和耗散率对应 ε 的普朗特数；S_k 和 S_ε 为用户定义的源项；C_μ 为经验常数。

基于以上假设，控制方程为

$$\frac{\partial(\rho\varphi)}{\partial t} + \mathrm{div}(\rho\mu\varphi) = \mathrm{div}(\Gamma \cdot \mathrm{grad}\varphi) + S$$

式中，φ 为扩散系数；S 为源项。

辐射换热模型采用的是斯蒂芬-玻尔兹曼定律的 IMMERSOL 模型，模型方程如下：

$$c \times \frac{\mathrm{d}T}{\mathrm{d}t} = \mathrm{div}(\lambda \times \mathrm{grad}T) + q$$

式中，T 为固体温度；c 为固体体积比热容，J/(kg·K)；λ 为固体导热系数，W/mK；q 为固体体积单位热流，W/kg；t 为时间，s。

2. 模拟参数设置

应用室内流场分析软件 Fluent Airpak 进行计算，使用 Fluent 求解器，采用 SIMPLE 算法进行求解。

1)不同模拟工况概述

对于风机盘管、辐射型散热器(以下简称散热器)及地面辐射分别设置模型，其中风机盘管位于东向墙面顶端中部，采用侧送上回的气流组织方式，送风口大小为 0.6m×0.2m，回风口大小为 0.6m×0.15m；散热器位于东向墙面底端中部，尺寸为 1m×1m，忽略厚度；地板辐射位于底部，同样忽略厚度。

2)网格划分

利用 Airpak 自身自动化的非结构化、结构化网格生成能力，对房间进行网格划分，X、Y、Z 方向上网格的最大单元尺寸设置为 0.15m。对散热器、地板、墙体等温度梯度大的部位进行网格加密。

3)边界条件

围护结构的边界条件设置如下：南向和西向外墙设置为定壁温边界，外壁面温度为 8.0℃；其他所有墙面、天花板及地面与供暖房间相连，设置为绝热面；灯具设置为热流边界，热流量为 40W；人体模型设置为站姿；风机盘管模型中设置出风温度为 35℃，出风速度为 1.2m/s；散热器模型采用第二类边界条件，假定热流量为 1 200W；地面辐射模型假定辐射地面温度为 26℃。

3. 模拟结果分析

1)风机盘管

风机盘管的温度分布图和温度分布数值如图 8.34～8.37 和表 8.9 所示。

图 8.34　风机盘管 $Y=2$m 平面的温度场分布

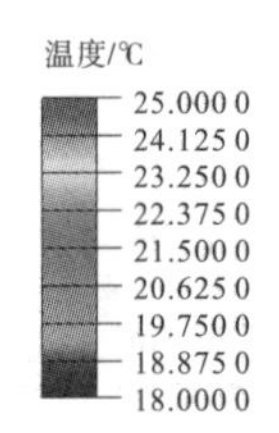

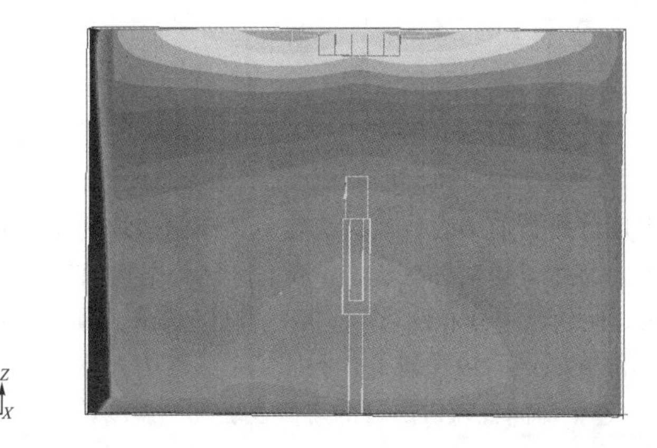

图 8.35　风机盘管 $X=3$m 平面的温度场分布

图 8.36　风机盘管 $Z=1.7$m 平面的温度场分布

图 8.37　风机盘管 Z=0.1m 平面的温度场分布

表 8.9　风机盘管房间中心处(Y=2m)的垂直温差分布　　单位：℃

高度	X=1.5m	X=3m	X=4.5m
0.1m	20.62	20.37	20.38
0.6m	20.34	20.07	20.09
1.1m	20.43	20.18	20.14
1.7m	20.77	20.65	20.31
2.7m	29.98	23.52	20.79

从以上温度分布图和温度分布数值来看，风机盘管方式供暖的房间存在明显的温度分布不均及温度分层的情况。整个人体活动区 1.7m 以下区域的平均温约为 20.3℃，而在 1.7m 以上温度梯度较大。而从风速分布图(图 8.38)中可以看出，由于整个房间的进深较大，室内垂直方向上大部分区域的风速较低，在 1.7m 以下的人体活动区域平均风速约为 0.1m/s，这也是导致整个房间在风机房管的对侧及底部的温度较低的原因。

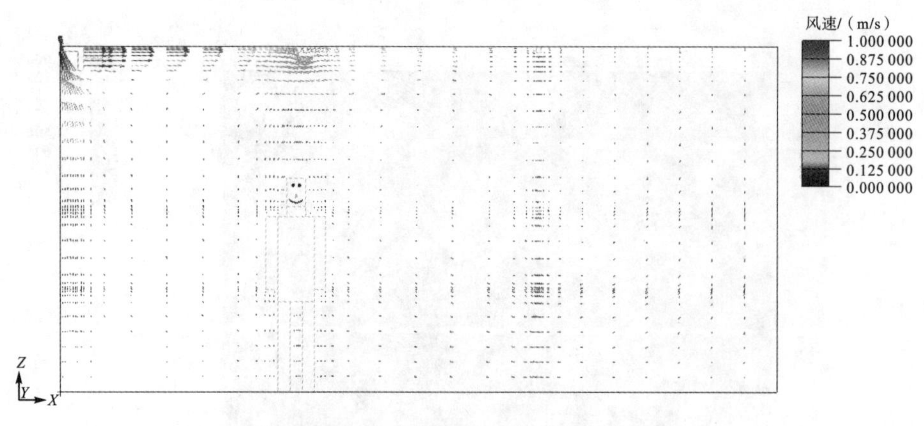

图 8.38　风机盘管 Y=2m 处的风速场分布

2)散热器

散热器的温度分布图和温度分布数值如图 8.39～图 8.42 和表 8.10 所示。

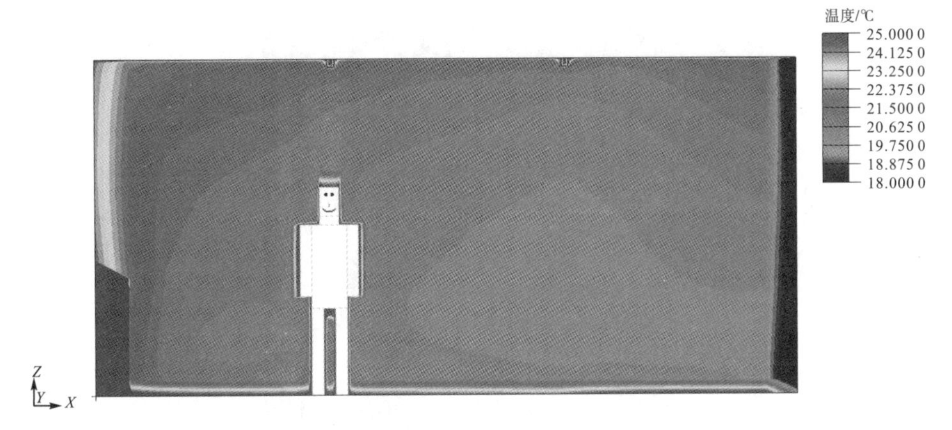

图 8.39　散热器 $Y=2\text{m}$ 平面的温度场分布

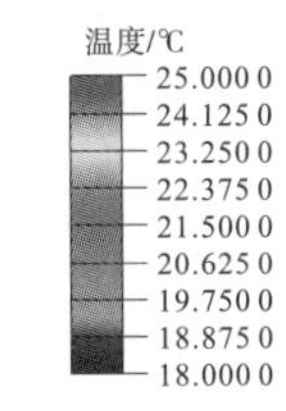

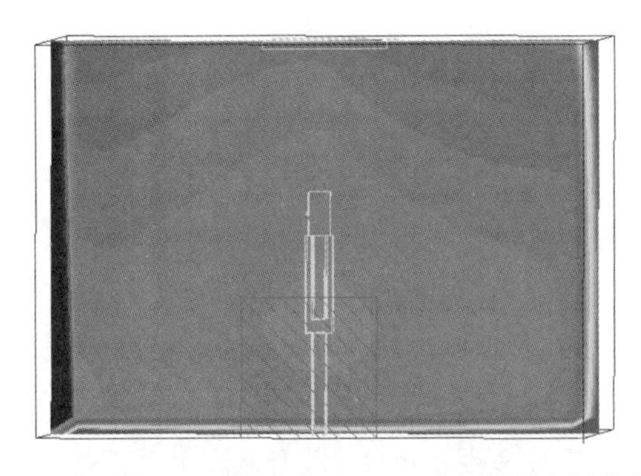

图 8.40　散热器 $X=3\text{m}$ 平面的温度场分布

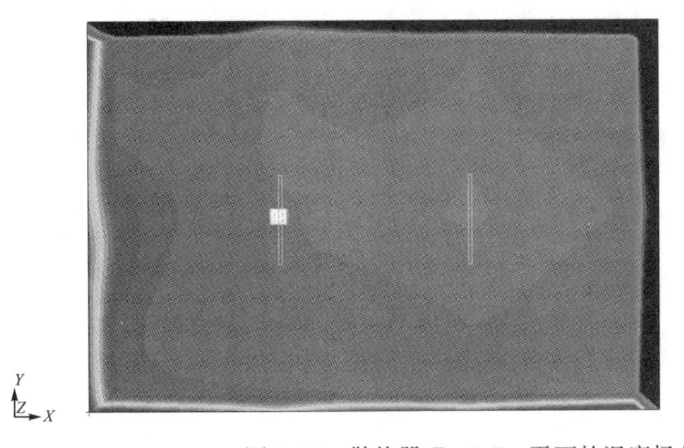

图 8.41　散热器 $Z=1.7\text{m}$ 平面的温度场分布

图 8.42 散热器 Z=0.1m 平面的温度场分布

表 8.10 散热器房间中心处(Y=2m)的垂直温差分布 单位:℃

高度	X=1.5m	X=3m	X=4.5m
0.1m	21.6	21.26	21.31
0.6m	20.55	20.17	20.13
1.1m	20.67	20.20	20.16
1.7m	20.79	20.35	20.28
2.7m	21.83	21.04	20.92

辐射型散热器通过对流和辐射两种方式来影响室内热环境。从室内温度分布可以看出，其在水平和垂直方向上同样也存在温度分布不均的现象，但是对比风机盘管，垂直方向上温度梯度则相对较小，散热器附近(X=1.5m)与散热器远端(X=4.5m)在 Z=2.7m 的高度上的温差仅 0.9℃，而风机盘管的这一数值为 9.2℃。总体上散热器供暖的室内温度分布要更均匀。而从室内风速分布(图 8.43)来看，室内空气在温差引起的浮升力的作用下，沿着房间壁面形成环流，但整体风速较小，在 1.7m 以下的人体活动区域平均风速约为 0.08m/s。

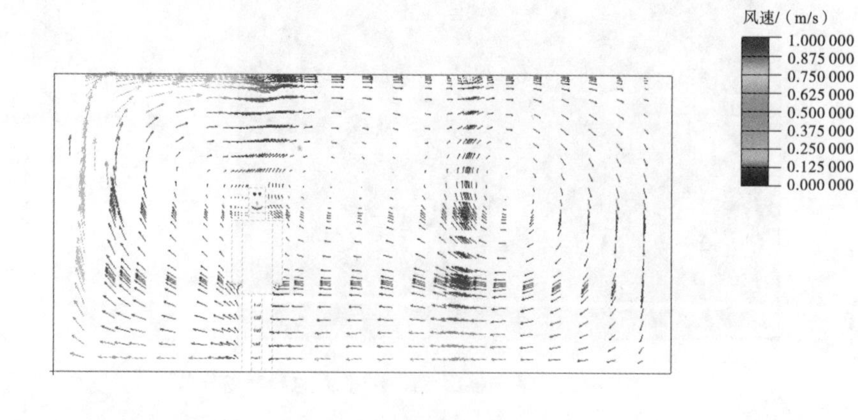

图 8.43 散热器 Y=2m 处的风速场分布

3)辐射地面

辐射地面的温度分布图和温度分布数值如图 8.44～图 8.47 和表 8.11 所示。

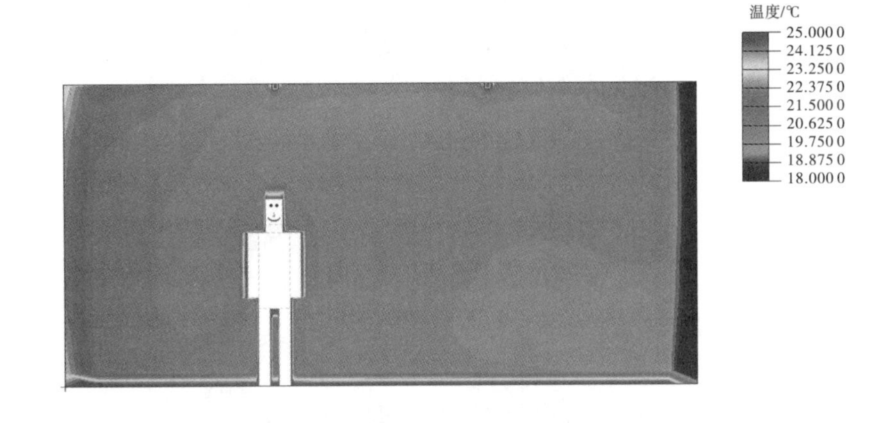

图 8.44　辐射地面 Y=2m 平面的温度场分布

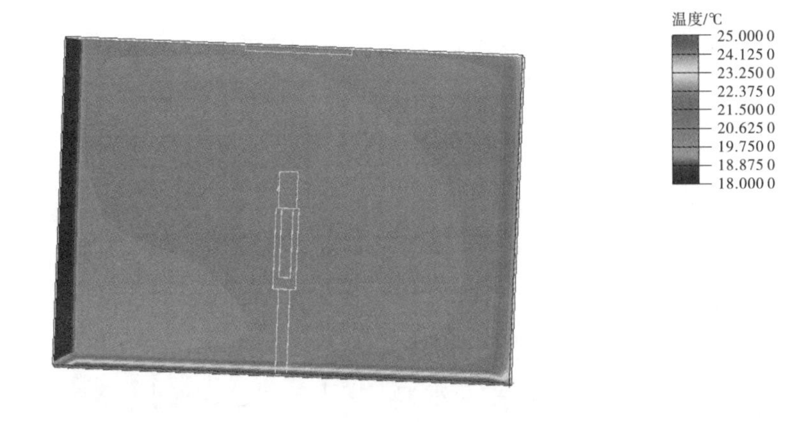

图 8.45　辐射地面 X=3m 平面的温度场分布

图 8.46　辐射地面 Z=1.7m 平面的温度场分布

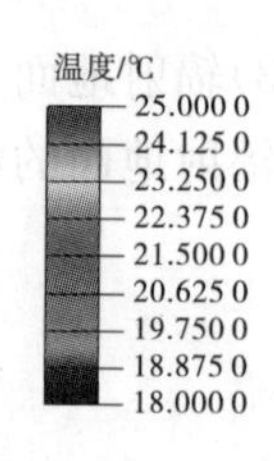

Y
Z X

图 8.47　辐射地面 Z=0.1m 平面的温度场分布

表 8.11　辐射地面房间中心处(Y=2m)的垂直温差分布　　单位:℃

高度	X=1.5m	X=3m	X=4.5m
0.1m	21.87	21.60	21.38
0.6m	20.56	20.30	20.12
1.1m	20.58	20.35	20.18
1.7m	20.54	20.39	20.26
2.7m	20.67	20.58	20.59

对于辐射地面供暖方式，从以上模拟结果可以看出，室内温度场分布均匀，靠近地面(Z=0.1m)的温度最高，而后在垂直方向上呈先降低后缓慢升高的趋势，但温度梯度均在 0.05℃/m 以内，特别是在人体活动区 1.7m 以下的区域内，垂直温差非常小。而由于整个地面都作为辐射热源，在水平方向上的温差也较小，X=1.5m 处与 X=4.5m 处的差值不超过 0.4℃。室内的风速场分布(图 8.48 和图 8.49)显示，在辐射地面供暖模式下，室内空气沿着四周壁面上升而后从房间中间区域回流，平均风速非常小，约为 0.06m/s。

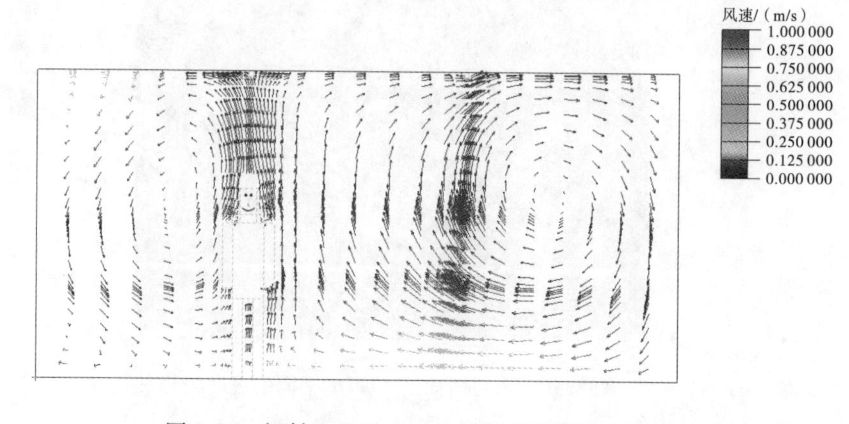

Z
Y X

图 8.48　辐射地面 Y=2m 处的风速场分布

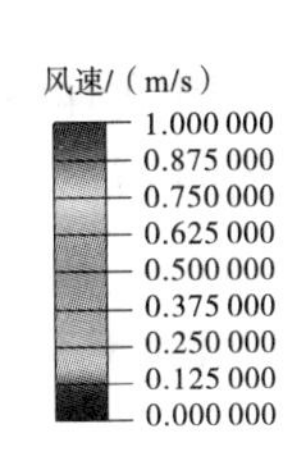

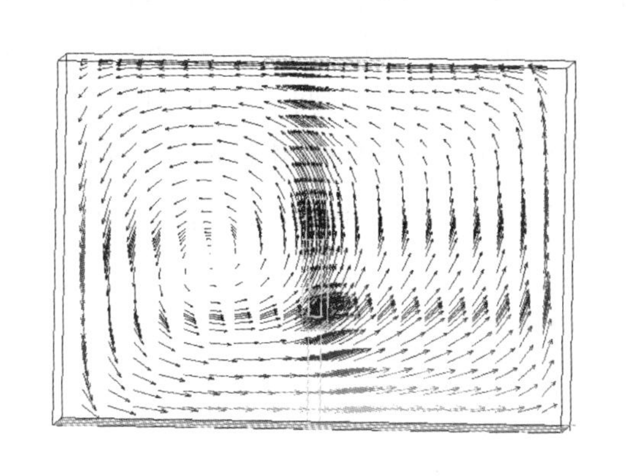

图 8.49　辐射地面 $X=3\mathrm{m}$ 处的风速场分布

4. 室内热环境评价

为充分体现各种供暖末端营造的室内热环境的优劣，采用 PMV 来对室内热环境进行评价。该指标是由丹麦工业大学的 Fanger 教授在搜集了 1 396 名美国与丹麦受测对象的热感觉表决票的基础上，提出的一个较为客观的度量热感觉的尺度指标，是得到国际标准化组织承认的一种比较全面的、综合了以下各因素的热舒适指标。计算 PMV 及 PPD 首先需要确定以下参数。

(1)空气温度：室内环境的干球温度，是影响热舒适的主要因素。它直接影响人体通过对流及辐射的热交换。在水蒸气分压力不变的情况下，空气温度升高使人体皮肤温度升高，排汗量增加，人的主观感觉向着热的方向发展。

(2)相对湿度：空气湿度的大小不仅会影响人体皮肤表面的水分蒸发，还会影响人体的排汗过程，因此相对湿度直接或间接地影响人体舒适，过高或过低都会引起人体的不良反应。对于人体冷热感来说，通常相对湿度的升高意味着人体热感觉增加。

(3)平均辐射温度：环境热辐射由进入室内的太阳辐射及人体与周围环境界面之间的辐射热交换组成，界面温度高于体表面温度时，人体经辐射热交换而得热，反之失热。

(4)室内空气流速：气流能明显地影响人体的对流和蒸发散热。

(5)人体活动水平：人的活动水平直接影响人体的产热量。当环境温度和人的衣着不变时，随着活动程度的加剧，人体新陈代谢产热量增加，人的感觉就会朝着热的方向发展。因此，人体活动量对热舒适也影响较大。

其计算公式如下：

$$\begin{aligned}\mathrm{PMV} = {} & [0.303 \times \mathrm{e}^{-0.036M} + 0.028]\{M - W - 3.05 \\ & \times 10^{-3}[5\,733 - 6.99(M - W) - P_{\mathrm{a}}] - 0.42(M - W - 58.15) \\ & - 1.7 \times 10^{-5} M(5\,867 - P_{\mathrm{a}}) - 0.001\,4M(34 - t_{\mathrm{a}}) - 3.96 \\ & \times 10^{-8} f_{\mathrm{cl}}[(t_{\mathrm{cl}} + 273)^4 - (\bar{t}_{\mathrm{r}} + 283)^4] - f_{\mathrm{cl}} h_{\mathrm{c}}(t_{\mathrm{cl}} - t_{\mathrm{a}})\}\end{aligned}$$

式中，M 为新陈代谢率，$\mathrm{W/m^2}$；W 为人体做功量，$\mathrm{W/m^2}$；P_{a} 为空气中水蒸气分压力，Pa；t_{a}为空气温度,℃；f_{cl}：穿衣人体与裸体表面积之比；$\bar{t}_{\mathrm{r}}$：平均辐射温度,℃；t_{cl}为穿衣人体外表面平均温度,℃；h_{c}为对流换热系数，$\mathrm{W/(m^2 \cdot ℃)}$。

采用 Airpak 自带的计算 PMV 的功能，输入基本参数：新陈代谢率、人体做功量、服装热阻(I_{cl})、空气温度、平均辐射温度(t_y)、空气相对湿度(φ)及空气流速(V)等(表 8.12)，其他参数采用软件计算值，以房间 $X=3$m 处的中心平面为代表，计算该平面内的 PMV 分布，结果分别如图 8.50～图 8.52 和表 8.13 所示。

表 8.12　计算 PMV 各项参数取值说明

参数名称	取值
$M/(\mathrm{W/m^2})$	63.965
$W/(\mathrm{W/m^2})$	0
$I_{cl}/[(\mathrm{m^2 \cdot K})/\mathrm{W}]$	1.0
t_a/℃	—
t_y/℃	—
φ/%	50%
V/(m/s)	—

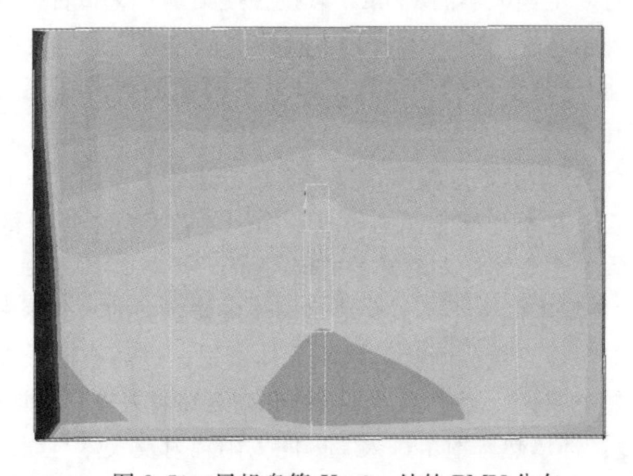

图 8.50　风机盘管 $X=3$m 处的 PMV 分布

图 8.51　散热器 $X=3$m 处的 PMV 分布

图 8.52　辐射地面 $X=3\text{m}$ 处的 PMV 分布

表 8.13　三种末端形式 $X=3\text{m}$ 处不同高度 PMV 值

高度	风机盘管	散热器	辐射地面
$Z=1.1\text{m}$	−0.65	−0.09	−0.26
$Z=1.7\text{m}$	−0.58	−0.08	−0.29

从以上 $X=3\text{m}$ 处的 PMV 分布图中可以看出，风机盘管房间的 PMV 同样也存在垂直分层的现象，而其他两种方式的 PMV 垂直分布则相对均匀。根据《民用建筑供暖通风与空气调节设计规范》(GB 50736—2012)中规定的热舒适分级规定，一级热舒适标准为 $-0.5\leqslant \text{PMV}\leqslant 0.5$，二级热舒适标准为 $-1\leqslant \text{PMV}\leqslant 1$。因此，在这三种供暖末端形式中散热器和辐射地面在距地面 1.1m 和 1.7m 处(分别代表人员坐姿和站姿的高度)的热舒适满足一级标准，而风机盘管方式只满足二级标准，如果考虑到风机盘管房间的空气相对湿度更低，该供暖方式的热舒适性则更差。

综上所述，以辐射为主要换热方式的散热器和辐射地面在室内垂直方向上温度均匀性及热舒适方面比风机盘管具有很大的优势。其中散热器和风机盘管受安装位置的影响，相比辐射地面，在水平方向上的温度差异较大，其中风机盘管尤为显著。因此可以认为辐射地面供暖的室内热环境最好，舒适性最高，散热器次之，风机盘管最差。同时，对于散热器和风机盘管在实际供暖工程中的应用，根据房间的实际情况合理摆放安装(如对称布置)，也可以有效提升供暖效果。

将以上几种常见供暖末端的特点进行汇总，见表 8.14。

表 8.14　常见供暖末端特点比较

末端形式	装饰性	安装要求	噪声影响	是否兼顾供冷	运行特点	投资成本	适配热源形式
风机盘管	较好	吊顶安装，影响层高	有	是	舒适性差，可快速调节室温，适宜间歇运行	便宜	各种冷热水机组
散热器	一般	安装简单，不影响层高	无	否	舒适性较好，热响应较快，但对供水温度有一定要求	便宜	燃气锅炉集中供暖、燃气壁挂炉

续表

末端形式	装饰性	安装要求	噪声影响	是否兼顾供冷	运行特点	投资成本	适配热源形式
辐射地面	很好	施工严格，影响层高	无	是	舒适性最好，但热响应时间长，适宜连续供暖；可使用低温热水；	贵	空气源热泵热水机组及其他热源形式

8.5 不同供暖方式的技术经济性对比

从以上的分析可知，重庆地区居住建筑冬季可选择的能源供应方式以天然气、电能、空气热能及浅层地热能多，各种热源设备有其自身的优缺点，而末端形式则更是种类繁多、功能各异，热源形式与末端形式之间的不同搭配可形成多种供暖方式。但由于各种热源设备的特性不同，只有通过热源设备与末端的合理适配才能满足建筑物冬季室内供暖舒适的要求。例如，以天然气燃烧设备为热源，所生产的供暖用水温最高可以达到90℃，且可以根据末端设备的需求进行调节，无论是常规的散热器、风机盘管，还是低温供暖末端，都具有良好的适配性。但是对于热泵设备而言，由于逆卡诺循环基本原理的限制，冬季供暖工况下，供水温度越高，设备的制热效率就会越低。此外，由于设备本身的设计及构造的影响，实际的供水温度也无法达到很高的水平。以常规型空气源热泵为例，在冬季供暖室外设计温度条件下，出水温度一般很难高于50℃，因此该类设备宜选择低温型供暖末端，可同时满足节能与舒适的需求。

对于供暖方式的选择，除了上述的技术要求之外，经济性也是需要重点考虑的因素。近年来随着经济的快速发展，居民的可支配收入及生活水平不断提高，对室内环境的舒适性要求也在日益提高。但与此同时，由于贫富差距及消费观念的影响，还是有部分居民无法承担夏季供冷及冬季供暖所带来的高额费用，居民在选择供暖方式时，经济性是非常受重视的因素。因此，本节主要讨论经优化组合后的不同供暖方式在经济性方面的差异，这也是在供暖大规模应用过程中居民最关心的问题。

8.5.1 供暖方案的选择

同样以前面所列举的重庆市某典型居住建筑为例，该建筑所在小区一共6栋相同的建筑，总户数为216户，每户供暖面积104m²。为简化处理，在以下计算分析中忽略各住户之间因楼层、朝向等因素造成的供暖负荷的差异，全部以标准层住户的热负荷模拟计算分析结果为依据，由此进行供暖系统设计。标准层的热负荷取连续供暖条件下的最高值46.9W/m²，因此每户的供暖热负荷为4.9kW，整个小区的供暖热负荷为1 053.6kW。据此初选出以下几种适宜的供暖方式。

(1)房间空调器：每户4个供暖房间，其中3个卧室选择选择某品牌3台小1匹壁挂式房间空调器，客厅选择1台3匹柜式房间空调器，详细参数见表8.15。

表 8.15　房间空调器主要参数

型号	KFR－23GW/NhBaD3	KFR－72LW/(72551)NhAa－3
名义制热功率/W	710	2 350
名义制热电功率/W	2 600	7 600

(2)家用燃气壁挂炉＋辐射地面供暖末端：选择某品牌燃气壁挂炉(供暖和生活热水合用)，主要参数见表 8.16。

表 8.16　燃气壁挂炉主要参数

型号	SP18－B5PLUS
额定输出功率/kW	18(含生活热水)
供暖热效率/%	88
热水温度范围/℃	35～60
T=25℃额定产热水能力/(kg/min)	10.3

(3)空气源热泵热水机组＋辐射地面供暖末端：选择某品牌户式空气源热泵地暖中央空调机组，主要参数见表 8.17。

表 8.17　空气源热泵热水机组主要参数

型号	HLRfD5.6WZ
名义制热功率/kW	5.6
名义制热电功率/kW	1.75
压缩机数量	1 台

(4)集中燃气锅炉＋散热器：总供暖热负荷为 1 053.6kW，考虑到大部分时间内供暖系统处于部分负荷状态，为保证锅炉高效运行，选择 2 台某品牌燃气锅炉，主要参数见表 8.18。

表 8.18　燃气锅炉主要参数

型号	CWNSO58
额定功率/MW	0.58
燃气消耗/(Nm^3/h)	63.7
热水进/出水温度/℃	70/95
热水循环量/(t/h)	20

(5)地源热泵系统＋风机盘管：总供暖热负荷为 1 053.6kW，考虑到大部分时间内供暖系统处于部分负荷状态，为保证机组高效运行，选择 2 台某品牌地源热泵机组，主要参数见表 8.19。

表 8.19 地源热泵系统主要参数

型号	165A-HP1
名义制热量/kW	633
名义制热输入功率/kW	145
热水进/出水温度/℃	40/45
热量调节挡数和最小热量	6 挡，19%

在以上几种供暖方式中，前三种属于分散供暖模式，而后面两种则属于区域集中供暖模式。

8.5.2 经济性分析

关于技术方案的经济性分析方法有很多，在此采用费用年值法进行计算分析。费用年值法就是对参与比较的各个技术方案，利用投资效果系数(或资金回收系数)，将投资费用折算成与年运行费相类似的费用，然后再与运行费用相加，得出费用年值。依据各种技术方案的费用年值进行综合比较，得出一个或几个最佳方案，该方法计算公式如下[14]：

$$A_c = \sum_{j=1}^{n} K_j \left[\frac{i\ (i+1)^{m_j}}{(i+1)^{m_j}-1} \right] + C_k$$

式中，A_c为费用年值，元；K_j为设备初投资，元；n为供暖系统中设备数量，个；m_j为设备使用寿命，年；i为基准折现率，$i=(u-f)/(1+f)$，其中，u为银行年利率，取4.9%，f为通货膨胀率，取2.3%；C_k为系统年运行费用，元。

1. 投资成本

供暖系统的投资成本主要包括以下几个部分[15]。

(1)设备初投资：无论哪种供暖系统，都主要由热源设备、输配系统、末端设备及控制系统组成。各设备的投资按照厂家报价及市场价格决定。

(2)安装费用：供暖系统的安装费用包括设备装配费和系统调试费，设备装配费参考当地现阶段劳动力薪资标准，系统调试费参照已建供暖系统的调试费用。安装费用一般等于设备费用之和乘以相应的费率。

(3)室外管网布置费：对于区域集中式供暖系统，有很大一部分输配管道位于室外，而室外管网的敷设除了参考当地或附近城市的劳动力薪资标准，还要根据施工难度和类型，参考施工方的报价决定。

(4)土建机房费：对于区域集中式供暖系统，如燃气锅炉和地源热泵都需要建有专用的设备机房，其施工费用参照当地设备房施工费用及材料费。

各种供暖方式的投资成本见表 8.20。

表 8.20　不同供暖方式的投资成本

项目	方案一	方案二	方案三	方案四	方案五
热源系统/万元	1.2/户	0.6/户	1.5/户	30.0	600.0
末端设备/万元	—			100.0	150.0
末端和室内管网安装/万元	—	1.4/户	1.4/户	20.0	30.0
室外管道及安装/万元	—	—	—	10.0	10.0
机房投资/万元	—	—	—	30.0	60.0
燃气建设费/万元	—	—	—	65.0	—
计量控制费用	—	—	—	30.0	50.0
总投资(整个小区)/万元	259.2	496.8	626.4	265.0	870.0
平均每户初投资/元	12 000	20 000	29 000	12 272	40 280
单位供暖面积投资/(元/m^2)	115.4	192.3	278.8	118.0	387.3

注：部分投资成本取值参考文献[16]和[17]。

2. 运行费用

供暖系统的运行费用指的是在系统运行期间所消耗的所有费用，包括设备运行能耗费用、系统设备维修费、管理费等。为简化处理，对于前三种分散式供暖系统，只考虑设备运行能耗费用；对于后两种区域集中式供暖系统，将维修费和管理费考虑在内，设备的维修费用取成本费用的 1%，管理费则按当地劳动力薪资水平确定[18]。

整个供暖季(12 月 1 日～翌年 2 月 28 日，共计 90 天)每个住户的供热量按前面所计算的连续供暖模式下逐时热负荷累加，约为 9.68GJ。对于方案一，考虑到分体式房间空调器间歇启停供暖的特性，整个供暖季取平均制热性能系数取 2.0；对于方案二，燃气壁挂炉的热效率取 88%，水泵功率取 0.05kW；对于方案三，空气源热泵热水机组的供暖季平均制热性能系数取 3.0，水泵功率取 0.05kW；对于方案四，燃气锅炉热效率取 90%，同时考虑 5%的输送热损失，水泵功率取 10kW；对于方案五，的供暖季平均制热性能系数取 4，同时考虑 5%的输送热损失[17]，水泵功率取 16kW。计算结果见表 8.21。

表 8.21　不同供暖方式运行费用计算

项目	方案一	方案二	方案三	方案四	方案五
总供热量/(GJ/户)	9.58×216	9.58×216	9.58×216	9.58×216	9.58×216
供热效率	2.0	0.88	3.0	0.90	4.0
输送损失	0	0	0	0.05	0.05
输送能耗/(kW・h)	0	108×216	108×216	21 600	34 560
燃料热值	3.6MJ/(kW・h)	35.6MJ/m^3	3.6MJ/(kW・h)	35.6MJ/m^3	3.6MJ/(kW・h)
热源能耗/户	1 331(kW・h)/a	306m^3/a	887(kW・h)/a	315m^3/a	700(kW・h)/a
能源价格/[元/(kW・h)]或(元/m^3)	电：0.52 元/kWh；燃气：1.72 元/m^3				
热源消耗费用/[元/(户・a)]	692	526	461	—	—

续表

项目	方案一	方案二	方案三	方案四	方案五
维修费/(万元/a)	—	—	—	0.6	2
管理费/(万元/a)	—	—	—	1.05	1.05
总运行费用(整个小区)/(元/a)	149 472	125 712	111 706	144 761	127 095
平均运行费用/[元/(户·a)]	692	582	517	670	588
平均运行费用[元/(m^2·a)]	6.65	5.60	5.86	6.44	5.65

以户为单位，各种供暖方式的费用年值见表 8.22。

表 8.22 不同供暖方式费用年值计算

项目	方案一	方案二	方案三	方案四	方案五
初投资/元	12 000	20 000	29 000	12 272	40 280
运行成本/(元/a)	692	582	517	670	588
使用寿命/年	10	10	15	15	20
费用年值/元	12 079	20 067	29 049	12 326	40 318

从以上分析计算结果可得出以下结论：

(1)按照初投资成本大小和费用年值来排序：方案五>方案三>方案二>方案四>方案一；按照年运行成本大小来排序：方案一>方案四>方案五>方案二>方案三。

(2)对于分散式供暖方式——方案一，分体式房间空调器供暖方式的经济性最好，但该种形式的室内气流组织差，温度分布不均，供暖效果最差。

(3)对于分散式供暖方式——方案二和方案三，对比燃气壁挂炉+辐射地面供暖系统与空气源热泵热水机组+辐射地面供暖系统，由于壁挂炉的价格比空气源热泵热水机组的价格低，其初投资相对较低，且由于重庆地区天然气价格非常低，虽然空气源热泵在供热效率方面占有较大优势，但实际的运行成本差异并不明显，这两种供暖方式的室内舒适度均较好；但是使用燃气壁挂炉+辐射地面供暖系统无法满足夏季供冷要求，如另外配置房间空调器，则总体初投资还要略高于空气源热泵方式。因此，空气源热泵热水机组+辐射地面系统是更好的供暖方式。

(4)对于区域集中式供暖方式——方案四，燃气锅炉+散热器供暖的初投资成本是除房间空调器方式之外最低的，但运行成本也是除房间空调器方式之外最低的，而室内供暖末端——散热器需要合理布置才能达到比较好的舒适度。同样，如果考虑到夏季供冷，该供暖方式初投资成本增加一倍，经济性较差。

(5)对于区域集中式供暖方式——方案五，地源热泵系统+风机盘管供暖方式的初投资最高，虽然系统的供热效率最高，但由于地源热泵系统管理和维修费用的存在，运行费用并不是最低，总体经济性较差。

8.6 重庆地区冬季供暖策略分析

本章依据重庆地区冬季室外气候环境条件分析了该地区居住建筑冬季供暖的负荷特性，结合重庆地区的气候资源条件，从可利用性、利用效率、经济性、环保效益及与负荷特征匹配性等多方面分析了几种典型供暖能源的应用特点。同时，为保证不同供暖能源供应方式的供暖效果，对各种末端设备自身特点及与热源的适配性进行了分析，最后提出了几种技术成熟度高、实施难度小、供暖效率高且在重庆地区居住建筑中应用前景广阔的供暖方案，并对各自的优缺点及经济性进行了深入比较。综上，本章提出的针对重庆地区居住建筑冬季供暖的策略和建议如下：

1. 关于供暖模式

对于重庆地区而言，客观上冬季恶劣的室外环境及居民收入的提高必然会导致人们的供暖需求日益提升，由此也会带来巨大的能源消费。而随着国家节能减排政策方针的日渐推行，考虑到经济性和环境效益，类似于北方的集中供暖模式在重庆地区必然是行不通的。为了满足人们多样化和个性化的供暖需求，重庆地区居住建筑的供暖应以分散供暖为主，辅以区域集中供暖模式，可以是楼栋或者小区的集中供暖，其中区域集中供暖应解决好热量计量问题。

2. 供暖能源的选择

从前面的分析可知，重庆地区居住建筑供暖能源的选择非常多样化，既拥有价格便宜的天然气，又拥有环保的可再生能源——空气热能和地热能。但考虑到天然气的大规模应用将对现有管网的输运能力及天然气储备造成巨大冲击，因此，重庆地区居住建筑冬季供暖应大力提倡可再生能源，鼓励开发利用各种低品位能源，通过各种成熟的热泵技术和产品，充分提高能源利用效率。总体来说，供暖能源的选择应本着因地制宜的原则，不存在绝对意义上的优与劣，只有适合的才是最好的。例如，天然气供应充足的地区可采用燃气壁挂炉或燃气锅炉制取供暖热水和生活热水；执行峰谷电价的地区，如经技术经济分析采用低谷电能够明显起到对电网“削峰填谷”和节省运行费用时，也可使用电作为供暖热源；当居住建筑供暖需求较大且周围具备良好且可利用的浅层地热资源时，宜优先采用地源热泵系统。

3. 供暖末端选择

由于传热方式的差异，不同的供暖末端营造的室内热环境舒适程度也存在差异。其中低温热水辐射供暖系统的室内温度分布均匀，垂直温差小，无吹风感，围护结构和室内物体表面对人体的冷辐射小，整体的舒适程度最高，辐射面可以安装在地面、侧墙或者顶棚，除了造价较高之外，是综合最优的供暖末端形式，与空气源热泵热水机组是绝佳的搭配；散热器供暖时室内舒适程度也较高，但构造形式和传热特性导致其对供水温度要求较高，而增加散热器片数适配较低的供水温度时，又会带来占地面积增加、安装受限、供暖效果较差等不利影响，因此，散热器宜与燃气壁挂炉或燃气锅炉等能产生较高温度热水的系统和设备使用；风机盘管供暖与散热器和辐射地面相比，室内热舒适程度最差，会产生温度分布不均、垂直温差大、部分区域吹风感强等一系列问题。但也具有冬夏兼用、对供水温度的适应性较好、安装维护简单美观等优点，因此，对于该种末端形式，应充分发挥其优点，通过合理的室内气流组织设计改善其热舒适较差的缺点。

4. 经济性和适用性

对于分散式和区域集中两种供暖模式，其中区域及中国供暖系统由于系统庞大、造价高，且后期存在相应的维修和管理费用，在经济性方面不如以燃气壁挂炉或空气源热泵的分散式供暖。特别是地源热泵系统，虽然能源利用效率非常高，但系统庞大的初投资费用是阻碍其进一步推广应用的主要因素，需要政府出台更多的激励政策和补贴措施；燃气锅炉集中供暖系统不具备夏季供冷，居民还需单独配置空调系统，因此，从经济性方面考虑，这两种供暖方式比较适合新建的高档住宅小区。而对于分散式供暖，传统的分体式房间空调器供暖舒适性差、费用高，无法完全满足冬季的供暖需求，只能作为一种辅助供暖形式；燃气壁挂炉供暖系统的初投资和运行费用较低，占用室内空间小，兼供生活热水，非常适合住宅空间较小且迫切希望改善既有房间空调器供暖效果差现状的居民用户；空气源热泵配合辐射地面的供暖系统运行费用与燃气壁挂炉相差无几，且可以满足夏季供冷需求，能源利用效率高，但也存在着初投资费用高、机组安装位置有要求及低温环境下供暖效果下降等缺点，比较适合新建的、具备安装和使用条件的住宅，这也是未来重庆地区居住建筑冬季供暖应大力推广的供暖方式。

参考文献

[1]中国气象局气象信息中心气象资料室，清华大学建筑技术科学系．中国建筑热环境分析专用气象数据集[M]．北京：中国建筑工业出版社，2005.

[2]万水娥，诸群飞．DeST在住宅供暖设计中的应用[J]．暖通空调，2008，(09)：126－130，105.

[3]王为．关于电热膜用于居住建筑冬季供暖的探讨[J]．暖通空调，2012，42(10)：85－86.

[4]肖益民，章程，付祥钊．冬季极端天气状况下空气源热泵运行实验研究[J]．太阳能学报，2010，(12)：1580－1584.

[5]卢军，黄俊杰，廖兴中．重庆地区地表水地源热泵系统冬季供暖工程应用[J]．暖通空调，2013，43(06)：75－77，30.

[6]李婉，王宇，何发龙．绿色公共建筑地源热泵系统供热性能分析[J]．建筑科学，2017，33(04)：68－76.

[7]陆亚俊．建筑冷热源[J]．北京：中国建筑工业出版社，2015.

[8]丁勇，李百战，罗庆，等．重庆市自然资源在改善室内热湿环境中的作用[J]．重庆大学学报(自然科学版)，2007，(09)：127－133.

[9]邵进良．供暖型风机盘管在供暖分户计量系统中应用的探讨[J]．暖通空调，2003，(01)：114－115.

[10]张川，陈金峰，王如竹．上海地区空气源热泵结合小温差换热风机盘管末端的供暖空调系统性能的实验研究[J]．制冷技术，2014，34(01)：1－5.

[11]张成昱．重庆村镇地区空气源热泵毛细管辐射供暖系统实验研究[D]．重庆：重庆大学，2015.

[12]肖曰嵘，宋为民．铜管对流散热器的分析[J]．暖通空调，2007，(01)：60－62.

[13]李庆娜．散热器采暖系统低温运行应用研究[D]．哈尔滨：哈尔滨工业大学，2009.

[14]张治江，陶进，石久胜，等. 几种能源供暖方式的技术经济比较[J]. 暖通空调，2004，(01)：8—10，18.
[15]Graham J T，Peter E D L，Robert H C. Hybrid life-cycle inventory for road construction and use[J]. Journal of Construction Engineering and Management，2004，130(1)：15—17.
[16]欧阳焱，刘光大. 湖南地区供暖方式选择[J]. 暖通空调，2013，43(06)：72—74.
[17]张静. 基于 LCC 评价方法的重庆地区某住宅小区供暖方案分析及优化[D]. 重庆：重庆大学，2015.
[18]房华荣. 基于寿命周期成本(LCC)的暖通空调方案选择的应用研究[D]. 西安：长安大学，2008.

作者：重庆大学　丁勇，谢源源

第9章　重庆市典型绿色建筑案例介绍

绿色建筑本着对气候、资源、经济发展、人文生活等多方面的集成体现，随着国家大力推进和发展，已取得了瞩目的成效。重庆市是著名的山城，气候、地势、经济、人文均具有典型的特征，随着绿色建筑在重庆的推进，越来越多的绿色建筑适宜技术得以应用和实践，重庆市正致力于打造适宜重庆的特色绿色建筑。

9.1　重庆建科大厦

已投入使用的重庆建科大厦(图9.1)是重庆市建筑科学研究院的科研办公大楼，项目全方位实践“绿色、环保、节能”的设计理念，因地制宜地采用了多项“节能、节地、节水、节材和环保”技术，实现绿色创新。

图9.1　重庆建科大厦

一是在建筑规划布局方面，本项目对北侧的原重庆印刷物资公司仓库进行了砖柱加固，对露筋和钢筋锈蚀的混凝土构件进行处理，并对屋面进行防水处理后，作为重庆市建筑科学研究院的实验室进行再利用。项目采用促进自然通风的设计办法，对项目室外风环境进行模拟，根据外部风压、风速条件，设置了开口面积约 $6m^2$、高约 80m 的竖向风井，风井内风速基本保持在 0.8m/s 左右，并且每个房间都安装了相当数量的壁式风机和通风百叶，以增强室内自然通风效果。

二是在建筑选材方面，选用钢框架结构，全部构件采用工厂化生产的预制构件，建筑砂浆采用预拌砂浆，现浇混凝土采用预拌混凝土，所有部位均采用土建工程与装修一体化设计，且土建与装修一体化施工中采用工厂化预制的装修材料占装饰装修材料总重量的 50%以上，大幅度减少了建筑材料的浪费。其中，可重复使用隔墙和隔断比例达到 94.6%，达到并超过绿色建筑评价标准中最高要求的 50%，提高了建筑材料的利用率，减少了环境污染。本项目实验楼部分墙体采用环保高性能胶凝材料替代传统水泥，该种材料以可再生资源为主要组分，对节约能源、资源有非常优越的促进作用。本项目 HRB400 级(或以上)钢筋作为主筋的用量为 3 015.9t，占主筋的比例为 92.79%；可再循环材料使用重量占所用建筑材料总重量的 50.35%，分别达到并超过绿色建筑评价标准中最高要求的 70%和 30%，提高了建筑材料的利用率，减少了环境污染。建筑节能综合指标计算结果显示，建筑的节能率为 50.16%。外墙采用 250mm 厚的节能型烧结页岩空心砖砌体，增强隔声效果；临街种植高大乔木，配合灌木，设置植物隔声屏障，起到了良好的降噪效果。

三是在设备用能方面，本项目选用高效用能设备和系统，空调系统采用了直流变速中央空调室外机，空调能效比 EER 值为 3.5～4.06，均大于规定值 3.35，高于现行标准规定值一个等级，有利于降低建筑能耗。空调系统采用全热交换器利用排风对新风进行预冷/预热处理，在双向置换通风的同时，大大节约了新风预处理的能耗，达到了节能换气的目的，其节能效果显著，热回收机组采用能量回收模块，使整机换热效率提高了 5%～10%。在照明方面，本项目普通场所均选用高效节能型灯具，其中办公场所及会议室等采用格栅嵌入式灯具，公共过道、车库、门厅等公共场所的照明采用智能照明控制。在遮阳方面，本项目外窗采用中空百叶窗，其具有可调节的活动遮阳效果；采用手动磁控方式进行百叶上、下及角度的控制，可对采光及视觉进行调节。

四是绿化方面，本项目地面透水面积合计为 $2\ 840m^2$，采用雨水回用系统，收集屋面雨水，处理后用于景观、道路浇洒及车库地面冲洗用水，雨水收集回用率达到 23.15%。

重庆建科大厦将建筑诱导通风设计、建筑节能技术综合应用、材料资源高效利用、水资源综合利用等绿色建筑技术与建筑功能有机结合，实现了在有限空间内进行山地绿色建筑的合理化打造的典型实践。在功能性需求的前提下，通过合理地利用建筑空间、气候特征与技术应用，实现了办公楼建的低耗、绿色、智能，在树立行业典范、引领行业发展方面起到了积极的作用。本项目已获得重庆市金级绿色建筑竣工评价标识，目前处于正常运行使用阶段。

9.2 江北嘴金融城 3 号

已投入使用的江北嘴金融城 3 号(图 9.2)项目定位为现代金融商务区，全方位实践“绿色、环保、节能”的设计理念，因地制宜地采用了多项“节能、节地、节水、节材和环保”技术，实现绿色创新。

图 9.2 江北嘴金融城 3 号

一是在建筑规划布局方面，本项目充分利用山地地理特征，大楼 97%以上车位均设于地下停车库；项目场地拥有完善的供水、排水、供电、天然气等基础配套。

二是在建筑选材方面，本项目采用框架-核心筒结构，建筑造型要素比较简约，无大量的装饰性构件，合理地将装饰性构件功能化，遮阳板高过屋顶部分提供了良好的遮阳条件，装饰性构件造价比例为 0.6‰，远低于要求的 5‰；现浇混凝土全部采用预拌混凝土；HRB 400 级钢筋作为主筋的比例为 71.71%，达到并超过绿色建筑评价标准中的最高要求；可再循环材料使用重量占所用建筑材料总重量的 10.32%，提高了建筑材料的利用率，减少了环境污染。项目采用低辐射玻璃幕墙，透光率为 42%，比普通玻璃的透光率降低了近 50%；遮阳率为 0.27，避免了太阳光的直接反射。办公区窗地比达 58.06%，十分有利于自然采光。同时，为了防止室内出现眩光，在幕墙的立面上又有悬挂的接近 500mm 的竖向遮阳条，并设置了百叶帘。经过对热工性能的权衡计算，实现建筑负荷降低 50%的目标。

三是在设备用能方面，项目 6 层以上部位全采用全空气系统，并采用新风热回收机对新风进行预处理，实现了有效节约排风的热量，全热回收效率为 61%，显热回收效率为 72%。冷热源主要采用江水源热泵集中式区域供冷、供热，利用与江水的换热达到提高能效的目的，其中双机头三级离心热泵中央空调机组能效比为 6.76，比标准要求提高了 32.54%，达到国内一流水平。空调水系统的水泵也采用变频技术，水泵能效比为 0.014～0.018，低于节能标准 0.024 1。项目采用节能率达到 35%的节能电梯。280m 以下楼层由市政管网直接供水，以上楼层由管网叠压(无负压)节能型供水设备供水。给水系统利用减压阀合理分区；选用用水等级达到 2 级以上的节水型卫生洁具及节水型配件；市政直供引入管、生活管网叠压(无负压)节能型供水设备引入管。本项目在车库设置诱导型通风机，通风机自带一氧化碳检测，将根据一氧化碳的浓度自动控制风机启停，保证地下车库污染物浓度不超标。

四是运营管理方面，结合下阶段智能化 BA 技术，通过对空调系统、给排水系统、变配电系统、照明系统的集中监控，实现各种能源的节约管理。本项目应用包括电气火灾监控系统、火灾自动报警系统；系统采用便于清洗、维修、改造、更换的设备；变风量系统中空调机组温度控制由设于送风管处的温度传感器、风机电机变频器、比例式电动二通调节阀、压差感应组件组成。通过制定并实施节能、节水等资源节约与绿化管理制度，来实现节能。

江北嘴金融城 3 号项目在综合运用江水源热泵、全热交换新风机组、叠压供水设备、高强度钢、室内空气品质监测、地下车库 CO 监测、BAS 管理系统等众多绿色建筑技术的基础上，结合创新性理念和措施，在场地微环境微气候、建筑物造型、天然采光、自然通风、保温隔热、材料选用、人性化设计等方面做出大量努力。将整个办公楼建造成一个低耗、绿色、智能建筑，对绿色建筑、智能建筑的理念在重庆市的推广，以及引领行业发展方向方面起到了积极的作用。本项目在节地、节能、减排、降噪、人性化服务等方面均达到了一流水平，已获得重庆市金级绿色建筑竣工评价标识，目前处于正常运行使用阶段。

9.3　江北国际机场新建 T3A 航站楼及综合交通枢纽

即将投入使用的重庆江北国际机场新建 T3A 航站楼及综合交通枢纽(图 9.3)项目以绿色机场作为设计目标，全方位实践“绿色、环保、节能”的设计理念，因地制宜地采用了多项“节能、节地、节水、节材和环保”技术，实现绿色创新。

一是项目采取综合交通布局，充分利用地下空间，航站楼、综合交通枢纽的地下建筑面积占项目总用地面积的 63%，达到目前国内机场的领先水平，并结合项目实际采用了屋面绿化方式，推进了城市空间的立体开发。

二是航站楼玻璃幕墙在国内机场创新采用中空夹胶双银 Low-E 钢化玻璃，其能有效减少太阳热能辐射，降低可见光反射率，减少光污染。非透明围护结构大面积采用重庆独创的自保温体系，实现建筑负荷降低 50%的目标。并结合大空间的建筑特点，优化气流组织形式，空调设备全面选用高能效机组，系统采用自动化控制，随负荷调节，减少了制冷制热能耗，实现了暖通空调系统能耗降低 15.9%，同比节能效果达到国内一流水平。同时，大量采用 LED 灯具，且所有公共活动区域均采用智能灯光控制系统，可根据室外光亮值，结合当前区域的人流量设置不同的场景模式，大幅减少照明用电。

图 9.3 江北国际机场新建 T3A 航站楼及综合交通枢纽

三是首次在机场项目中设置了中水回收利用系统，绿化灌溉、道路冲洗、洗车用水采用非传统水源的用水量占其总用水量的 100%，减少了自来水的消耗。同时，采用绿色雨水基础设施，硬质地面透水铺装率为 80%，将有效消除地表径流、涵养水分。

四是项目采用一体化设计，可再循环材料利用率达 12.54%。同时，对可变换功能的室内空间采用可重复使用的隔墙和隔断，提高了建筑材料的利用率，减少了环境污染。

五是在能源管理方面，设置了建筑设备管理系统和能源管理网络，网络覆盖空调系统、给排水系统、电力系统、照明控制系统和电梯管理系统等机电设备的测量、监视和控制，将耗能设备进行分类或独立计量，对计量数据自动采集。创新性地实现了将航站楼内的实时温度、湿度、二氧化碳浓度等指标向旅客公示，实现可视化管理、自动化调节。

T3A 航站楼及综合交通枢纽是我国率先按照绿色建筑标准建设的大型机场类项目，在节地、节能、减排、降噪、人性化服务等方面均达到了一流水平，获得了国家二星级绿色建筑设计标识和重庆市金级绿色建筑设计标识。

9.4 悦来新城会展公园

即将投入使用的悦来新城会展公园(图 9.4)项目全方位实践“绿色、环保、节能”的设计理念，因地制宜地采用了多项“节能、节地、节水、节材和环保”技术，实现绿色创新。

图 9.4 悦来新城会展公园

一是项目在围护结构方面，创新采用三银 LOW-E 中空玻璃，其能有效减少太阳热能辐射，降低可见光反射率，减少光污染。相比单银 LOW-E 玻璃，其太阳红外热能总透射比仅为 13.3%，大幅度提升了透明围护结构的热工性能，达到国内领先水平。且透明部分全部采用可调节外遮阳，有效减少了室外太阳辐射。

二是在建筑选材方面，选用钢框架结构，全部构件采用工厂化生产的预制构件，建筑砂浆采用预拌砂浆，现浇混凝土采用预拌混凝土，所有部位均采用土建工程与装修一体化设计，大幅度减少了建筑材料的浪费。其中，可重复使用隔墙和隔断比例达到 81.6%，可再循环材料使用重量占所用建筑材料总重量的 15.04%，达到并超过绿色建筑评价标准中的最高要求，提高了建筑材料的利用率，减少环境污染。

三是设备能效方面，项目选用高能效比设备，其中磁悬浮变频机组 COP 为 6.08，地源热泵螺杆机组 COP 为 6.89，整体式水源热泵 EER 为 4.72，均比重庆市《公共建筑节能(绿色建筑)设计标准》(DBJ 50—052—2013)标准要求提高 12%，分别比标准要求提高了 23.3%、37.8%、33.0%，达到国内一流水平。通过能耗分项计量、部分负荷运行策略、排风能量回收等技术措施，进一步提高能源的利用效率。照明方面选用节能灯具，照明功率密度达到了我国照明标准的目标值；采用总线式智能照明控制系统，通过光电、声控、人体感应探测等控制措施，做到智能化、人性化及节能化。

四是绿化方面，项目创新性地采用屋顶绿化、垂直绿化及堡坎绿化相结合的绿化方式，场地内绿地率为 38.06%，且绿地对社会公众免费开放，增加场地与周边环境的兼容性，充分实现了绿色建筑与海绵城市的融合，提高了场地绿地的共享性。

五是雨水回收利用方面，项目利用下凹式绿地、植物缓冲带等生态设施，通过对植物截流、土壤过滤滞留达到控制雨水径流污染的目的，并采用水生植物处理技术对水体进行净化，体现了生态技术与绿色建筑的创新结合，雨水收集回用率达到 58.89%，达到标准要求的 5 倍以上。

六是可再生能源方面，项目采用了地源热泵系统，建筑供冷和供热量 100%由地源热泵系统提供；采用太阳能光伏发电系统，其发电量占建筑总用电量的比例为 24.6%。项目综合节能率实现 90.42%，达到并超过了目前行业对超低能耗建筑的节能要求，达到了国内领先水平。项目绿色建筑各部分得分率分别达到 86.7%、94.1%、100%、88.2%、100%，共得到 8 个加分项，总得分达到 93 分，高出绿色建筑最高等级评价分数 16.25%以上，达到了国内绿色建筑三星级评价的领先水平。

悦来新城会展公园项目作为国家级“生态城市、智慧城市、海绵城市”的建设试点项目，充分展示了重庆悦来新城“生态城、智慧城、海绵城”的建设理念，展示了地区适应性典型技术、典型工艺、典型设备产品，在节地、节能、减排、降噪、人性化服务等方面均达到了一流水平，获得了重庆市铂金级绿色建筑设计标识和国家绿色建筑三星级设计标识，实现了节能率 90%的目标。

9.5 重庆国奥村一期

已投入使用的重庆国奥村一期(图 9.5)用地面积 163 638.27m^2，总建筑面积 208 145.13m^2，地上建筑面积 160 547.03m^2，地下建筑面积 47 598.1m^2，绿化率 35.5%。项目以绿色低碳科技全方位实践“绿色、科技、人文”的设计理念，因地制宜地采用了多项“节能、节地、节水、节材和环保”等技术，打造现代居住新典范，实现绿色创新。

图 9.5 重庆国奥村一期

一是在建筑规划布局方面，项目位于嘉陵江畔，采用促进自然通风的设计办法，对室外风环境进行模拟优化，使住区风环境有利于冬季室外行走舒适及过渡季、夏季的自然通风，项目室外风速小于 5m/s，放大系数小于 2。户型为板式结构，户型安排合理，住宅室内外可取得较好日照效果，同时项目设置了活动外遮阳，不但能将热量隔绝在室外，使夏季空调能耗降低 30%左右，还能对遮阳系统进行方便、快捷的调节，并增加了建筑立面元素，促进了城市景观资源的最大化。

二是室外大量采用透水地面，室外透水面积比达到 55.13%，有效缓解城市热岛。在建筑选材方面，现浇混凝土采用预拌混凝土，采用砖块、落地灰、废弃混凝土等固体废弃物，制作装饰构件回用于项目景观和装饰。

三是在设备用能方面，项目会所选用全热回收污水源热泵空调系统为建筑制冷、供暖、制备生活热水，将污水处理系统与空调系统有机结合，可使空调费用降低 30%左右。同时项目为住户配置热回收式空气源热泵，可满足冬季采暖、夏季空调、四季生活热水的需要，其 COP 值大于 1.8。经实测计算，此系统比传统空调每户每年节电 2 100kW·h，集成生活热水微循环功能后每年可节水 350L，在提高生活品质的同时也减少了能源的消耗。项目地下车库采用了光导管技术，白天无须电能即可满足照明需要，具有适用广泛、安全便捷、零维护成本、零使用成本、零排放的特点，项目普通场所均选用高效节能型灯具，其中办公场所及会议室等采用格栅嵌入式灯具，公共过道、车库、门厅灯公共场所的照明采用智能照明控制。

四是节水方面，项目设置了雨水及污水回用系统，收集本小区雨水、生活污水及周边海悦兰亭和大川水岸两小区的污水，采用通过建设部科技成果评估、技术先进、生物处理、水质稳定、维护方便的 ETS 污水处理系统处理达标后，用于景观湖水补水、道路浇洒及车库地面冲洗用水及绿化浇灌，非传统水源利用率为 89.88%，全年可减排 58 万 t 污水。

五是小区管理采用一卡通技术，实现停车、小区、楼宇入口等一卡通行，小区安防设置周界防范、室外监控、室外报警桩等，户内设置室内可视对讲、户内入侵报警、燃气泄漏报警、紧急报警按钮等家居安防系统。

项目获得重庆市金级绿色建筑设计标识，目前处于正常运行使用阶段。

9.6　重庆通正(新媒体)大厦项目

2017 年 1 月通过初步设计审批的通正(新媒体)大厦(图 9.6)项目，为强制执行银级绿色建筑的建设项目，目前正在实施中。项目全方位实践“绿色、环保、节能”的设计理念，因地制宜地采用了多项“节能、节地、节水、节材和环保”技术，实现绿色创新。

一是在建筑规划布局方面，本项目充分利用山地地理特征，大楼 94.1%以上车位均设于地下停车库；项目场地拥有完善的供水、排水、供电、天然气等基础配套。

二是在建筑选材方面，本项目采用框架-核心筒结构，建筑造型要素比较简约，无大量的装饰性构件，合理地将装饰性构件功能化，里面竖向格栅提供了良好的遮阳条件；现浇混凝土全部采用预拌混凝土；抹灰、砌筑砂浆全部采用预拌砂浆；混凝土结构中受力普通钢筋使用不低于 400MPa 级钢筋的用量高于受力普通钢筋总量的 85%；项目采用低辐射玻璃幕墙，透光率为 62%，遮阳系数为 0.50，避免了太阳光的直接反射。各朝向窗墙比达到 0.56 以上，办公区平均采光系数为 11%，自然采光效果优异。

图 9.6　通正(新媒体)大厦

三是在设备用能方面，裙房及办公写字楼采用离心式冷水机组+风冷热泵机组作为冷热源，离心冷水机组国标工况下 COP 为 6.5，IPLV 为 7.4；风冷热泵机组 COP 为 3.2，IPLV 为 4.4，离心冷水机组较标准要求提高了 10.17%；裙房低速全空气系统及写字楼塔楼新风系统均可实现过渡季节的全新风运行；项目节能电梯，采用变频调速控制，在负载率变化时自动调节转速，使其与负载变化相适应以提高电动机轻载时的效率。给水系统利用减压阀合理分区；选用用水等级达到 2 级以上的节水型卫生洁具及节水型配件；市政直供引入管、生活管网叠压(无负压)节能型供水设备引入管。本项目在车库设置诱导型通风机，通风机自带一氧化碳检测，将根据一氧化碳的浓度自动控制风机启停，保证地下车库污染物浓度不超标。

四是运营管理方面，建筑设备监控系统可对供配电系统、空调通风系统、给水排水系统、公共照明系统等进行设备运行和建筑节能的监测与控制。采用标准化的局域网技术构成多子系统集成的集散型分布式控制系统，系统应具备自诊断和故障报警功能，支持开放式系统协议。设置用电能耗分项计量管理系统，分别按照明插座系统、空调系统、动力系统、特殊用电 4 个分项独立计量管理。设置计算机管理系统，配备管理软件，根据使用要求选择网络服务器和管理计算机，为管理和决策提供可靠的保证。

重庆通正(新媒体)大厦项目综合运用高强钢筋、地下车库 CO 监测、BAS 管理系统等众多绿色建筑技术的基础上，对于场地微环境微气候、建筑物造型、天然采光、自然通风、保温隔热、材料选用等方面做出大量努力。整个项目为一个低耗、绿色、智能建筑，在节地、节能、减排、降噪、人性化服务等方面均达到了一流水平，已获得重庆市银级绿色建筑设计评价标识，目前处于项目施工阶段。

作者：重庆大学　丁勇，罗迪，李雪华
重庆市建设技术发展中心　杨修明，杨元华，李丰